KB010351

지금 내 아이에게 해야 할 80가지 질문

손석한 지음

수작걸다

"아이에게 물어보세요!"

언제부터인가 필자가 자주 던지는 주문입니다.

소아청소년 전문 정신건강의학과 전문의로서 15년째 진료를 해오며

새삼 그 중요성을 깨닫는 부모의 육아 지침이기도 합니다.

아이에게 질문하는 것이야말로 부모의 불확실한

육아를 해결하는 대책이라고 할 수 있습니다.

부모는 왜 자신이 나아가야 할 방향을 잘 결정하지 못하고 심지어 잘못된 길로 갈까요? 그동안 수많은 부모를 만나 이야기를 나누면서 필자는 몇 가지 결론을 얻었습니다. 첫째, 의존적 경향 때문입니다. 대부분의 부모는 다른 사람들 말에 귀를 기울입니다. 동네 아줌마들부터 친정 언니나 시누이들, 혹은 먼저 출산하여 선배 엄마로서의 길을 걷고 있는 학창 시절 친구들까지 실로 다양하지요. 물론 도움이 됩니다. 그러나 선배 엄마들의 충고와 조언은 어디까지나 각자의 경험에 뿌리를 두었기에 우리 아이에게 그대로 적용하기는 어렵습니다. 비전문적이고 주관적인 경향이 뚜렷하지요. 그렇다고 전문적인 육아 관련 정보만을 맹신하는 것도 문제입니다. 융통성 없게 아이에게 적용하여 아이와 부모 사이가 오히려 더 악화된 경우를 필자는 여러 번 봐왔습니다.

둘째, 독단적 경향 때문입니다. 어떤 부모는 자신의 육아 방식이 전적으로 옳다고 생각합니다. 그 근거는 '내 속으로 낳았으니 우리 아이를 제일 잘 아는 사람은 바로 나다.'는 생각이지요. 언뜻 들으면 자녀에게 매우 헌신적이고 훌륭한 모성애를 지닌 엄마라고 생각할 수 있지만, 상당히 위험하고 과격한 생각입니다. 아이가 태어나는 순간부터 독립적 인격체로서 자격을 취득했음을 인정해야 합니다. 즉 나와는 별개의 사람이라는 점을 확실하게 깨달아야 하지요. 자녀가 미성숙하다고 해서 존중하지 않아도 된다는 면책 특권은 그 누구에게도 결코 주어지지 않습니다. 자녀는 늘 부족하기에 항상 가르쳐주고 이끌어주는 것만이 부모의 책무라고 생각한다면 양육 과정의 세부 방법에서 자녀와 자주 마찰을 빚게 됩니다. 사춘기 즈음에는 자녀의 반항적 행동에 부딪혀 결국 비극적 상황이 초래되는 것이죠.

이 두 가지 문제점을 한꺼번에 해결해 주는 방법이 있으니 그것이 바로 '아이에게 물어 보세요!'입니다. 매우 간단하고도 쉬운 이 방법을 필자는 '질문 육아(Question Parenting)'라고 부릅니다. 질문 육아의 핵심은 아이의 마음을 알고 이해하는 것입니다. 아이의 마음을 잘 알고 이해해야 잘 키울 수 있지 않을까요? 그러기 위해서는 당연히 아이에게 마음 상태를 물어보고 대답을 듣는 수밖에 없습니다. 혹시 아이가 속 시원하게 대답해 주지 않더라도 낙담하지 마세요. 표정, 몸짓, 말투, 태도 등을 살펴봐도 아이의 감정 상태를 알 수 있으니까요. 만약 아이에게 책을 읽으라고 했을 때, 굳이 아이가 "지금 저는 엄마가 하라는 책 읽기를 하기 싫어요."라고 분명하게 말하지 않아도 못 들은 척 딴 짓을 하거나 얼굴을 찡그리는 모습 등을 통해서 거부 의사를 알 수 있지요.

하지만 많은 부모가 구체적인 대화 방법, 즉 무엇을 물어보고, 어떻게 대답할지를 어려워합니다. 이런저런 이유로 아이에게 질문하기가 쉽지 않다면 이 책을 예상 문제집 삼아 풀어보시기를 권유합니다. 비교적 상세하게 그리고 구체적으로 기술해 놓았으니 곁에 두고 읽어봄직합니다.

이 책에서는 아이의 연령에 따라서 주된 발달 과제와 핵심 주제를 설명했습니다. 1장은 4세 미만의 영유아기를 다루었는데, 애착, 놀이, 만족, 호기심, 관계의 다섯 가지 주제로 구성했습니다. 영유아기는 아이가 엄마나 일차 양육자와 가장 중요한 발달 과제인 안정 애착 관계를 형성하고, 활발하게 놀이 활동을 하는 시기이지요. 2장은 취학 전 아동에 해당하는 4~7세 시기를 다루었습니다. 어린이집과 유치원을 다니면서 처음으로 또래 관계를 맺기 시작하고, 언어 능력이 향상되며, 각종 생활 습관이 형성되는 시기입니다. 자존감, 좌절, 친구, 콤플렉스, 행복의 다섯 가지 주제가 중요합니다. 3장은 초기 아동기로서 초등학교 1~3학년에 해당하는 8~10세를 다루었습니다. 이 시기에는 학습이 중요한 발달 과제로 자리 잡으며 근면, 성실, 책임, 도덕심 등이 처음으로 요구됩니다. 학교생활, 친구(동성/이성), 불안, 재능, 용기 등의 키워드가 중요한 주제로 떠오르지요. 마지막 4장은 11~13세 후기 아동기로 초등학교 4~6학년에 해당합니다. 11~13세는 사춘기에 진입하기 시작하고, 학습과 친구 관계는 더욱 중요해지며, 자신의 미래를 꿈꾸는 중요한 시기입니다. 꿈과 미래, 공부, 이성 친구, 어려움, 몸 등의 주제가 이 시기 아이와 부모의 공통된 관심 사항이자 갈등 영역입니다.

이 책을 쓰면서 얼마 전 한 엄마와 나눈 대화가 떠올라 짧게나마 소개할까 합니다. ADHD(주의력 결핍 과잉 행동 장애)가 있는 초등학교 2학년 남자아이를 둔 이 엄마는 필자가 아이에게 운동을 시키라고 하자 태권도와 수영 중 어떤 운동이 나은지를 물어왔습니다. 필자는 아이에게 직접 물어보라고 답했지요. 그러나 이 엄마는 아이가 아닌, 필자에게 계속 질문을 했습니다.

"그래도 어느 종목이 치료에 더 도움이 될까요?"

"ADHD의 경우 모든 운동이 아이의 넘치는 신체 에너지를 발산하는 데 도움이 된다고는 합니다만, 일반적으로 태권도 등의 무도 활동이 도움이 된다는 연구 결과가 많습니다."

하지만 중요한 것은 아이가 좋아하는 운동을 시키는 것입니다. 그래야 아이가 열심히 하고 집중도 하게 마련이니까요."

"수영이 아니고요? 수영이 훨씬 좋지 않나요? 마이클 펠프스가 수영으로 ADHD를 극복하고 올림픽에서 금메달을 여러 개 땄다고 들어서요."

"그것도 틀린 말은 아닙니다만, 제일 중요한 것은 아이 생각이지요. 네 살짜리 아이는 태권도와 수영 자체를 잘 이해하지 못할 수 있겠지만, 아홉 살 먹은 아이는 분명히 좋아하는 것이 있을 것입니다. 그러니 꼭 물어보세요."

"그냥 선생님 말씀대로 태권도를 시킬게요. 남자아이니까요."

"제가 말씀드린 내용은 태권도를 시키라는 것이 아니라 아이에게 물어보라는 것입니다."

"아~ 예! 알겠습니다. 아이에게 꼭 물어보겠습니다."

아이에게 물어보세요! 물어보지 않고 부모인 내가 아이의 마음을 다 안다고 자부하는 것은 오만이요 착각입니다. 이 책을 통해 모든 부모가 질문 육아의 달인이 되시기를 바랍니다.

방배동의 작은 진료실에서 **손석한 드림**

Contents

012
영유아기의 심리 키워드
애착 · 놀이 · 만족 · 호기심 · 관계

PART 1
나세 이떤

084

취학 전 아동기의 심리 키워드

자존감 · 좌절 · 친구 · 콤플렉스 · 행복

PART 2
4~7세

Contents

152

초기 아동기의 심리 키워드
학교생활 · 친구 · 불안 · 재능 · 용기

PART 3
8~10세

226
후기 아동기의 심리 키워드
미래 · 공부 · 몸 · 이성 친구 · 어려움

PART 4
11~13세

아이가 대화에
응하지 않을 때는 어떻게?

4세 미만 ▸ 035

4~7세 ▸ 107

8~10세 ▸ 163

11~13세 ▸ 285

애착

놀이

만족

호기심

관계

나세 미만

아이에게 엄마는 어떤 존재일까? 막 세상에 태어난 아이에게
엄마는 최초로 만나는 '다른' 사람이자 첫 관계의 대상이다.
4세 미만 어린아이의 심리 상담을 할 때 엄마의 심리를
먼저 파악하는 것도 같은 이유다. 엄마가 얼마나 심리적으로
안정적인지에 따라 아이의 심리적 건강도 좌우되니, 엄마의
심리 상태야말로 아이의 심리를 읽는 첫 번째 열쇠다.

4세 미만
아이의
심리 키워드

이채연   한지호

생후 6개월 이후부터 심리 발달의 기초 형성

생후 아이에게 엄마는 배고프면 젖을 물려주고 울음을 터뜨리면 포근히 안아주는 구세주요 구원자이다. 어렵거나 불편할 때마다 곧장 해결해 주는 고마운 존재가 바로 엄마다. 잘 자고, 잘 먹고, 잘 배설하는 것이 가장 중요한 생후 6개월이 지나면 아이의 심리적 발달의 기초가 형성된다. 서서히 엄마를 알아보는가 하면 생후 7~8개월부터는 이른바 '낯가림'을 시작한다. 낯가림은 낯선 사람을 경계하거나 두려워하는 일종의 불안 반응인데 이는 곧 엄마와 다른 사람을 정확하게 구별한다는 뜻이기도 하다. 이후 첫돌까지 아이는 엄마와의 본격적인 애착을 형성하는 기초를 다진다.

12~13개월이 되면 큰 변화가 생기는데, 바로 '걷기'다. 아이는 걸으면서 시야와 활동 영역이 넓어져 본격적인 탐색을 시작하는데, 세상을 탐색하다가 피곤하거나 두려울 때마다 엄마를 찾는다. 휴식과 재충전을 하기 위해서다.

영유아기의 발달 과제

애착 생후 3년간 엄마와의 애착 형성은 추후 아이의 독립에 결정적 영향을 미친다.
놀이 먹고 자는 것이 신체적 발달의 기초라면, 노는 것은 정신적 발달의 기초다.
만족 아이의 행동과 표정이 달라졌다면 반드시 그 이면에는 무슨 일이 벌어지고 있다.
호기심 "왜?"라는 질문은 아이의 생각하는 능력이 자라나고 있다는 증거이다.
관계 만 2~4세에 아이는 집중적으로 관계 맺기를 시작한다.

최초로 만나는 '다른' 사람, 엄마와의 관계가 중요

자아의식이 발달하는 만 2세부터는 이른바 독립 선언을 한다. 엄마와 나는 서로 생각과 감정이 다르다는 것을 여러 방법으로 알리는데, 그것이 바로 '떼쓰기'다. 아이가 본격적으로 떼쓰는 행동을 보인다면 당황하기보다는 오히려 기뻐해라! 아이는 떼쓰기를 통해 미숙하지만 자신의 생각과 감정을 표현하는 것이다.

만 3~4세가 되면 이제 아이는 엄마를 믿기 시작한다. 엄마는 나를 영원히 사랑하고 보살필 것이라는 믿음은 이다음에 아이가 대인 관계에서 신뢰를 형성하는 데 도움을 주는 보증수표라 할 수 있다. 만약 이 무렵 아이가 '엄마는 나를 사랑하고 보살피지 않는구나.'라고 느낀다면 아이는 앞으로 혼자서 살 수 있을까에 대한 의문과 두려움에 휩싸이게 된다. 반대로 아이가 '엄마는 나를 사랑하고 잘 돌보는구나.'라고 느끼면 아이는 늘 안전하다는 생각을 한다. 결국 엄마가 아이를 사랑하고 보살피느냐 그렇지 않느냐에 따라 아이의 미래는 확실하게 달라진다.

물론 요즘 세상에 아이를 굶기는 부모는 거의 없다. 하지만 아이에게 사랑과 보살핌이라는 심리적 음식을 충분히 주지 않는 부모는 아직까지 적지 않다. 놀라운 것은 부모 자신도 깨닫지 못하는 사이 아이를 부적절한 방법으로 키운다는 점이다. 문제는 부모의 심리적 갈등과 내적 불만에서 비롯된다.

👉 Key Word 01

애착

당신은 아이와 '안정적 애착 관계'를 맺고 있나요?

애착이란 어떤 한 사람에게 가깝고 친밀하게 다가서고 싶은 감정과 행동을 말한다. 아이가 엄마에게 애착을 느끼고, 받으려는 행동은 본능에 가깝다고 할 수 있다. 특히 생후 3년까지는 아이가 살아가고, 성장해 독립하는 데 결정적으로 중요한 시기로, 엄마와 애착 관계를 형성하는 것이 무엇보다 중요하다. 이때 엄마와 긍정적이고 안정적인 애착 관계를 형성하면 이후 안정된 성격과 원만한 대인 관계 능력을 형성하게 된다.

엄마가 아이에게 무엇이 필요한지, 아이가 무엇을 원하는지 잘 알고 반응하면 아이는 다른 사람을 만날 때도 늘 긍정적인 밝고 명랑한 사람으로 자라난다. 반면 엄마가 자신이 원하는 바를 제대로 들어주지 않거나, 무시하거나, 비난한다면, 아이는 마음속에 두렵고 무서운 엄마의 이미지가 자리 잡아 늘 위축되거나 다른 사람의 눈치를 살피거나, 믿지 못하는 행동을 보이기 쉽다.

안정적 애착을 느끼는 아이의 엄마를 살펴보면 아이를 늘 자세하게 살피고 관찰하는 모습을 볼 수 있다. 오늘 우리 아이의 표정은 어제에 비해서 더 밝은지 그렇지 않은지, 몸 상태는 어떤지를 잘 알아내고, 아이가 보내는 각종 신호(울음, 표정, 손짓, 몸짓, 말, 행동 등)를 잘 알아채어 그에 적합한 반응을 보인다. 반면 아이가 잘못을 했을 때는 때로 엄격한 훈육을 하기도 한다.

결국 우리 아이가 편안한 성격을 지니고, 행복한 삶을 살게 하기 위해서는 먼저 엄마의 마음이 안정되어야 한다. 마음이 안정된 엄마만이 아이와 안정적 애착 관계를 형성할 수 있다. 당연히 아이는 엄마에 대해 늘 포근하고 따뜻한 느낌을 지닌다. 마치 하늘을 비행하다 연료를 채우거나 정비를 받기 위해 기지로 돌아오는 공군 비행기처럼, 엄마는 아이에게 '안전한 기지' 역할을 한다. 즉 세상 이곳저곳을 탐색하다가 몸과 마음이 지친 아이가 "엄마!" 하면서 품에 안긴 뒤, 휴식하다가 또다시 뛰어놀거나 하고 싶은 활동을 위해서 멀리 나갈 수 있게 되는 것과 같다.

그렇다면 어떻게 하면 아이와 안정적 애착 관계를 형성할 수 있을까? 여기 동물 생태학자 해리 할로우의 의미 있는 실험 결과가 있다. 그는 철사와 부드러운 천으로 각각 엄마 원숭이 모형을 만들고, 철사로 만든 모형에는 젖병을 꽂은 뒤 새끼 원숭이를 대상으로 실험을 했다. 과연 새끼 원숭이가 어디로 향했을까? 놀랍게도 새끼 원숭이는 하루 종일 부드러운 천으로 만든 모형 곁에 있었다. 다만 배가 고플 때만 철사로 만든 모형에게 갔다.

우리 아이 역시 마찬가지다. 우리 아이도 먹을 것 외에 더 중요한 무엇인가를 원한다. 바로 부드럽고 따뜻한 접촉, 즉 엄마의 스킨십이다. 좀 더 자세히 말하자면 엄마의 따뜻한 미소, 부드러운 음성, 포근한 품이다. 대한민국의 모든 엄마가 자녀와 '안정적 애착 관계'를 형성하기를 바란다.

엄마가
좋아?

아이에게 질문한다. "엄마가 좋아?" 단순해 보이지만 아이가 엄마에게
어느 정도 애착을 느끼는지 확인할 수 있는 중요하고도 직접적인
질문이다. 만약 아이가 엄마와 안정적 애착 관계를 형성하고 있다면
필연적으로 엄마를 좋아하게 되기 때문이다. 아이 입장에서는
좋아하는 대상을 향한 애착 추구 행동의 결과인 셈이다. 엄마에게
애착을 느끼고, 받으려는 아이의 행동에 대해 엄마가 긍정적인 반응을
보이면 아이는 만족감과 함께 엄마를 좋아하게 된다.

응~ 좋아요!

아니!

"응~ 좋아요!" 이런 대답이야말로 아이가 엄마에게 느끼는 애착이 어느 정도인지 가늠할 수 있는 확실한 증거다. 아이가 대답을 하면서 환한 미소와 기쁜 표정을 짓는다면 금상첨화이다. 여기에 "엄마가 세상에서 제일 좋아요."나 "너무너무 좋아요." 식의 강조하는 표현을 더한다면 순간 엄마는 육아로 인한 피곤함이 순식간에 사라질 것이다.

응답 노트 엄마도 기쁜 마음으로 "엄마도 좋아해."라고 화답하라. 이때는 '너'라는 호칭보다는 아이의 이름을 불러주어야 아이의 정체성, 독립성, 자존감 확립에 도움이 된다. 그다음 아이를 품에 꼭 안아준다. 아이의 긍정적 대답에 엄마가 스킨십으로 반응한다면, 아이는 엄마의 체온을 통해 무한한 행복감을 느끼게 된다. 이러한 행복한 경험은 훗날 성인이 되어서 행복한 순간을 맞을 때 무의식적으로 되살아난다.

Good reply "엄마도 채연이가 너무 좋아! 세상에서 제일 사랑해."

Bad reply "엄마가 보기엔 아빠를 더 좋아하는 거 같은데?"

"아니!" 잠시 서운함을 뒤로하고 아이에게 다시 한 번 물어본다. 이때는 아이의 정확한 생각을 알아야 한다. 답변에 따라 아이의 마음도 조금씩 다른데, 만약 아이가 "싫어." 라고 말했다면 평소 아이가 무엇인가를 원할 때 엄마가 무시하거나 들어주지 않았을 가능성이 높다. "미워."라고 말했다면 아이가 원하는 것을 엄마가 방해하거나 제대로 들어주지 않았다는 의미이고, "무서워."라고 말했다면 아이가 무엇인가를 원할 때마다 엄마가 야단치거나 화를 냈다는 의미다.

응답 노트 아이의 답변에 따라 엄마의 반응도 조금씩 달라져야 한다. 행여 농담이라도 "엄마 삐쳤어." 같은 유치한 말은 하지 말도록. 대신 다짐을 하는 답변이 적당하다. 이러한 엄마의 답변에 아이가 긍정적으로 반응한다면 매우 좋은 일이지만, 만약 아이가 믿지 못하겠다는 표정을 짓는다면 엄마는 반성해야 한다. 아이와 긍정적 애착 관계를 형성하기 위해서는 처음부터 다시 아이에게 신뢰를 얻으려고 노력해야 한다.

Good reply "엄마는 채연이를 좋아하는데…, 이제부터 엄마가 노력할게. 채연이의 마음을 잘 이해해서 원하는 것을 들어줄게."

Bad reply "치~ 엄마 삐쳤어! 엄마는 너를 제일 좋아하는데…. 엄마도 이제 안 좋아할 거야. 흥~!"

엄마 어디 가도 돼?

안정적 애착 관계가 형성되면 아이는 엄마와 떨어져야 하는
상황에서도 비교적 잘 견딘다. 엄마가 다시 돌아와서 자신을 잘
보살펴주고 사랑해 줄 것이라는 믿음이 있기 때문이다. 하지만
애착 관계가 불안정한 아이는 그렇지 않다. 특히 '분리불안'이
있는 아이는 엄마와 떨어지는 것을 견디지 못하고 늘 엄마와 함께
있으려고만 한다. 마치 '껌'처럼 말이다.

응~ 엄마,
잘 갔다 와요.
대신 빨리 와야 해요

안 돼. 엄마,
절대로 어디 가면
안 돼요

예상 답변 1

"응~ 엄마, 잘 갔다 와요. 대신 빨리 와야 해요"

엄마와 애착 관계가 안정적인 아이의 대답이다. 아이는 엄마가 다시 돌아온다는 믿음을 지니고 있기에 엄마와 떨어져야 함을 인정한다. 이런 아이는 "엄마, 어디 가는데?", "나랑 같이 가면 안 돼?", "나랑 조금 더 놀아준 다음에 나중에 가면 안 돼?" 등의 반응을 보일 수도 있다.

<u>응답 노트</u>　이왕이면 환하게 웃으면서 아이에게 대답해 준다. 중요한 것은 비록 지금은 엄마가 어디를 가더라도 결국 엄마와 다시 만나서 즐거운 시간을 보낼 수 있음을 알려주는 일이다. 아이가 어느 정도 말귀를 알아듣는다면 엄마가 왜 외출해야 하는지를 차근차근 설명해 준다. 아이가 잘 받아들일 것이다. 집에 돌아와서는 반드시 칭찬을 해 주고, 신나게 놀아주면 더욱 바람직하다.

Good reply "그래, 엄마 잘 다녀올 테니 재미있게 놀고 있어. 이따 엄마가 나갔다 와서 함께 또 놀자."

Bad reply "이제 엄마 없이도 혼자 잘 노네? 다른 때도 혼자 있을 수 있지?"

예상 답변 2

"안 돼. 엄마, 절대로 어디 가면 안 돼요"

애착 관계가 불안정한 아이의 전형적 반응이다. 특히 집착형 아이는 분리불안이 심하다. 아이는 엄마가 언제 돌아올지 알 수 없을 뿐더러 정말로 돌아올지 확신하지 못한다. 믿지 못하는 아이의 마음속에는 불안함이 있다. 한 발 더 나아가 '혹시 엄마가 나를 미워해서 도망가는 것일지도 몰라.', '내가 엄마 말을 잘 안 듣고 말썽을 피웠으니 엄마가 나를 버리는 거야.' 같은 불길한 생각을 할 수도 있다.

<u>응답 노트</u>　이때 엄마가 아이의 분리불안을 대수롭지 않게 여겨, "그렇게 보채면 어떻게 해. 너 때문에 엄마는 아무것도 할 수 없잖아."라고 말하면 가뜩이나 불안해하는 아이에게 더욱 불안감을 안겨줄 뿐이다. 아이는 엄마가 자신을 전혀 사랑하지 않는다고 느끼면서 오히려 분리불안이 더욱 심해질 것이다. 엄마는 아이에게 사랑하는 마음은 변함이 없음을 일러주고, 다시 만나서 보살펴주겠다는 약속을 한다.

Good reply "엄마는 밖에 나가서도 지호 생각을 할 거야. 이따 엄마가 재미있게 놀아줄 테니 걱정하지 마."

Bad reply "그래도 엄마는 나가야 해서 어쩔 수 없어. 너도 혼자 있어 버릇해야지!"

아빠도
좋아?

안정적이고 긍정적인 애착 관계 형성이 단지 엄마에게만
국한될까? 그렇지 않다. 엄마 다음에는 당연히 아빠다.
엄마와의 안정적 애착 관계 형성으로 대인 관계에서 신뢰를 쌓는
기초 능력을 갖췄다면, 이후에는 아빠와의 안정적 애착 관계
형성으로, 권위적 대상과 원만한 관계를 형성하는 능력을 갖추게
된다. "아빠도 좋아?"라는 질문에 아이는 어떻게 대답할까?

"응~ 아빠도 좋아요!"

예상한 대로라면, 역시 "아빠도 좋아요."라고 대답해야 바람직하다. 아빠와의 안정적 애착 관계 형성은 이 시기 갖춰야 할 또 하나의 발달 과제다. 간혹 엄마와는 애착 관계가 안정적인 반면에 아빠와는 그렇지 못한 아이가 있는데, 아빠와도 애착 관계가 안정적이어야 향후 동성이나 이성과 대인 관계를 원활하게 맺을 수 있다. 특히 아들의 경우에는 올바른 성 정체성 확립과 자신의 성에 대한 만족에도 영향을 미친다. 딸은 남성에 대한 거부감이나 두려움을 예방할 수 있다.

__응답 노트__　아이의 대답을 아빠가 직접 듣는다면 아이를 안아주며 "아빠도 사랑해."라고 말하라. 아이는 자신의 느낌이 맞았음을 확인할뿐더러 아빠의 사랑을 다시 한 번 확인하게 된다. 만약 엄마가 듣는다면 아이에게 아빠의 마음을 잘 알아듣도록 설명해 준다. 아빠의 마음을 엄마가 대신 전하는 것도 좋은 방법이다. 물론 나중에 아빠가 한 번 더 자신의 마음을 전하면 가장 좋다.

"아니~ 아빠는 싫어요!"

이런 대답은 아이가 아빠에 대한 감정을 직접적으로 보여주는 표현이다. 자신이 무엇인가를 원할 때 제대로 들어주지 않았거나 자신이 원하는 방식으로 아빠가 행동하지 않았기 때문에 보이는 대답이라 할 수 있다. 종종 엄마를 너무 좋아한 나머지 "아빠는 싫어."라고 대답할 때도 있다.

__응답 노트__　일단 아빠가 싫은 이유를 물어본다. 그런 다음에는 반드시 아이의 답변, 즉 아빠가 싫은 이유가 타당하다고 인정하고, 동시에 아이에게 미안하다는 사과를 해야 한다. 아이의 답변을 놓고 옳은지, 그른지를 따져서는 안 된다. 즉 객관적인 사실 여부를 떠나서 아이의 주관적인 판단을 존중해 주고, 또한 비록 부모지만 아이에게 사과하는 마음가짐을 지녀야 한다.

Good reply
"아빠도 채연이를 무척 좋아해. 채연이를 세상에서 가장 사랑해."

"그치? 아빠가 세상에서 제일 좋지? 엄마보다 더 좋지?" **Bad reply**

Good reply
"채연이가 아빠 때문에 힘들었구나."

"에이~ 그건 아빠가 좋아해서 그런 거지. 그게 왜 싫어? 아빠는 네가 뭘 해도 좋은데." **Bad reply**

"좋지도 않고 싫지도 않아요"

아빠에 대한 아이의 무관심이 슬며시 배어 나오는 반응이다. 혹은 아빠에 대해서 잘 모르겠다는 뜻일 수 있다. 대개 아빠가 무척 바빠서 아이와 충분한 시간을 함께 보내지 못할 때 아이가 보이는 반응이다.

<u>응답 노트</u> 아이에게는 앞으로 아빠를 충분히 알고 느낄 만한 시간이 필요하다. 먼저 아빠에 대한 무관심이 함께 노는 시간이 부족해서인지, 아빠에게 애착을 느끼지 못하기 때문인지를 확인해야 한다. 만약 아빠의 이런 질문에 아이가 선뜻 대답을 하지 못한다면 아빠가 먼저 아이에게 손을 내밀어야 한다. "친해지도록 노력할게."라고 말한 뒤 약속해야 한다.

"좋을 때도 있고 싫을 때도 있어요"

이른바 '양가감정'이다. 이런 대답은 엄마에 대한 질문에서도 나타날 수 있다. 아빠가 나를 귀여워하고 내 요구를 들어줄 때는 좋지만, 나를 야단치거나, 이해할 수 없는 행동을 할 때는 싫다는 의미. 양가감정은 대개 좋아하거나 싫어하는 감정의 강도가 비슷할 때 나타난다.

<u>응답 노트</u> 먼저 아빠가 좋을 때와 싫을 때가 언제인지 묻는다. 아빠에 대한 아이의 마음을 알 수 있는 기회가 된다. 아빠 역시 아이가 싫어하는 행동은 한 번 더 생각하고 줄여야 한다. 이어서 좋을 때가 더 많은지, 싫을 때가 더 많은지 추가 질문도 해 본다. 만일 싫을 때가 더 많다고 대답한다면, 부모는 이를 심각하게 받아들여야 한다. 끝으로 "그래도 어느 때가 제일 좋았어?"라는 질문을 해 아이가 아빠를 좋아하게 하는 상황을 많이 만들어야 한다.

Good reply
"어느 때가 좋고, 어느 때가 싫어?"

"아빠도 네가 좋을 때도 있고 싫을 때도 있어."

"좋을 때가 더 많아? 싫을 때가 더 많아? 그래도 좋지?" **Bad reply**

Good reply
"아빠가 놀아주지 않아서 잘 모르겠어?"

"아빠가 쉴 때마다 놀아주는데도 몰라?" **Bad reply**

"그 이상 어떻게 더 놀아주지?"

엄마 다시 보니까 반가워?

엄마와 떨어져야 하는 상황보다 더 중요한 것은 엄마와 다시 만나는 상황, 즉 재회할 때의 아이 반응이다. 엄마를 다시 볼 때 웃으면서 다가와 안기는 아이를 상상해 보라! 상상만으로도 기분이 좋다. 하지만 별로 반가워하지 않거나 심지어 모르는 체한다면? 애착 관계에 빨간색 신호가 켜졌다는 뜻이다.

"응~ 반가워" 애착 관계가 안정적인 아이의 대답이다. 엄마가 이미 마음속에 편안하고 좋은 이미지로 자리 잡았기 때문에 엄마를 다시 볼 때 당연히 무척 반갑고 환영하는 반응을 보이는 것이다. 마음속으로는 반갑지만 쑥스러움 등의 이유로 제대로 반가움을 표시하지 못하는 아이보다는 훨씬 사랑스럽지 않은가? 만일 아이가 "엄마, 나 없을 때 뭐 했어?"라는 말을 덧붙인다면, 향후 효자로 커나갈 가능성이 높다고 할 수 있겠다.

응답 노트 엄마도 역시 반갑게 활짝 웃으면서 아이를 안아준다. "엄마도 보고 싶었어."라는 말은 그야말로 저절로 붙는 덤이다. 엄마는 그다음에 아이에게 무엇을 하며 시간을 보냈는지를 물어보면 된다. 매일 보는데 잠깐 헤어졌다 만난 것에 뭐 그리 대단한 의미를 두느냐고 생각할 수도 있지만, 결코 그렇지 않다. 이 시기 아이에게 엄마와 반갑게 재회하는 것은 안정적 애착 관계를 확인하는 징표에 가깝다. 더 나아가 퇴근해 집에 들어오는 아빠에게도 쪼르르 달려가 반가워하는 모습을 보인다면, 엄마와 아빠 모두에게 편안함을 느끼는 아이라고 할 수 있다.

Good reply "엄마도 채연이를 다시 보니까 반갑고 기뻐."

Bad reply "정말? 아까 봤는데도 또 반가워?"

"아니" or "별로" 무시형 불안정 애착 상태에 있는 아이라 할 수 있다. 엄마와 헤어지는 것을 별로 개의치 않았듯이 다시 만나는 것 역시 아이의 감정에 별다른 파장을 불러일으키지 않는다. 마치 만남 다음에 헤어짐이 있고, 헤어짐 다음에 재회가 있음을 알고 있는 듯이 그냥 덤덤하게 행동한다. 어린이집에서 돌아오는 아이에게 엄마가 손을 흔들어도, 아이는 엄마를 본척만척하며 친구와 이야기하는 데 더 열중하는 모습을 보이기도 한다.

응답 노트 아이가 별로 반가워하지 않는 모습에 어느 엄마가 마음이 편하겠는가! 그러나 현실을 바로 보아야 한다. 현재 아이에게 엄마의 비중은 그리 높지 않다. 엄마는 서운함을 느끼기 이전에 아이에게 진심으로 잘 대해 주었는지 반성해야 한다. 그리고 아이가 부정적 반응을 보이더라도 엄마는 긍정적 모습을 보임으로써 아이에 대한 엄마의 사랑을 확인시켜야 한다. 아이는 오랫동안 엄마의 사랑을 믿지 않았을 가능성이 있다. 이제부터 다시 시작이다. 엄마와 아이 사이에 유쾌한 상호작용이 절실하다.

Bad reply "진짜 안 반가워? 그럼 엄마 다시 나가야겠다."

Good reply "엄마는 채연이를 다시 보니까 반가운데… 채연이는 아닌가 보구나."

예상 답변 3

"엄마 싫어" or "엄마 미워"

집착형 불안정 애착 상태에 있는 아이는 엄마에게 신경질을 낸다. 마치 엄마를 자신만 내버려두고서 혼자서 재미있게 집에서 노는 사람으로 취급하는 것이다. "어린이집에 다시는 안 갈 거야."라고 투정을 부리거나 다시 만난 이후부터 엄마 곁을 계속 맴돌면서 불안한 마음을 표출할 가능성이 많다. 엄마 없이 지내는 동안 마음이 불안했음을 보여주는 것이다.

응답 노트 많은 엄마가 만나자마자 짜증과 불평을 늘어놓는 아이에게 실망하거나, 걱정하는 모습을 보인다. 그러나 아이 입장에서 한번 생각해 보자. 아이는 엄마의 일관적이지 않은 모습에 불안해하고 있다. 엄마의 사랑을 믿지 못하는 것을 아이가 아니라 엄마 자신 때문이라고 인정하는 마음 자세를 지녀야 한다. 아이에게 엄마의 사랑을 확신시키는 방법은 두 가지다. 말로써 사랑을 표현하는 것과 행동으로써 보살피는 모습을 보여주는 것이다.

Good reply
"엄마는 채연이를 다시 봐서 반가운데, 채연이는 엄마와 떨어져 있는 것이 싫었구나. 우리 이제부터 재미있게 놀자."

Bad reply
"엄마가 싫어? 엄마 너무 서운해. 엄마는 정말 보고 싶었는데."

예상 답변 4

"잘 모르겠어요" or "..."

혼란형 불안정 애착 상태에 있는 아이는 자신의 실제 감정을 잘 인식하지 못할뿐더러 혼란스러워한다. 따라서 이와 같이 대답하거나, 묵묵부답일 수 있다. 때에 따라서는 "보고 싶었어요."라고 말하기도 하지만, 아이의 표정이 결코 밝지 않거나 겁에 질려 있다면 한마디로 엄마에게 혼날까봐 그렇게 대답하는 것이다. 엄마의 눈치를 계속 살피고 무서워하는 아이의 비언어적 반응, 즉 몸짓언어에 주목한다.

응답 노트 만일 아이가 부모를 무서워한다면? 그 이유는 무엇보다도 부모 스스로 잘 알고 있을 것이다. 부부 싸움을 하고 난 후 감정이 격앙된 상태에서 아이에게 심한 화풀이를 하지 않았는지, 내 기분이 짜증스러운 상태에서 아이가 말을 듣지 않자 순간적으로 격분해 아이를 심하게 때리지는 않았는지 되돌아보자. 그러한 이유 없이 아이가 부모를 무서워할 리가 있는가? 아이를 따뜻하게 안아주면서 미안하다고 사과하라. 아이를 안심시키는 것이 먼저다.

Good reply
"채연이는 엄마를 무서워하는 것 같아. 엄마가 미안해."

Bad reply
"그것도 몰라?~ 엄마 보니까 좋아? 싫어?"

☞ **Key Word 02**

놀이

당신의 아이는 '놀이'를 즐기고 있나요?

'놀이'란 무엇인가? 말 그대로 노는 것이다. 인간은 본능적으로 놀이를 좋아한다. 네덜란드의 문화인류학자 하위징아는 인간을 호모 루덴스(Homo Ludens), 즉 '놀이하는 인간'으로 명명한 바 있다. 특히 만 4세 미만의 아이에게 놀이란 삶을 구성하는 3대 요소(먹기, 자기, 놀기) 중 하나다. 먹고 자는 것이 주로 신체적 발달의 기초라면, 노는 것은 정신적 발달의 기초라고 볼 수 있다. 그러니 아이의 놀이 활동을 가볍게 생각해서는 안 된다. 아이에게 놀이는 어른으로 치면 공부요 일이요 취미라고 할 수 있다. 어른이 재미있는 일을 누가 시키지 않아도 찾아서 하듯, 어릴 적부터 각종 놀이를 스스로 찾아서 즐기는 아이는 능동적이고 주도적인 어른으로 성장할 가능성이 높다.

놀이를 통해 아이는 세상을 알고 배워간다. 이를테면 공굴리기 놀이를 하며 아이는 자신의 이동 능력과 공의 구르는 특성을 잘 이해할 수 있다. 공이 높은 곳에서 낮은 곳으로 저절로 굴러간다는 것도 알게 되면, 인지적 측면에서 한 단계 더 똑똑해지는 셈이다. 그 뿐만 아니라 놀이를 하다가 생긴 문제를 해결하면서 아이는 실험과 해결 능력을 키워갈 수 있다. 블록 놀이를 하던 아이가 어느 순간 블록이 와르르 무너지는 경험을 하고 난 후부터 넓고 편평한 블록을 아래부터 쌓아 올리는 것을 본 적이 있는가. 사물과 자연의 이치를 깨달은 것이다. 물론 이렇게 되기까지 아이 나름대로 여러 가지 실험 과정을 거치게 된다. 편평함, 둥글둥글함, 미끄러움, 단단함, 부드러움, 크거나 작음 등 사물의 속성을 알아가는 데 놀이만큼 유용한 활동이 또 있을까.

　사회적 역할을 익히는 데도 놀이는 일등 공신이다. 또래 아이끼리 병원 놀이를 하는 광경을 지켜보라. 의사 역할을 하면서 친구 가슴에 청진기를 들이대는 아이, 간호사 역할을 하면서 노는 아이, 환자 역할을 하면서 아픈 시늉을 하는 아이 등 다양한 역할을 모방하여 행동으로 옮긴다. 서로 역할을 바꿔가면서 상대편 입장을 생각하고, 배려하는 마음도 아주 조금씩은 키워간다. 물론 좋은 역할만 하겠다고 고집하여 놀이판이 깨지거나 서로 옥신각신하는 상황도 벌어질 수 있다. 이런 상황 또한 아이의 교육을 위해서는 필요하다. 서로간의 갈등을 스스로 해결하는 경험을 할 수 있는 소중한 기회로 활용할 수 있기 때문이다.

　심리적 욕구도 자연스레 놀이를 통해서 표현된다. 특히 4세 미만의 아이는 아직 언어 능력이 제대로 갖추어져 있지 않기 때문에 자신의 생각과 감정을 놀이 형태로 표현하는 경우가 매우 많다. 소아정신과나 아동상담센터 등에서 놀이를 아이의 마음과 행동을 치료하는 기법으로 활용하는 것도 같은 의미다. 집에서도 부모가 아이가 노는 모습을 잘 관찰하면, 아이의 심리를 이해하는 데 상당한 도움을 얻고 해결 방안을 찾을 수도 있다. 놀이야말로 아이가 생활 속에서 겪는 사건과 심리 상태를 반영함을 잊지 않아야 한다.

　만일 아이가 이제 좀 커서 순서대로 하는 놀이, 예를 들어 주사위 던지기 놀이를 할 수 있다면, 기뻐하라! 아이는 이제 사회적 규칙과 관습을 이해하고 받아들이는 단계에 들어선 것이다. 순서를 지켜서 하는 놀이야말로 아이의 사회성을 길러주고 인내력과 충동 억제 능력을 향상시킬 수 있다. 놀이는 아이에게 기쁨을 안겨다주는 동시에 사회 구성원으로 성장할 수 있는 경험과 기회를 제공한다.

노니까
재미있어?

"노니까 재미있어?"라는 질문에 아이가 어떻게 대답할까?
부모 입장에서야 당연히 "재미있어."라는 대답을 기대할
것이다. 노는 것이야말로 아이가 가장 흥미를 느끼는 활동이기
때문이다. 그러나 혹시 "아니~."나 "별로 재미없어."라고
대답한다면, 엄마는 정신을 번쩍 차리고 아이의 상태를
체크해야 한다. 다시 말해 아이가 노는 것이 재미없다고
말한다는 것은 분명한 이상 반응이기 때문이다.

예상 답변 1

"응~ 재미있어요!"

아이는 놀이에 대해서 좋은 감정을 갖고 있다. 놀이는 현재 아이의 생활에서 가장 큰 비중을 차지하는 활동 영역이라고 할 수 있다. 이를테면 학생이 공부를 재미있어 하고, 직장인이 회사 일을 좋아하며, 주부가 집안일을 기쁜 마음으로 하는 것과 같은 의미라고 말할 수 있다. 아이는 지금 자신의 '일'을 즐기고 있다.

<u>응답 노트</u> 먼저 아이가 즐겁게 노는 모습을 보니 엄마도 기쁘다는 것을 알린다. 더불어 엄마도 함께 놀고 싶다는 말을 해 준다. 이는 아이의 자신감을 향상시키고, 아이에게 엄마의 존재를 다시 한 번 각인시키는 효과가 있다. 애착을 점점 더 높이는 방법이 될 수도 있다.

예상 답변 2

"별로 재미없어요" or "다 재미없어요"

아무것도 재미없다고 말하는 아이는 놀이에 흥미를 잃은 우울한 상태라고 할 수 있다. 아이가 우울해하는 가장 큰 원인은 상실과 박탈을 경험했을 때이다. 엄마가 이제는 자신을 사랑하지 않는다는 상실감이 첫 번째 원인. 상실감이 큰 아이는 대개 풀이 죽어 있거나 매사에 신경질적이고 반항적이다. 박탈감도 심각한 영향을 준다. '늘 칭찬만 받는 훌륭한 아이'가 어느 날 갑자기 '제대로 잘하는 것이 없는 별 볼 일 없는 아이'로 되었을 때 아이가 느끼는 박탈감 역시 심각하다.

<u>응답 노트</u> 이러한 아이에게는 특별한 놀이가 필요하다. 바로 엄마의 사랑과 인정이 가미된 놀이이다. 블록 쌓기를 함께 하면서 아이를 한껏 칭찬해 주고 인정해 준다. 아이가 실수로 블록을 무너뜨려도 결코 비난하지 않는다. 아이가 여러 가지 시도를 하면 놀라는 표정을 짓거나 칭찬을 해 준다.

Good reply
"지호가 놀이를 재밌게 하면 엄마도 기분이 좋아. 엄마랑도 자주 놀자!"

Bad reply
"그래? 그럼 혼자 놀아도 되겠네?"

Good reply
"놀이가 재미없다니 엄마도 속상하네. 엄마랑 새로운 놀이를 하면 재미있을 거야."

Bad reply
"노는 게 재미없어? 그럼 뭐 하는 게 재밌는데?"

"자는 게, 먹는 게 더 좋아요"

우울해하는 아이에게서 흔하게 들을 수 있는 답변이다. 우울한 상태는 아니더라도 최소한 욕구 불만을 느끼는 상태임을 짐작할 수 있다. 자는 게 더 좋다고 말한다면 '아직 내 몸과 마음이 피곤하다'는 의미를. 먹는 게 더 좋다고 말한다면 '정서적으로 허기진 상태'를 의미한다고 할 수 있다. 놀이보다 자거나, 먹는 것을 더 좋아한다는 것은 그만큼 무언가에 허기를 느끼고 있음을 뜻한다.

응답 노트 무엇보다 충분한 사랑을 표현해 줘야 한다. 이후 정신적 허기를 채워주기 위해 다른 방법을 찾아야 한다. 그것이 바로 놀이다. 결론적으로 아이가 "놀이는 재미없어."라고 말할 때 엄마가 해 줄 수 있는 일은 역설적으로 놀 수 있는 환경을 만들어주는 것이다. 대신에 그냥 알아서 재미있게 놀라고 하는 것이 아니라 엄마와 함께 놀자고 말해야 한다. 아이가 엄마와 함께 놀이를 하면서 즐거움과 더불어 엄마의 사랑을 확인한다면, 아이는 어느새 스스로 놀이 활동에 열중하게 된다.

Good reply
"자는 것(또는 먹는 것)도 좋지만, 이제 엄마와 재미있게 놀이도 해 보자."

"그렇게 잠만 자면(먹기만 하면) 어떻게 해. 왜 노는 것도 싫어해?" **Bad reply**

"혼자 말고 엄마랑 놀 때 재미있어요"

놀이 자체보다 엄마와 함께 있는 것을 더 중요하게 여기는 아이의 마음이 그대로 드러난다. 어떤 놀이를 하든지 엄마와 함께 있는 것이 더 중요하다는 것은 분리불안의 반영이거나, 불안정한 애착 관계를 의미한다. 애착 관계가 안정적이지 못한 아이는 엄마와 함께 지내는 시간의 양을 여전히 중요하게 느낀다.

응답 노트 이럴 때는 엄마가 아이와 더 많은 시간을 보내야 한다. 놀이를 함께 하는 것 외에도 자주 안아주고, 이야기를 많이 나누며, 집안일을 할 때 아이를 가급적 옆에 두어야 한다. 아이는 엄마의 존재를 충분하게 확인하고, 엄마가 자신을 얼마나 사랑하는지 확신한 다음에야 혼자서 신나게 놀 수 있기 때문이다. 엄마는 어떠한 놀이가 아이의 흥미를 유발하는지도 계속 연구해야 한다. 여러 가지 다양한 놀이 도구와 방법을 시도해 본다.

Good reply
"엄마도 지호랑 노는 게 제일 재미있어. 그런데 엄마가 집안일을 할 때는 혼자서도 재미있게 놀면 좋겠어."

"어떻게 넌 매일 엄마랑만 놀려고 해? 엄마도 일해야지!" **Bad reply**

또
언제 놀까?

이 시기의 아이에게 놀이는 곧 생활이다. 생활이 일상적으로 반복되듯
놀이도 항상 반복된다. 놀이가 오늘로 끝이 나고, 내일부터 놀이를 할 수
없게 되는 상황을 아이가 받아들일 수 있을까? 절대 그럴 수 없을 것이다.
따라서 지금은 놀이가 끝나더라도 가까운 미래에 다시 놀이를 할 수
있다는 믿음을 아이에게 주는 것이 중요하다.

이따
또 놀아요

매일 많이 놀면
좋겠어요

엄마가 시간 날 때
놀아주세요

내가 원할 때
언제든 놀아주세요

"이따 또 놀아요" or "매일 많이 놀면 좋겠어요"

보통 아이의 전형적 대답이라고 할 수 있다. 아직 시간 개념이 명확하지 않은 아이에게 내일과 모레는 너무 멀기만 하다. 조금 있다가 다시 놀자고 말하는 것이 당연하다. 아예 놀이를 끝내지 않겠다고 거부하는 아이도 많이 있다. 그럴 땐 다시 놀 수 있다는 말을 해 주어 아이의 계속되는 놀이 욕구를 멈추는 것이 현명하다.

<u>응답 노트</u> 아이가 희망을 지닐 수 있는 말을 해 주는 것이야말로 아이와의 친밀도를 유지하는 최고 방법이다. 행여 "다시 놀기 전에 다른 것부터 하자."라고 말하고 싶더라도 참자. 그러한 얘기는 아이의 흥을 돋운 다음에 나중에 해도 늦지 않다. 놀이 얘기를 할 때는 대화의 주제를 바꾸지 않는 것이 바람직하다. "엄마는 앞으로도 매일 같이 놀 거야."라는 말로 아이로 하여금 엄마를 믿는 마음을 잃지 않도록 해 준다.

Good reply

"그럼~ 이따 저녁 먹고 나서 다시 놀자."

"오늘은 많이 놀았으니 내일 다시 놀자." Bad reply

"엄마가 시간 날 때 놀아주세요"

마치 엄마를 배려하는 듯한 아이의 태도는 그리 아이다워 보이지 않는다. 아이는 놀이의 주체가 자신이 아닌 엄마라고 생각하고 있다. 엄마가 시간이 날 때 놀아주면 그저 고맙기만 한 순하고 착한 수동적인 아이다. 하지만 착한 아이에게는 단점도 있으니 바로 자기주장을 잘하지 못한다는 점이다. "엄마, 지금 나랑 놀아주세요."라고 당당하게 자신의 바람을 표현하는 아이가 정신적으로 건강하다.

<u>응답 노트</u> 아이의 대답에 어느 정도는 가슴 아파하기를 바란다. '아니, 내가 얼마나 잘 놀아주지 않았으면?', '혹시 내가 아이에게 너무 무섭거나 먼 엄마는 아닐까?' 하고 자신을 되돌아보는 계기로 삼자. 혹시라도 "너무 착하다."며 칭찬하지는 말자. 아이에게 계속 착한 아이로 남아 있으라고 강요하는 셈이기 때문이다. 만일 아이와 언제 또 놀지를 정한다면, 정말로 그 시간에는 반드시 놀아준다.

Good reply

"채연이가 정해 봐. 이따 점심 먹고 다시 놀까? 아니면 아빠와 저녁때 함께 놀까?"

"엄마 생각도 해 주고 정말 착하구나!" Bad reply

"내가 원할 때 언제든 놀아주세요"

아이다운 답변이다. 이 시기 아이의 성격적 특성을 표현하는 말 중 하나가 '자기중심성'이다. 세상의 중심이 자기 자신이기에 누구든지, 무엇이든지 자신의 뜻대로 행동하기를 바란다. 따라서 내가 놀고 싶을 때면 언제든지 엄마가 함께 놀아주기를 바라는 마음이 자연스레 생겨난다. 이기주의와 이타주의의 개념 자체가 아직은 없는 시기다.

<u>응답 노트</u> 아이의 요구에 일단은 그렇게 하겠다고 말해 준 다음에 적절한 제한을 둔다. 만일 제한을 두지 않고 무작정 함께 놀아주겠다고 대답하면, 아마도 엄마는 이제부터 하루 종일 아이의 놀이 파트너 역할만 해야 할 것이다. 그렇지 않으면 아이에게 약속을 늘 지키지 못하는 거짓말쟁이 엄마가 될 것이다. 아이가 미리 언제 엄마와 함께 놀 수 있는지 예상하게끔 해야 한다.

Good reply

"그래, 그렇게 하자. 그런데 엄마가 일하거나 바쁠 때는 채연이 혼자 놀 수 있지?"

"그게 말이 되니? 엄마도 할 일이 많잖아. 어떻게 너만 생각해?"

Bad reply

4세 미만 아이가 대화에 응하지 않을 때는…

❶ 아이와 눈을 맞추면서 질문한다

아이가 대화에 응하지 않을 때는 아이를 탓하기 전에 엄마의 대화법부터 체크하자. 아이가 집중해서 들을 수 있게끔 말하고 있는가? 가장 중요한 것은 눈 맞춤. 눈을 마주치지 않은 채 하는 엄마의 질문들은 허공에 울려 퍼지는 소음과도 같다. 대화 중간에 아이가 제대로 질문을 들었는지 확인해 보아야 한다.

❷ 한 번에 한 가지만 질문하자

한 번에 두 가지 이상을 질문하거나 문장이 길면 아이는 뒷부분에 귀를 기울이지 않는다. 속사정을 모르는 엄마는 아이가 대답을 하지 않는다고 느낀다.

❸ 몸짓 언어를 최대한 활용하자

아이에게 단순히 말로 의사를 전달하기보다는 몸짓과 손짓 그리고 얼굴 표정 등을 모두 활용하자. 아이가 집중해서 들을 수 있게 하는 훌륭한 보조 수단이다.

❹ 다른 활동을 하고 있을 때는 질문을 삼간다

아이가 놀이 등의 다른 활동에 열중할 때에는 가급적 질문을 하지 않는다. 아이는 현재 집중하는 활동을 멈추고 엄마가 하는 얘기에 주의를 기울이는 이른바 '주의력 전환' 능력이 아직 미약한 시기이다. 엄마는 아이의 현재 활동이 끝날 때까지 기다렸다가 질문을 해 보자.

어떤 놀이가
가장 좋아?

아이가 노는 것이 재미있다고 말했다면, 그다음에 엄마가 해야 할
질문은 바로 "어떤 놀이를 좋아하니?"이다. 아이마다 취향과 기호가
다르기 때문에 좋아하는 놀이가 다를 수밖에 없다. 그러나 한편으로는
아이가 어떤 놀이를 좋아하는지를 통해서 아이의 특성뿐만 아니라
심리 상태를 어느 정도 알 수 있다.

싸움 놀이가
제일 좋아요

공룡 놀이가
제일 좋아요

그림 그리기가
제일 좋아요

밖에서 노는 게
제일 좋아요

"공룡 놀이가 제일 좋아요"

공룡 하면 크고 강한 이미지가 떠오른다. 특히 남자아이일수록 공룡을 좋아하는데, 현재 몸집이 작고 약하지만 마음만은 강해지고픈 아이의 욕구 표현이기도 하다. 그러한 욕구를 충족시키는 최고 장난감은 바로 공룡이다. 그중에서도 아이들은 이빨이 크고 날카로운 '티라노사우루스'를 가장 좋아한다. 물론 목이 길고 순하게 생긴 커다란 초식 공룡을 더 좋아하는 아이도 더러 있다.

응답 노트 먼저 아이의 기호를 인정해 준다. 엄마가 인정해 주면 아이는 기분이 좋아질뿐더러 엄마와 친밀감을 더욱 느끼게 된다. 혹은 "공룡 놀이가 왜 좋아?"라고 다시 질문해 볼 수도 있다. 그러나 이런 질문은 아이가 이유를 설명할 수 있다는 생각이 들 때 해야 한다. 자칫 잘못하면 아이에게 '엄마는 네가 왜 공룡 놀이를 좋아하는지 잘 이해하지 못하겠구나.'라는 부정적 느낌을 전달할 수도 있기 때문이다. "그깟 공룡 놀이가 뭐가 재미있어." 같은 부정적 반응도 피해야 한다.

Good reply "맞아! 공룡은 크고 멋있어."

Bad reply "왜 사납고 무서운 공룡 놀이를 좋아해?"

"싸움 놀이가 제일 좋아요"

'싸움'이라는 말이 주는 느낌은 매우 부정적이다. 하지만 아이가 싸움 놀이를 좋아한다는 말에 놀라지 않아도 된다. 싸움 놀이는 '놀이'일뿐 실제 '싸움'이 아님을 기억하라. 오히려 싸움 놀이는 아이의 타고난 공격성을 옅게 하는 효과도 있다. 특히 아빠와 함께 하는 싸움 놀이는 매우 좋다. 싸우는 듯하면서도 힘의 세기를 조절하고 때리는 시늉에 그칠 수 있기 때문이다.

응답 노트 아이의 기호를 인정해 주면서 자신감을 심어주어야 한다. 그리고 당부하고 싶은 말을 덧붙이면 좋다. 하지만 처음부터 아이의 생각을 존중해 주지 않고 "나중에 나쁜 사람이 되면 어떻게 해!"라면서 실망하거나 화를 내지 말라. 그런 반응을 보이면 아이는 이제 다시는 솔직한 대답을 하지 않을 것이다. 엄마가 들어서 좋아할 만한 대답만 겨우 하고, 진짜 속마음은 감추기 쉽다.

Good reply "싸움 놀이가 재미있구나. 지호는 힘이 세니까 싸움 놀이가 재미있을 거야. 그래도 진짜로 싸우면 안 되는 것 알지?"

Bad reply "많고 많은 놀이 중에 왜 하필 싸우는 놀이를 좋아하니? 정말 재미있어?"

"그림 그리기가 제일 좋아요"

아이가 이러한 대답을 하면 대부분의 부모는 흐뭇한 미소를 짓게 마련이다. 공룡 놀이나 싸움 놀이보다는 그림 그리기가 더 건설적이고 유익하다고 생각하기 때문이다. 사실 그림 그리기를 좋아하는 아이는 실제로 미술에 재능이 있을 가능성이 높다. 그러나 꼭 천재 화가가 될 것이라는 기대는 하지 말라. 어디까지나 놀이로서 그림을 좋아할 뿐 이다음에 미술가가 되겠다고 말한 것은 아니니 부모의 기대와 욕심이 앞서 가서는 안 된다.

응답 노트 아이가 평소 어떤 놀이를 좋아하는지 엄마가 이미 잘 알고 있음을 말로써 표현한다. 또한 아이가 관심을 가지는 것에 엄마도 관심이 있음을 알려준다. 아이는 엄마의 이러한 말을 들음으로써 자신이 평소 엄마에게 소중한 존재이며, 엄마가 자신을 잘 알고 있다고 깨달음과 동시에 '내가 좋아하는 것을 엄마도 좋아하니 정말로 기분이 좋다.'라고 생각할 것이다. 더불어 격려도 해 주자. 아이는 자신이 좋아하는 특정한 놀이를 충분하게 반복적으로 즐김으로써 '숙달' 과정을 밟아나가고 있다.

Good reply "맞아. 지호는 그림 그리는 걸 참 좋아해. 엄마랑 함께 할까?"

Bad reply "그림 그리는 놀이 말고 다른 놀이도 좀 해!"

"밖에서 노는 게 제일 좋아요"

밖을 강조하는 아이의 대답에 주목하라. 아이가 매우 활동적인 성향을 지녔음을 알 수 있다. 아이들은 실내에서 가만히 앉아 있는 것보다 밖에서 뛰어다니는 것을 더 좋아한다. 밖에서 놀이 활동을 함으로써 세상을 탐색하고 집에서 보지 못한 새로운 것을 경험한다. 또한 몸을 활발하게 움직이며 놀면서 즐거움을 얻는다. 아이에게는 당연한 현상이다.

응답 노트 아이의 대답에 긍정적으로 반응하면서 아이의 활발한 성격을 인정해 준다. 자칫 싫어하는 태도를 취하면 '우리 엄마는 내가 밖에 나가서 노는 것을 좋아하지 않는구나.'라는 생각에 좌절감을 느끼고, 때에 따라서는 반항심이 생기기도 한다. 오히려 "밖 어디가 좋으니?" 같은 질문을 하면서 아이와 대화를 나누자. 엄마는 자주 아이와 함께 집 밖으로 나가서 아이의 놀이 욕구를 충족시켜야 한다. 그래야 실내에 있을 때에 집 밖과 구별되는 행동을 하라고 말해도 아이가 이해할 수 있다.

Good reply "그치? 우리 지호는 활발하니까 밖에서 노는 것을 무척 좋아해."
"밖에서도 특히 어디가 좋아? 공원? 놀이터?"

Bad reply "너는 왜 만날 밖으로만 나가려고 하니? 집에 차분히 좀 있지."

어떤 장난감이
갖고 싶어?

장난감은 아이에게는 마음의 양식이다. 음식을 통해서 아이가 배가
부른 신체적 포만감을 느낀다면, 장난감을 통해서는 마음이 즐거운
정서적 포만감을 느낀다. 즉 '먹기'의 재료가 음식이요, '놀기'의 재료가
장난감이다. 아이가 어떤 장난감을 갖고 싶어 하는지를 알면 아이의
특성과 심리 상태를 알 수 있다.

"자동차(또는 로봇) 장난감요"

자동차나 로봇 장난감은 남자아이가 좋아하는 대표적 장난감이다. 아이가 주저하지 않고 자신 있게 자동차나 로봇 장난감을 갖고 싶다고 대답했다면, 성 정체성이 본격적으로 형성되어가고 있음을 뜻한다. 물론 여자아이들 중에도 멋진 로봇 장난감이나 자동차를 좋아하는 아이가 꽤 많다. 아직 성 정체성이 분명하게 형성되어 있지 않거나, 개인적인 특성 때문일 수 있다.

<u>응답 노트</u> 아이의 답변에 긍정적 표현으로 답한다. 아이의 기분이 한껏 좋아질 것이다. "언제부터 자동차 장난감을 좋아했지?"라는 대답은 엄마가 아이가 어떤 장난감을 좋아하는지 잘 알지 못한다는 것을 아이에게 전하므로 피한다. 또한 "아니, 너는 동물 장난감을 좋아하잖아?"라는 대답 역시 엄마가 아이가 좋아하는 장난감이 무엇인지를 잘 모르고 있음을 전하는 동시에 다소 강요하는 듯한 인상을 준다. 못마땅해하는 엄마의 반응이 아이를 화나게 만들거나 위축되게 할 수 있다.

Good reply "맞아! 지호는 자동차를 정말 좋아해."

"너는 왜 만날 자동차 타령이니?" **Bad reply**

"인형 놀이 세트요"

인형 놀이 세트는 여자아이가 가장 좋아하는 장난감이다. 여자아이는 귀여운 아기 인형도 좋아하는데, 이를 통해 성 정체성이 확립되기 시작했음을 알 수 있다. 남자아이도 여성의 특성을 함께 지닐 수 있는데, 그러한 경우 대표적으로 하는 놀이가 인형 놀이다. 대개 일시적 현상에 그치곤 하는데, 만일 초등학교에 들어간 다음에도 여전히 인형 놀이를 즐기는 남자아이라면 '성 정체성 장애'를 의심해 볼 수 있다.

<u>응답 노트</u> 아이의 취향을 인정해 주는 답변을 먼저 한다. 아이의 기분이 한껏 좋아질 것이다. 만약 남자아이가 인형을 좋아한다면 부모는 먼저 아이의 성향과 기호를 있는 그대로 받아들이고 인정해 주는 태도를 지녀야 한다. 그다음에 어떤 장난감을 좋아하는지 물어본다. 남녀를 확연하게 구별하기보다는 아직 나이가 어리기 때문에 아이가 재미를 느낀다면 어떤 장난감이라도 괜찮다는 식의 열린 자세를 지녀야 한다.

Good reply "그렇구나. 인형 다음으로 갖고 싶은 장난감은 뭐야?"

"인형은 여자아이나 좋아하는 장난감이야!" **Bad reply**

예상 답변 3

"장난감 다~요"

특정 장난감을 좋아한다는 대답을 기대한 부모는 다소 당황할 수 있다. 하지만 놀라지 말라. 아이들은 대부분 놀 수 있는 대상을 모두 좋아한다. 이러한 대답을 하는 아이는 대개 여러 가지 다양한 놀이를 즐긴다. 장난감에 대한 욕심이 많아 무조건 다 갖고 싶어 하고, 많이 사달라고 말한다. 어른으로 치자면 "돈 많이 벌고 싶어요."라고 대답하는 것과 비슷한 맥락이라 할 수 있다.

응답 노트　아이가 장난감을 좋아하는 것은 너무나 당연한 일이다. 이것저것 구별 없이 다 좋아한다고 말하더라도 역시 긍정적으로 반응해 주어야 한다. 그러면서 동시에 대화를 계속하자. 모든 장난감을 다 사줄 수 없으니 아이에게 제일 마음에 드는 장난감을 선택하라고 말한다. 아이에게는 우선순위를 결정하는 훈련이 될 수 있고, 나머지 많은 장난감을 지금 이 순간에는 포기할 수 있는, 욕구를 조절하는 연습이 될 수도 있다. 하지만 일단 질문한 이상 부모는 아이에게 새로운 장난감 하나는 사줄 각오를 해야 한다.

예상 답변 4

"장난감 필요 없어요"

대답 속에는 '현재 상태에 만족하니 새로운 장난감은 필요 없다'는 의미와 '장난감 따위는 중요하지 않다. 엄마가 놀아주는 게 필요할 뿐'이라는 의미가 숨어 있다. 전자의 경우 부모에 따라 아이를 기특하다고 여길 수 있겠으나 나이에 걸맞지 않은 생각이다. 자신의 감정과 욕구를 억제하는 이른바 '애어른'이라고 할 수 있다. 후자의 경우는 의미 그대로 장난감이 아니라 엄마나 아빠가 함께 놀아주기를 원하는 것이다.

응답 노트　아이의 말을 그대로 받아들여서 "그래, 알았어."라고 말하면 절대 안 된다. 엄마는 아이의 속마음을 알아채야 한다. 혹시 아이가 무기력 상태에 빠져 있다면, "그러지 말고 우리 함께 장난감을 골라보자."라고 얘기하자. 평소 부모에게 자신이 무엇을 원하는지를 잘 얘기하지 않는 아이라면, 엄마는 아이가 제일 좋아할 만한 장난감 하나를 추정해서 사준 다음에 "다음에는 직접 고른 장난감을 사줄게."라고 덧붙인다.

Good reply
"장난감이 필요 없어? 엄마가 함께
놀아줄 테니 그래도 하나 얘기해 봐."

Good reply
"그래도 제일 마음에 드는 게 뭐야?"

Bad reply
"엄마는 돈 없어서 다 못 사줘~
딱 하나만 골라."

Bad reply
"사준다고 할 때 얼른 골라.
정말 안 사준다?"

☞ **Key Word 03**

만족

당신의 아이는 현재 '만족'하고 있나요?

'만족(滿足)'이란 모자람이 없이 충분하고 넉넉한 상태를 일컫는다. 아이가 자라면서 만족감을 경험하는 것은 대단히 중요하다. '만족'을 충분히 경험하면서 자란 아이와 그렇지 못한, 즉 '불만족'을 자주 경험하면서 자란 아이의 성격은 당연히 다를 수밖에 없다. 그렇다면 아이는 언제 만족을 느낄까?

먼저 생리적 만족이 있다. 아이가 충분하게 배가 부르고, 잠도 충분하게 자면서 휴식도 취하며 원활하게 배설하는 상태를 말한다. 또 다른 하나는 심리적 만족이다. 아이가 평소 기분이 좋을 때에 가끔씩 경험하는 부정적 정서를 잘 극복하는가의 문제다. 여기서 중요한 것은 생리적 만족을 충족해야 심리적 만족을 추구할 수 있다는 사실이다. 종종 아이의 생리적 만족을 경시하는 부모도 있는데, 이는 결코 바람직하지 않다. 굶지 않는 것만이 생리적 만족을 의미하지 않듯, 물질적 풍요가 결코 생리적, 심리적 욕구를 충족시키지는 않는다.

그렇다면 아이에게 만족감을 주기 위해서 부모는 과연 무엇을 해야 하는가? 부모는 항상 아이를 잘 관찰해야 한다. 아이의 행동과 표정이 변화할 때에는 무슨 일이 벌어지고 있음을 의미한다. 많은 부모가 "아이가 이유 없이 울어요."라고 말하는데, 사실 이유가 없는 것이 아니라 이유를 모른다는 것이 더 맞는 말이다. 아직 언어 능력이 발달하지 않아 자신의 좋지 않은 감정이나 충족되지 않는 요구를 울음으로 표현하는 것이다. 따라서 아이가 우는 이유를 가급적 정확하게 이해하여 문제를 해결해 주는 것이 부모의 역할이다. 엄마와 떨어질 때 불안해하는 아이에게는 가급적 떨어지는 상황을 만들지 않으려고 노력하는 것도 중요하다. 장

난감 블록을 쌓다가 번번이 무너져서 울고 떼쓰는 아이에게는 '성취'를 경험하게 해 주어야
한다.

　아이가 만족감을 느끼게 하기 위해서 중요한 또 다른 한 가지는 '수용과 인정'이다. 아이
의 특성과 요구를 받아주는 것이 '수용'이고, 아이의 생각과 감정이 옳다고 해 주는 것이 '인
정'이다. 그러기 위해서는 아이에게 금지(안 돼, 아니야 등)보다는 허용(좋아, 그럼, 괜찮아
등)의 말을 많이 해 줘야 한다. 아이에게 '무엇을 하지 말라'는 말보다는 '무엇을 하라'는 말
을 하는 것이 더 좋다. 예를 들어서 "떠들지 말라."보다는 "조용히 하라."라고 얘기해 주는 것
이다. 아이가 스스로 무엇인가를 하려고 할 때 허용하는 태도를 보여주는 것도 중요하다. 이
는 자연스럽게 아이가 무엇인가를 할 때 결과보다는 과정을 중요하게 여기는 태도로 이어진
다. 아이가 무엇인가를 할 때는 잘하고, 잘될 것이라고 생각하자. 이러한 부모 밑에서 자라는
아이는 평소에 부모를 무서워하는 태도를 보이지 않을 것이다. 또한 부모 외의 다른 어른을
대할 때에도 낯가림을 하지 않을 것이다. 그리고 이러한 아이는 필요하다고 생각하면 자신이
먼저 부모에게 해결 방법을 물어볼 것이다.

　부모의 역할은 결국 자녀가 스스로 일을 처리하게끔 도와주는 것임을 잊지 말자. 그러기
위해서는 아이의 행동이 연령과 발달 수준에 맞는지 아닌지를 판단할 수 있는 지식도 어느
정도는 있어야 한다. 결국 아이가 만족을 느끼는지 아닌지는 전적으로 부모에게 달려 있다고
해도 과언이 아니다.

밥 먹는 것
좋아?

'밥'은 인간이 생활하는 데 기본 요소다. 아이에게도 마찬가지.
밥을 잘 먹어야 아이는 움직일 수 있고, 생각할 수 있으며, 키와
몸무게가 늘어날 수 있다. 아무리 정신 건강을 강조한다 하더라도
아이가 몸이 건강하고, 질병이 없거나 질병을 잘 견뎌내는 것이
우선되어야 한다. 그러기 위해서 제일 먼저 고려해야 할 점은
밥을 잘 먹느냐이다.

예상 답변 1

"밥 먹는 것 좋아요"

아이가 밥을 맛있게 먹고 즐겁게 식사 시간을 보내는 모습을 보는 것은 부모의 첫 번째 바람일 터. 아이가 맛있게 먹는 것만 봐도 배부르다는 말이 절로 나올 법하다. 아이의 이러한 대답은 건강하다는 의미이고, 동시에 평소의 만족감을 드러내는 것이다. 다만, 비만이 우려되는 아이에게는 밥 대신 무엇인가 재미있고 즐거운 활동을 할 수 있게 해 주는 것도 연구해 봐야 한다.

응답 노트 아이가 밥을 좋아하고 잘 먹는 모습을 보니 엄마가 기쁘다는 것을 분명하게 알려준다. 또한 평소에 밥을 잘 먹어야 몸이 튼튼해진다는 사실도 알려주어야 한다. 아이가 밥을 맛있고 즐겁게 먹을 수 있도록 도와주는 방법 중 하나가 바로 '가족 식사'다. 즉 온 가족이 한자리에 모여서 서로 즐겁게 대화를 하거나 웃으면서 식사를 한다면, 아이는 항상 가족 식사 시간을 기다릴 것이다. 가족 식사는 아이가 어릴 때부터 일상화하는 것이 바람직하다.

Good reply "그래! 우리 채연이처럼 밥을 맛있게 잘 먹어야 튼튼해지지~."

"그래도 너무 많이 먹으면 안 돼. 너무 먹으면 돼지 돼." **Bad reply**

예상 답변 2

"밥 먹기 싫어요"

부모가 실망할 수 있는 대답이다. 하지만 아이가 왜 밥을 먹기 싫어하는지 곰곰이 생각해 볼 수 있는 좋은 기회다. 혹시 아이에게 밥 먹으라고 강요하지 않았는지, 밥을 적게 먹는다고 만날 야단을 치거나 나무라지 않았는지. 이런 일을 겪은 아이는 '밥' 얘기만 나와도 얼굴을 찌푸리며 심하게 고개를 젓기도 한다. 그놈의 밥 때문에 엄마가 만날 자신에게 싫은 소리를 하니 당연히 밥 먹는 것이 싫을 수밖에 없다.

응답 노트 비록 실망을 안겨다주는 대답이지만, 아이의 솔직한 마음을 있는 그대로 받아주고 인정해 주는 것이 더 중요하다. 그런 다음에 어찌하면 좋을지를 물어야 한다. 물론 그 질문에 아이가 곧바로 대답을 하기는 어렵다. 아이가 밥을 먹기 싫어하는 이유는 대부분 밥 먹는 과정에서 엄마와 관계가 손상되었기 때문이다. 한 숟갈이라도 더 먹이려는 엄마와 이제 그만 먹으려는 아이 사이에 실랑이가 오고 간 결과다. 즐거운 식사 분위기를 유지하는 것이 먼저다.

Good reply "어떻게 하면 밥을 맛있게 먹을 수 있을까?"

"다른 애들은 다 잘 먹는데, 왜 너만 싫어해?" **Bad reply**

"밥 대신 맛있는 것 먹고 싶어요"

충분히 예상할 수 있는 대답이다. 아이가 밥을 왜 먹기 싫어하는지 생각해 볼 수 있다. 편식이 심한 아이일 수도 있고, 군것질을 많이 해서 입맛이 변한 아이일 수도 있다. 이러한 현상이 나타난 책임은 일차적으로 부모에게 있다. 아이가 건강한 식습관을 들이도록 다시 한 번 노력해야 한다.

응답 노트 일단 아이의 기호와 식성을 정확하게 아는 것이 중요하다. 아이에게 무엇이 맛있는지를 묻는다. "과자요.", "햄요.", "우유요.", "빵요." 등 아이가 무슨 대답을 하든지 귀 기울여 듣자. 그런 다음에 올바른 식습관을 들이기 위한 첫 교육을 시작한다. 먼저 밥 이외의 음식들을 아이 눈에 띄지 않게 치워놓자. 물론 부모도 함께 먹지 말아야 한다. 점차 눈에 띄지 않으면 아이는 자연스레 찾지 않을 것이다. 가장 현실적인 해결책이다.

 Good reply "그래? 채연이는 뭐가 제일 맛있지?"

"이제부터 밥 대신 다른 음식은 먹지 마!" **Bad reply**

"배가 안 고파요" or "밥맛이 없어요"

깜짝 놀랄 만한 대답이다. 잘 먹어서 무럭무럭 자라나야 하는 시기에 배가 고프지 않다고 말한다면, 얼마나 기가 막힐까. 게다가 밥맛도 없다고 한다면 보통 심각한 일이 아니다. 만일 아이가 이런 대답을 한다면, 아이의 심리 상태는 한마디로 '무기력'이다. 즉 아이가 활력이 없어서 심리적 불만족, 그중에서도 우울한 상태에 놓여 있을 가능성이 무척 높다.

응답 노트 아이에게 "왜 배고프지 않지?", "왜 밥맛이 없지?"라고 물어보는 것은 별 의미가 없다. 하지만 분명한 것은 아이 마음속에 무엇인가 '부정적 상황'이 자리 잡기 시작했다는 사실이다. 엄마에 대한 불만, 기분 저하, 활력 감소, 질병의 초기 단계 등 여러 가지 가능성이 있다. 이때는 아이의 기분을 즐겁게 만들어주는 게 중요하다. 엄마와 함께 몸을 많이 움직이는 야외 놀이 활동을 하는 것도 좋다.

Good reply "먹고 싶은 게 뭐야? 엄마가 해 줄게."

"왜 밥맛이 없어? 왜 배고프지 않아?" **Bad reply**

코~ 자면 좋아?

'밥'이 에너지 공급이라면 '잠'은 에너지 회복이라 할 수 있다. 특히
4세 미만의 아이에게 잠은 단지 피곤한 몸을 회복하는 것 이상의
의미가 있다. 바로 '성장'과 관계가 있다. 아이는 자면서 성장 호르몬이
분비되고, 단백질 합성이 촉진되며, 기억과 학습 능력이 향상된다.
좋지 않은 감정 상태를 해소하는 '조절' 기능과도 관계가 있다.
아이가 성인보다 많은 시간을 자야 하는 이유다.

"잠잘 때가 제일 좋아요"

아이가 잠을 좋아하는 건 바람직한 현상이다. 제일 즐거운 시간은 낮 동안의 놀이 활동 시간이고, 제일 편한 시간은 잠을 잘 때라는 아이의 표현이 맞다. 아이가 편안한 마음으로 잠자리에 들고, 자고 나서 기분 좋게 일어나며, 잠 잘 때 역시 자세와 표정이 편안해 보인다면, 아이는 무척 건강한 상태라고 할 수 있다. 또한 만족을 느끼는지 알 수 있는 척도이기도 하다.

<u>응답 노트</u> 아이에게 잠의 중요성을 강조함과 동시에 아이가 현재 수면 습관을 잘 들이고 있다고 칭찬해 준다. "엄마가 자장가를 불러주는 것이 좋아?", "잘 때 엄마가 그림책을 읽어주는 것이 좋아?", "곰 인형과 함께 자니까 좋으니?" 등의 질문을 하는 것도 좋다. 혼자서도 잠을 잘 자는 아이도 있지만, 이 시기의 아이는 대개 엄마에게 도움을 받거나, 좋아하는 장난감이 곁에 있으면 잠을 잘 자기 때문이다.

"더 자고 싶어요" or "졸려요"

아이의 이런 답변에 엄마는 금세 '그렇게 잠을 잤는데도 또 자고 싶어?'나 '내가 아이를 충분히 재우지 못했나?' 중 한 가지 생각이 들 것이다. 어느 쪽인가? 전자라면, 아이의 몸과 마음에 무엇인가 이상이 있음을 나타내는 신호로 볼 수 있다. 후자라면, 아이의 수면 시간과 환경을 비롯한 일상생활을 다시 한 번 점검해 봐야 한다.

<u>응답 노트</u> 아이는 잠에서 덜 깼을 때는 곧잘 짜증을 내거나 칭얼거린다. 그럴 때는 못 본 척 무시하는 것이 좋다. 짜증을 낸다고 아이를 나무라거나, 엄마도 짜증을 낸다면 아이 마음속에 더욱 불만이 쌓일 뿐이다. 잠이 부족하거나 잠을 자고 일어나도 개운하지 않으면 아이 기분이 저하되는 요소로도 작용한다. 따라서 아이가 충분히 잘 수 있도록 해 주는 것은 부모의 중요한 책무다.

Good reply

"엄마도 잠을 잘 때가 제일 편해!
우리 채연이는 잠을 잘 자서
엄마 기분이 좋아."

"그럼 이제 혼자서 자는 연습을 할까?"

Bad reply

Good reply

"그래, 우리 채연이가 피곤하구나.
그럼 잠을 더 자자."

"이제 그만 자~. 너는 왜 만날 잠만 자니?"

Bad reply

예상 답변 3

"잠이 안 와요"

'어린아이가 왜 잠이 안 올까?' 의아할 것이다. 불면 증상은 어른에게나 있다고 생각하기 쉽다. 하지만 드물게 어린아이에게도 불면 증상이 생길 수 있다. 제일 흔한 이유는 잠드는 데 대한 두려움이다. '다음 날 아침에 깨어나지 못하면 어떻게 하지?', '이대로 잠이 들면 엄마와 영영 헤어지는 거야.', '내가 잠이 든 사이에 귀신이나 망태 할아버지가 잡아가면 어떻게 해.' 등 걱정거리가 있으면 잠이 잘 오지 않는다.

<u>응답 노트</u>　아이가 편안하게 잠들 수 있기를 바라는 엄마의 마음을 그대로 전한다. 그리고 잠이 잘 오지 않는 이유를 아이에게 물어보자. 이 시기의 아이는 의외로 잠에서 깨어나지 못할까봐 잠자리를 두려워하기도 한다. 아이가 그렇다고 대답하면, 엄마는 안심시키는 말을 해 줘야 한다. "엄마와 아빠가 잘 지켜줄 테니 걱정하지 말고 안심해." 그런 다음 아이가 편안히 잘 수 있는 방법을 함께 찾아본다. "엄마랑 같이 잘까?", "항상 지켜주는 사자 인형을 옆에 둘까?" 등의 말을 해 본다.

Good reply

"잠이 들면 엄마를 다시 못 볼까봐 불안해?"

"잠이 안 와도 빨리 자!
벌써 잘 시간이 지났잖아!"　**Bad reply**

예상 답변 4

"잠을 자기 싫어요"

'아니, 아이가 잠을 자기 싫어하다니?' 부모로서는 깜짝 놀랄 만한 대답이다. 아이가 잠을 자기 싫어하는 가장 큰 이유는 더 놀고 싶기 때문이다. 잠을 자려면 자연스레 놀이를 끝내야 하고, 그로 인해 즐거움도 사라진다고 생각한다. 또 한 가지 이유는 엄마와 헤어지기 싫어서다. 자는 것 자체가 엄마를 보지 못함을 의미하므로 아이의 분리불안을 자극할 수 있다.

<u>응답 노트</u>　4세 미만의 아이에게 "왜 잠을 자기 싫으니?"라고 질문해 봐야 아이가 제대로 표현할 리가 없다. 대신 잠을 자는 것보다 더욱 하고 싶은 활동이 무엇인지를 알아본다. 만일 아이가 "엄마와 계속 놀이하고 싶어요."라고 대답하면, 아이가 원하는 놀이를 짧게 더 해 주어 아이의 욕구를 충족시킨 뒤 잠을 자야 하는 이유를 설명해 주는 것이 좋다. 시간이 너무 늦었다고 해서 "지금은 잘 시간이니까 인형 놀이를 할 수 없어."라고 단도직입적으로 말하지 말라.

"채연이 잠 자기 싫어? 그럼 뭐 하고 싶어?"

Good reply

"그래, ○○ 놀이를 더 하고 싶구나.
하지만 잠을 자야 졸리지 않아서
내일 또 ○○ 놀이를 할 수 있는데?"

"안 돼! 지금 깜깜한 밤이야."

"지금 안 자면 내일 못 놀아."　**Bad reply**

응가 하니까
기분 좋아?

'배변 훈련'은 이 시기의 아이에게 중요한 과제다. 태어나서
처음으로 겪는 어려운 과정이라 배변 훈련을 둘러싸고 엄마와 아이
사이에 갈등도 많이 생겨난다. 빨리, 시원하게 볼 일을 마치기를
바라는 엄마와는 달리 아이는 좀처럼 엄마의 뜻에 따르지 않기도
한다. 아이가 배변 훈련을 하면서 마음속으로 무슨 생각을 하는지
알아채는 것도 이 시기 자녀를 키우는 부모의 몫이다.

응가 하면
기분 좋아요!

응가
하기 싫어요

무서워요~

응가 하면
아파요

마렵지 않아요

예상 답변 1

"응가 하면 기분 좋아요!"

배변을 한 뒤 편안함을 느끼는 건 자연스러운 일이다. 또 이를 말로 잘 표현하는 것 역시 건강한 감정 표현이다. 아이는 배변을 즐거워하고, 중요하게 여기며, '똥'이나 '방귀' 같은 단어를 재밌게 생각한다. 충분한 식사와 편안한 잠, 그리고 원활한 배변이야말로 이 시기의 아이를 만족시키는 필요충분조건이다.

응답 노트　아이에게 원활한 배변을 축하해 주고, 동시에 엄마도 마찬가지임을 알려줘서 동지 의식을 심어준다. "음식을 잘 먹고 또 건강해서 응가도 잘 나오는 거야."라는 말을 덧붙이면 더욱 좋다. 자연스레 건강한 식생활을 강조하는 셈이다. 아이가 기분이 좋을 때 올바른 식습관을 한 번 더 강조하면 교육 효과가 매우 높다.

Good reply　"맞아, 응가 하고 나면 시원해져서 기분이 좋지? 엄마도 그래."

Bad reply　"그래? 너무 많이 먹어서 응가도 잘 나오나 보다."

예상 답변 2

"응가 하기 싫어요"

아이가 이런 대답을 한다면, 혹시 엄마가 강압적으로 배변 훈련을 시키지는 않는지를 반성해 봐야 한다. 배변 훈련 과정에서 부모의 강압적인 태도는 아이 성격이 형성되는 데 상당한 영향을 미친다. 아이는 수치심과 분노를 번갈아 느끼고, 강박적이거나 완벽주의적인 성격을 지닐 가능성이 높아진다. 배변 훈련 과정을 어려운 과제처럼 느낄 때 아이는 배변 자체를 싫어하게 된다.

응답 노트　너무 놀라지 않아도 된다. 살짝 놀라는 모습을 아이에게 보여주면서 아이가 어떻게 반응하는지 살핀다. 아이는 자신의 생각을 엄마에게 제대로 전달했다고 여길 것이다. 이제 응가를 재밌게 할 수 있는 방법을 아이와 함께 찾아봐야 한다. "다음에는 응가 할 때 노래를 틀어줄까?", "변기를 더 예쁜 것으로 바꿔줄까?" 등의 아이디어를 말한다. 하지만 "응가 하는 것이 싫으면 어떻게 하니? 네가 싫어도 꼭 해야 해." 식의 아이를 나무라는 표현은 바람직하지 않다. 아이에게 배변 과정을 더욱 어려운 과제처럼 여기게 할 뿐이다.

Good reply　"응가 하는 게 재미없어? 다음에는 엄마가 노래 틀어줄까?"

Bad reply　"응가 하는 게 싫으면 어떻게 해? 이건 싫어도 꼭 해야 하는 거야."

"무서워요" or "응가 하면 아파요"

아이가 변비 때문에 배변이 힘들거나, 통증을 느껴서 그렇게 말할 수 있다. 배변할 때 통증을 경험한 아이는 배변에 대한 두려움을 지닐 수 있기에 아이의 대답을 유의해서 받아들여야 한다. 간혹 변기에 빠질까봐 두려워하는 아이도 있고, 대변이 나오는 것을 자신의 몸 일부가 떨어져 나가는 것처럼 받아들이는 아이도 있다.

응답 노트 아이가 스스로 좋지 않은 감정을 솔직하게 표현했을 때 이를 받아주고 이해해 주는 것이 부모의 역할이다. 엄마는 아이를 병원에 데려갈 수도, 식단을 바꿀 수도 있다. 하지만 지금 당장 아이에게 필요한 것은 공감과 위로다. "뭐가 무서워? 하나도 안 무서워."라고 억지로 안심시키거나 "그러니까 엄마가 야채를 잘 먹으라고 했잖아."식의 훈육은 이런 상황에서 별반 도움이 되지 않는다. 아이가 편안한 마음으로 응가를 할 수 있도록 대안을 제시해 주자.

Good reply
"채연이가 무섭구나. 많이 아프니? 엄마가 안 아프게 도와줄게."

Bad reply
"응가 하는 게 뭐가 무서워! 하나도 안 무서운 거야."

"마렵지 않아요"

아이는 배변 욕구 자체를 못 느끼거나, 욕구는 느끼지만 되도록 참으려고 한다. 그러다 자칫 옷에 싸는 경우도 종종 있다. 그로 인해 옷이 축축해지고, 냄새가 나며, 엄마에게 들킬까봐 숨기기도 한다. 인간의 기본적인 배설 욕구를 부인하는 아이는 지금 심리적으로 어려움에 처해 있는 것이다.

응답 노트 가장 힘든 사람은 사실 배변 욕구를 참고 있는 아이 자신이다. 그렇다고 해서 결코 서둘러서는 안 된다. 엄마가 더 놀라서 "큰일이네. 마렵지 않으면 어떻게 해!" 등의 감정을 자제하지 못한 말을 하면 아이를 더욱 불안하게 만들 뿐이다. "마렵지 않을 리가 없어. 거짓말하지 마." 등의 말도 아이의 심리적 어려움을 공감해 주기는커녕 아이의 감정 자체를 부인하는 것이다. 아이가 심리적 안정을 찾을 수 있도록 진심 어린 걱정을 해 줘야 한다.

Good reply
"마려우면 언제든지 엄마한테 말해. 괜찮아."

Bad reply
"정말 하나도 마렵지 않아? 솔직하게 말해 봐."

오늘 기분 좋았어?

'만족'에 대한 아이의 마음을 읽을 수 있는 질문이다. 저녁 무렵이나 잠자기
전 아이에게 해야 하는 질문이기도 하다. 아이가 낮에 보인 여러 가지 모습과
그에 반응한 엄마의 언행이 서로 궁합이 잘 맞았다면, 아이는 오늘도 편안한
마음으로 잠자리에 들 것이다.

" 응~ 기분 좋아요 "

기분 좋은 대답이다. 아이가 스스로 기분이 좋다고 표현하는 데 기뻐하지 않을 부모가 어디 있겠는가. 오늘 하루의 대부분을 기분 좋게 보냈다는 것은 아이의 생활 만족도가 매우 높음을 의미한다. 기분이 좋지 않던 순간이 있을 수도 있지만 그보다 기분이 좋은 순간이 훨씬 많았기에 최종적으로 "기분이 좋아요."라고 말할 수 있다.

<u>응답 노트</u> 아이의 대답이 엄마의 기분까지 좋게 해 서로의 좋은 기분을 상승시킬 수 있다. 더불어 아이는 '아. 내 기분이 좋다고 하니까 엄마 기분도 좋아지는구나.'라는 생각을 자연스럽게 하게 된다. 자신의 기분이 엄마에게 영향을 준다는 사실에 자신이 얼마나 중요한지를 확인하는 셈이다. 엄마는 하루 중 언제 가장 기분이 좋았는지를 질문해 보는 것이 좋다. 그 질문에 대한 아이의 대답은 그야말로 자유다.

> **Good reply**
>
> "오늘 언제(또는 무엇을 했을 때)
> 가장 기분이 좋았어?"
>
> ---
>
> "매일 기분이 좋네.
> 기분 안 좋을 때는 없었어?"
>
> **Bad reply**

" 기분이 안 좋아요 "

아이가 이런 대답을 하면 충격을 받거나 당황할 수 있다. 도대체 오늘 엄마인 내가 무엇을 잘못했지 하고 자책감이 들 수도 있다. 하지만 아이의 대답을 현실로 인정하라. 아이가 자신의 기분이 좋지 않음을 솔직하게 표현한 것에 오히려 고마워해야 한다. 아이가 자신의 감정을 숨기지 않아서 다행이다.

<u>응답 노트</u> 아이가 한 대답을 있는 그대로 받아들이면서 공감해 준다. 그런 다음에 아이에게 그 이유를 묻는 것이 좋다. 만약 아이가 "기분이 나빠요."라고 대답했다면, 아이가 표현한 그대로 "무엇 때문에 기분이 나쁘지?"라고 물어본다. 아이가 어떠한 대답을 하든지 받아들일 마음의 준비를 한다. 대부분 엄마 때문에 자신의 욕구가 충족되지 않았다는 내용의 이유를 말할 것이다. 이제 해결책을 물을 차례다. 정답은 아마도 아이가 정확하게 가르쳐 줄 것이다. 그것을 다 들어줄지 일부만 들어줄지를 결정하는 것은 엄마의 몫이다.

> **Good reply**
>
> "그렇구나. 채연이 기분이 좋지 않구나."
>
> "무엇 때문에 기분이 좋지 않지?"
>
> ---
>
> "무슨 애가 기분이 안 좋아?
> 무슨 일 있었어?"
>
> **Bad reply**

예상 답변 3

"몰라요"

이런 경우에는 두 가지 가능성이 있다. 하나는 아이 스스로 기분이 좋은지, 나쁜지를 잘 모르는 것이다. 이는 아이가 아직 감정의 분화가 덜 된 상태로 볼 수 있다. 다른 하나는 자신의 감정을 솔직하게 말하지 않으려는 것이다. 아이는 자신의 감정을 숨기려는 경향이 있다고 볼 수 있다.

응답 노트　두 가지 가능성을 모두 염두에 둔다. 첫 번째 가능성이 의심되면, 아이에게 다시 한 번 기분이 좋은지 나쁜지를 묻는다. 이때는 객관식 문제를 풀듯이 보기를 몇 가지 든다. 그래도 아이가 "정말 모르겠어요." 라고 대답하면 더 이상 질문을 하지 않고, 엄마가 생각하는 아이의 감정 상태를 대신 표현한다. 예컨대 "아까 엄마한테 야단맞아서 기분이 좋지 않은 것 같아."라고 말해 준다. 두 번째 가능성이 의심되면, 다시 한 번 묻는다. 그래도 아이가 대답을 하지 않으면 "좋아? 아니면 나빠?"라고 다시 질문한다. 중요한 것은 아이가 감정을 솔직하게 표현하는 일이다.

예상 답변 4

"엄마는 기분 좋아요?"

대부분의 부모가 의아해할 대답이다. 엄마의 질문에는 대답하지 않고 오히려 엄마의 기분이 어떠한지 물어보는 아이는 마치 애어른과도 같은 상태다. 자신의 기분보다 엄마의 기분이 더 중요하다고 생각한다. 자신의 감정을 억제하는 경우이다.

응답 노트　먼저 아이의 질문에 답변한 다음에 엄마가 한 질문을 환기시킨다. 아이가 자신의 기분보다 엄마의 기분을 더 궁금해하는 것은 아이가 엄마의 눈치를 본다는 의미이다. 엄마가 기분이 좋아야 자신도 기분이 좋고, 엄마가 기분이 좋지 않으면 자신도 기분이 좋지 않다. 다시 말해서 아이의 감정 상태도 엄마에게 의존적이다. 따라서 이제부터 엄마는 아이의 독립심을 키워주기 위한 마음의 준비를 해야 한다. 첫 번째 해야 할 말은 이것이다. "엄마의 기분보다 너의 기분이 더 중요해."

Good reply
"엄마는 기분이 좋아. 그런데 엄마는 채연이 기분이 더 궁금해. 엄마한테 채연이 기분을 말해 줄래?"

Bad reply
"기분이 어떠하냐니까! 왜 갑자기 엄마 기분을 물어?"

Good reply
"잘 모르겠어? 그래도 다시 한 번 잘 생각해 봐. 기분이 좋아? 나빠?"

Bad reply
"어떻게 몰라? 지금 슬퍼? 안 슬퍼?"

☞ **Key Word 04**

호기심

당신의 아이는 '호기심'이 강한가요?

호기심도 만 4세 이하의 아이에게 중요한 키워드다. 호기심이 있어야 아이는 무엇인가를 생각하고 행동한다. 만 3세부터는 언어 능력이 어느 정도 발달해 '왜?'라는 질문을 하기 시작하는데 '왜?'라는 질문을 하기 시작한다는 것은 아이의 생각하는 능력이 자라나고 있다는 증거다. 아이는 '왜?'라는 질문을 하면서 궁금함을 풀고 사물과 자연을 점차 알아가며, 현상의 원인과 결과를 이해하려 한다. 그러니 "하늘이 왜 파래?" 하고 물어보는 아이에게 엄마는 귀찮아하지 말고 고마워하라. '와~ 우리 아이가 이제 생각을 본격적으로 하기 시작하는구나.'라면서 반길 일이다. "하늘이 파랗지 그럼 빨간색이니?", "여태까지 하늘을 보면서 파란색인 것 몰랐어?" 식의 대답은 한마디로 무식하고 과격한 말이라고 할 수 있다. 호기심은 창의성의 기초라고 할 수도 있는데, 아이의 창의성을 싹부터 잘라내려고 하니 말이다.

따라서 엄마는 아이가 이해할 수 있는 수준에서 간결하고도 명확하게 설명해 주어야 한다. 아이의 생각을 먼저 물어볼 수도 있으나 '왜'라는 질문을 하기 시작했을 때는 직접적으로 대답을 해 주어 아이의 지적 욕구를 충족시키는 것이 좋다. 만일 엄마로서 대답하기가 곤란한 질문이라면, 간단하게 대답해 준다.

행여 아이가 '왜'라는 질문을 끊임없이, 꼬리를 물면서 하더라도 엄마는 계속해서 대답해 주어야 한다. 아이는 엄마의 설명을 듣고 싶은 마음 외에도 엄마가 계속해서 자신에게 관심을 갖고 무엇인가를 말해 주기를 원하기 때문이다. 엄마가 정확한 대답을 하는 것보다는 아이에게 멈추지 않고 대답해 주는 것이 중요하다. 아이는 엄마의 말을 듣고서 나름대로 이해하고, 스스로 다른 이유를 찾거나, 다른 어른(어린이집 교사 등)에게서 다른 이유를 듣는 등 '시행과 착오'의 과정을 거치게 된다. 그러면서 인지 능력, 특히 인과 관계와 연관된 인지 능력을 향상시킬 것이다. 만 3~4세 때에는 아이가 이해할 수 있을 만큼 엄마가 설명해 주고, 그 이후에는 아이 스스로 생각하게 한 다음에 엄마가 대답해 주는 것이 바람직하다.

최근 상상력이 아이의 미래를 결정한다는 주장이 많이 제기되고 있다. 단순히 기존 지식을 습득하고 활용하는 것을 뛰어넘어 상상력을 발휘하여 새로운 지식을 만드는 창의성이야말로 미래 세대의 성장 동력이라고 인정받기 때문이다. 상상력이란 무엇일까? 상상력은 결국 사고(생각) 능력의 한 부분이다. 그런데 인간의 모든 능력은 훈련으로 키울 수 있다. 상상력 역시 마찬가지다.

상상력 훈련은 의외로 간단하다. 기존 방식과 다르게 생각하게 하는 것이다. 공감각(하나의 감각이 다른 영역의 감각을 일으키는 일)을 활용하는 것도 효과적인 방법이다. 예를 들어 아이가 단어를 외울 때 연습장에 쓰거나 소리 내어 읽는 대신 머릿속으로 상황을 떠올리거나 그림을 그려서 연상하게 한다. 또한 책을 읽을 때 다음 장을 넘기지 않고서 아이로 하여금 이야기가 어떻게 이어질지 생각하게 하는 것도 효과적이다. 아이가 이어지는 이야기를 제대로 맞히는지는 중요하지 않다. 오히려 다르게 말할 때 "네 이야기가 더 재미있다."라고 칭찬하고 격려해 준다. 마지막으로 부모는 아이에게 "왜 그렇게 생각하지?"라고 자주 물어보는 것이 중요하다.

궁금한 게
뭐야?

'호기심'에 대한 구체적인 질문이다. 평소 아이가 궁금해하는
내용이 무엇인지, 어떤 대상에 관심을 갖는지 정도는 알아두자.
아이가 먼저 무엇이 궁금한지를 표현할 수 있다면 문제가 없지만,
그렇지 않다면 부모가 직접적으로 아이에게 질문하여 아이가
무엇에 호기심을 갖는지 분명하게 알아두어야 한다.

다
궁금해요

너무
많아요

밤에는
왜 깜깜해져요?

궁금한 것
없어요

엄마는 가르쳐주지도
않으면서···

예상 답변 1

"다 궁금해요" or "너무 많아요"

지적 호기심이 무척 많은 아이다. 궁금한 것이 너무 많아서 그냥 지나치지 않고 항상 관찰한다. 이런 대답을 하는 아이의 부모는 이제부터라도 많은 준비를 해야 한다. 부모도 아이처럼 지적 호기심을 발휘해서 자연과 각종 현상을 늘 관찰하면서 공부하자.

응답 노트 일단 아이에게 긍정적인 반응을 보인다. 아이가 호기심이 왕성하다는 것은 부모가 반겨야 할 점이기 때문이다. 그런 다음에 아이가 궁금해하는 것에 엄마가 답변을 해 주고, 아이의 생각도 물어본다. 아이의 지적 호기심을 긍정적으로 받아들이고, 아이가 스스로 생각하게끔 유도하는 부모의 반응은 아이의 창의성 향상에 밑거름이 된다. 절대 부정적인 반응을 보여서는 안 된다. 아이의 생각하는 능력이 발전하는 데 나쁜 영향을 미치기 쉽다.

Good reply
"우리 지호는 호기심이 정말 많구나.
그중에서도 무엇이 가장 궁금하지?"

Bad reply
"너는 궁금한 게 뭐가 그렇게 많니?
정말 다 궁금해?"

예상 답변 2

"밤에는 왜 깜깜해져요?"

이 시기의 아이가 궁금해하는 대표적인 질문 중 하나다. 밤이 되면 많은 것이 변화한다. 방에 불을 켜야 하고, 자기 전에는 세수와 양치를 하고 잠옷으로 갈아입으며, 새 기저귀를 차기도 한다. 간혹 깜깜해지는 것을 무서워하는 아이도 있다. 잠을 자야 하는 신호로 받아들이긴 하지만, 아이 입장에서는 정말 궁금할 것이다.

응답 노트 부모도 정말 궁금하지 않은가? 밤이 되면 깜깜해지는 이유를 아이 눈높이에 맞춰서 설명해 주자. 아이가 이해했다는 듯이 고개를 끄덕일 수도 있지만, 재차 질문할 수도 있다. 그러면 다시 한 번 아이 눈높이에 맞춰서 대답을 해 주자. 지치지 말고 짜증내지 말고 차분하고 간결하게 대답해 주자. 아이의 호기심 행진은 멈출 수도 있고 계속 이어질 수도 있다. 엄마는 꼭 정답이 아니어도 알고 있거나 설명할 수 있는 범위 내에서 대답하기를 바란다. 아이의 상상력이 쑥쑥 자라나는 순간이다.

Good reply
"밤에는 해님이 잠을 자러 가거든. 해님이 깨어 있
어야 밝아져."

Bad reply
"그냥 코 자고 나면 다시 환해져.
걱정하지 말고 코~ 자."

059

"궁금한 것 없어요" 아니, 이럴 수가. 이렇게 어린아이가 세상의 모든 이치를 다 깨우쳤을 리가 없다. 아이는 생각하기를 별로 좋아하지 않을 수도 있고, 매사 귀찮아하거나 의욕이 없을 수도 있다. 엄마는 아이의 이러한 대답을 예사롭지 않게 받아들여야 한다. 혹시 아이의 말을 자주 끊지는 않았는지, 질문에 제대로 대답하지 않았는지 반성해 보자.

응답 노트 걱정스러운 표정과 말투를 살짝 보이자. 그리고 정말 궁금한 게 없냐며 한 번 더 아이에게 질문할 기회를 준다. 아이가 무엇이 궁금한지 질문하지 않을 때는 아이의 현재 상태는 인정해 주면서 호기심을 자극하는 표현을 사용하는 게 좋다. 하지만 현재 아이의 상태를 비난하거나 나무라지 않는다. 아이가 지금은 정말 궁금한 것이 없을 수 있기 때문이다. 하지만 안심하지는 말라. 아이의 호기심이 발동하기를 가슴 졸이며 기다려야 한다.

Good reply
"나중에 언제라도 궁금한 것이 생기면 꼭 엄마한테 물어봐."

Bad reply
"넌 어떻게 어린애가 궁금한 게 하나도 없어?"

"엄마는 가르쳐주지도 않으면서…" 아이가 이제야 속마음을 드러내고 있다. 영리한 아이다. 아니라면 그간 엄마가 아이가 질문할 때마다 제대로 대답해 주지 않았거나 아이의 질문 자체를 대수롭지 않게 여겼을 것이다. '너는 왜 그러한 것을 궁금해하고 쓸데없는 질문을 하지?'라는 엄마의 메시지가 반복적으로 아이에게 전달된 결과다.

응답 노트 충격과 놀라움을 느끼기를 바란다. 엄마는 아이에게 어떠한 답변을 해 주기보다 먼저 사과를 해야 한다. 아이는 엄마에게 자신이 궁금해하는 것에 대한 속 시원한 답변을 기대함과 동시에 관심과 애정이 실린 반응을 바라고 있다. 만일 엄마가 일을 하는 중이라면, 나중에 다시 얘기하자고 양해를 구하거나 간단하게라도 대답을 해 주어야 한다. 이제 아이에게 궁금한 것이 있으면 안심하고 질문하라고 했으니 엄마가 다시 한 번 물어보자.

Good reply
"엄마가 그랬구나. 미안. 지금은 궁금한 것 없니?"

Bad reply
"엄마가 바쁘니까 그렇지! 지금 물어봐~."

○ 0~4세 **Q14**

왜 그렇다고
생각해?

'호기심'을 느끼는 것에 대해서 엄마가 잘 설명해 주는 것도 중요하지만,
더 중요한 것은 아이의 생각하는 능력을 향상시키는 것이다. 스스로
궁금증을 해결하기 위해서 요모조모 관찰하고 생각하는 것은 아이의
특권이자 과제라고도 할 수 있다. 따라서 엄마는 아이에게 인과 관계를
미루어 헤아려야 하는 질문을 하는 게 좋다. 이때는 아이가 어떠한 대답을
하는지보다 제 나름대로 열심히 그 이유를 생각하는 과정이 더 중요하다.

"음... 모르겠어요"

아직 아이에게는 이유를 생각하는 과정이 어려울 수 있다. 인지 능력이 충분하게 발달하지 않은 시기이므로 너무 걱정하지 말자. 아이가 조금이라도 생각을 하려다가 대답을 포기하는 것은 괜찮다. 하지만 생각하려는 노력 자체를 별로 하지 않는다면 조금 걱정해야 한다.

<u>응답 노트</u> 엄마가 곧바로 가르쳐주는 대신에 아이가 스스로 궁금증을 해결하려고 노력해야 함을 강조한다. 아이에게 생각과 상상의 과정이 중요함을 깨닫게 하는 것만으로도 교육 효과는 충분하다. 아이가 생각하는 동안 기다렸다가 엄마는 그 이유를 설명해 준다. 엄마 역시 모범 답안을 꼭 말해야 한다는 강박 관념에서 벗어나기를 바란다. 엄마가 하는 설명을 아이가 이해하지 못해 또다시 질문을 하거나 자신의 생각을 말하면 더 좋다.

Good reply
"그래. 이유가 궁금하지?
엄마가 가르쳐주기 전에 한 번 더 생각해 볼래?"

"너는 그것도 모르니? 다시 한 번 생각해 봐!"
Bad reply

"엄마가 가르쳐주세요"

엄마가 이유를 물어본 질문에 아이가 곧바로 이런 대답을 했다면, 그 이유는 두 가지 중 하나다. 하나는 아직 엄마에게 의존적이어서 자신의 생각보다는 엄마의 생각을 더 중요하게 여기는 시기적 특성이 반영된 것이고, 또 다른 하나는 자신감이 부족해서 자신의 생각이 틀릴까봐 엄마에게 정답을 구하는 것일 수 있다. 어느 쪽이든 엄마의 질문에 적합한 대답을 하지 않은 것은 사실이다.

<u>응답 노트</u> 일단 아이에게 재차 생각해 보라고 권유한다. 아이의 대답이 처음과 달라졌다면, 엄마가 가르쳐주겠다는 말을 먼저 해서 아이를 안심시키거나 아이의 요청을 받아들인다. '엄마는 네가 원하는 대로 분명하게 가르쳐주겠지만, 이왕이면 먼저 네 스스로 생각해 보기를 바란다.'라는 메시지를 전달한다. 아이가 골똘히 생각해서 자기 나름대로 이유를 말하면 크게 칭찬해 준다. 하지만 아이가 여전히 엄마의 설명을 원한다면, 생각해 보라고 권유하지 말고 친절하게 설명해 주자.

Good reply
"그래. 엄마가 가르쳐줄게.
그 전에 채연이가 한 번 더 생각해 볼래?"

"너는 왜 혼자서 생각하지 않지?
다 엄마한테 물어볼 거야?"
Bad reply

예상 답변 3

"음… 밤에는 해님이 없으니까요"

감격스러울 수 있는 대목이다. 이제 세 살밖에 안 된 아이가 이런 대답을 했다면, 거의 영재 수준이다. 자연을 관찰하는 능력이 뛰어나기 때문일 수도 있고, 엄마가 읽어준 그림책에서 터득했을 수도 있다. 그렇지만 아이가 자기 나름대로 이유를 생각해서 말해 준다는 것이 얼마나 고맙고 기특한 일인가. 물론 다르게 말할 수도 있다. 예컨대 "엄마가 불을 꺼서요."라고 말해도 훌륭한 대답이다.

응답 노트 한껏 아이를 칭찬해 자신감을 불어넣어준다. 사실 자신감을 심어주는 것보다 더 중요한 것은 아이가 생각과 상상의 과정을 신나고 재미나게 여기게 하는 것이다. 또다시 아이에게 질문을 하며 한 가지 현상을 설명하는 데는 여러 가지 방법이 있음을 넌지시 알려주는 것도 좋다. 아이에게 무리한 과정일 수도 있고 꼭 필요하지 않은 질문일 수도 있다. 하지만 자연스럽게 일상적 주제로 대화를 하면서 아이의 생각 주머니를 크게 만드는 좋은 기회를 놓치지 말자.

Good reply "와, 채연이가 너무 잘 아는구나. 맞아, 그래서 그렇지?"

Bad reply "그러니까~ 왜 해님이 없어지는 거야?"

예상 답변 4

"그냥요"

이런 모호한 대답을 벌써부터 하다니 다소 실망스러울 수 있다. 대개 사춘기 아이가 자신의 행동에 대한 이유를 물어보는 질문에 "그냥요."라고 대답한다. 별로 이유를 말하고 싶지 않다거나, 생각하기 귀찮다는 의미로 해석할 수 있다. 그런데 이제 3~4세밖에 안된 아이가 이런 대답을 한다면 조금 문제이긴 하다. 혹시 엄마나 아빠가 무의식적으로 "그냥"이라는 표현을 자주 사용하지는 않았는지 반성해 보자.

응답 노트 아이의 표정과 말투를 함께 관찰한다. 아이가 정말 귀찮아하거나 성가시다는 듯이 대답한다면 더욱 심각하다. 아이와 엄마의 애착 관계마저 되돌아봐야 하기 때문이다. 하지만 별다른 표정의 변화 없이 대답한다면, 엄마는 아이에게 한 번더 생각해 보라고 권유한다. 아이가 무엇이든 대답한다면 다소 과장해서 칭찬해도 좋다. 혹시 대답을 하지 않는다면, 엄마는 여러 가지 자신의 의견을 질문 형식으로 넌지시 제시해 본다. 아이가 어느 쪽에 동의하든 상관없다. 목표는 아이가 생각하게 만드는 것이기 때문이다.

Good reply "그냥? 엄마 생각에는 이유가 있을 것 같아. 채연이가 한번 생각해 봐."

Bad reply "세상에 '그냥'이 어디 있어? 다시 한 번 생각해 봐."

엄마가
가르쳐줄까?

엄마는 언제나 아이의 선생님 역할을 할 수 있어야 한다. 이
시기의 아이는 엄마는 모르는 것이 없다고 여긴다. 따라서 엄마가
가르쳐주지 않는 것은 몰라서가 아니라 자신에게 관심이 없어서
그렇다고 해석한다. 엄마는 항상 이런 질문을 할 준비를 한다.
엄마가 가르쳐주기 전에 아이에게 스스로 생각할 수 있는 기회를
주는 셈이기도 하다.

예상 답변 1

"아니, 잠깐만! 내가 생각해 볼래요"

똑똑하고 강한 아이라고 할 수 있다. 단점은 고집이 셀 수도 있다. 하지만 스스로 생각해 보겠다고 대답하는 아이의 그 마음이 정말 야무지다. 엄마의 도움 없이 스스로 문제를 해결해 보겠다는 의지가 정말 훌륭하지 않은가. 아이가 제대로 생각해 내지 못한다고 할지라도 도전과 시도 자체에 의미가 있다.

응답 노트 아이의 얘기에 강한 긍정적 반응을 보인다. 하지만 이때에는 절대로 정답을 강요해서는 안 된다. 따라서 "너는 똑똑하니까 이유를 정확하게 맞힐 거야." 등의 말은 절대 금물이다. 스스로 생각해 보겠다는 것이 대단하고 칭찬할 만한 일이지 절대로 정답을 알아맞히는 것이 칭찬하는 이유가 아니라는 뜻이다. 부모는 아이가 노력하는 모습을 칭찬해야지 결코 아이의 특성이나 결과에 대해 칭찬하는 것은 바람직하지 않다. 아이가 생각하는 동안 엄마는 마음의 여유를 가지고서 충분하게 기다려주기를 바란다.

예상 답변 2

"네~ 가르쳐주세요"

엄마가 무슨 말을 하면 늘 긍정적으로 받아들이는 순응적인 아이라고 할 수 있다. 즉 엄마가 이렇게 하자고 하면 이렇게 하고, 저렇게 하자고 하면 저렇게 하는 아이로, 다소 의존적인 성향은 단점일 수도 있다. 하지만 엄마의 말과 행동에 주의를 기울이는 아이이기에 매우 큰 교육 효과를 기대할 수 있다.

응답 노트 엄마가 먼저 가르쳐주겠다고 말한 이상 아이에게 스스로 다시 한 번 생각해 보라는 식의 말을 해서는 안 된다. 아이는 지금 엄마의 설명을 궁금해하기 때문에 곧바로 아이에게 가르쳐주어야 한다. "하늘이 파란 것은 날씨가 맑기 때문이야.", "하늘에는 파란색 빛이 많아서 그래.", "하느님이 하늘을 파란색으로 만들었어." 등 여러 가지 설명을 할 수 있다. 엄마가 어떻게 설명하느냐에 따라 아이의 생각에 많은 영향을 미친다. 중요한 것은 엄마가 가르쳐준 뒤, 반드시 아이에게 질문을 하는 것이다.

Good reply "그래. 지호가 한번 생각해 봐."

Bad reply "그래~ 우리 아들은 똑똑해서 다 알아맞힐 거야!"

Good reply "그래. 엄마가 가르쳐줄 테니 잘 들어봐~ 그리고 지호 생각을 말해 줘."

Bad reply "그래도 네가 먼저 생각해 봐. 엄마는 네 생각이 궁금해."

"엄마는 맨날 틀리게 가르쳐줘요"

아이의 대답에 놀라거나 화내지 말라. 아이는 엄마가 예상하는 것보다 훨씬 앞선 생각을 이미 하고 있다. 아마도 아빠에게 들은 얘기나 어린이집 선생님에게 들은 얘기와 다르기 때문일 수 있다. 아니면, 정말로 엄마가 아이의 질문에 엉터리로 대답했을지도.

<u>응답 노트</u> 엄마는 정말 신중하게 아이가 이해할 수 있는 수준에서 제대로 된 답변을 하라. 만일 아무리 생각해도 적당한 설명이 떠오르지 않으면, 엄마는 모른다고 솔직하게 인정한 다음에 공부해서 나중에 대답해주겠다고 말한다. 그 자체가 이미 아이에게 교훈이다. 그리고 정말로 공부를 열심히 해서 아이에게 알려준다. 약속을 했으니 당연히 지켜야 하지 않겠는가.

"엄마는 모르니까 아빠한테 물어봐요"

아이는 머릿속에 엄마는 잘 모르는 사람, 그리고 아빠는 모든 것을 아는 훌륭한 사람이라는 생각이 박혀 있다. 부모의 관계가 서로 대등하기보다는, 아마도 아빠가 항상 우월한 입장에서 엄마를 가르치는 모습을 아이는 이미 많이 목격했을 것이다. 그런 이유로 엄마는 밥을 짓고 빨래를 하며 설거지나 하는 사람으로 머릿속에 박혀 있다. 바람직하지 않다.

<u>응답 노트</u> 아이가 지니고 있는 엄마의 부정적 이미지를 차츰 완화해 나가자. 한꺼번에 아이의 생각을 바꾸려고 하기보다는 엄마의 긍정적인 다른 모습을 부각하자. 엄마는 아이에게 책을 많이 읽어주고, 자신도 책을 읽는 모습을 아이에게 자주 보여준다. 아빠 역시 엄마에게 전적으로 집안일을 맡기기보다는 한몫하기를 바란다. 그렇다고 해서 아빠를 깎아내리지는 않아야 한다. 다소 자존심이 상하지만 어쩔 수 없다.

> **Good reply** "엄마가 잘 모르니까 책을 찾아본 후에 가르쳐줄게."
>
> "엄마가 틀렸으니 이제 지호가 엄마에게 가르쳐줄래?"
>
> "세상에 모든 걸 다 아는 사람이 어디 있어? 너도 모르는 것 많잖아!" **Bad reply**

> **Good reply** "엄마도 알아. 하지만 정말 어려운 것은 나중에 아빠에게 물어보자."
>
> "아니야~. 엄마가 아빠보다 훨씬 많이 알고 있어!" **Bad reply**

한번 해 볼까?

호기심의 결과는 행동이다. 아이는 자신의 호기심을 충족하기
위해서 특정한 행동을 시도한다. 예컨대 다른 아이가 미끄럼틀을
내려오는 것을 보면서 '과연 나도 저 아이처럼 내려올 수 있을까?',
'미끄럼틀을 타고 내려오면 기분이 어떠할까?' 등의 생각을 하는 것이
모두 호기심의 범주에 들어간다. 이러한 호기심을 실제로 행동으로
옮겨보도록 유도하고 격려해 주는 질문이다.

"네~ 좋아요"

마침 하고 싶었는데 엄마가 해 보라고 하니 기꺼이 응하는 것이다. 어떤 아이는 적극적으로 먼저 엄마에게 허락을 구하기도 한다. "엄마, 나 저것 한번 해 봐도 돼요?" 위험한 행동이 아니라면 허락하지 않을 이유가 없다. 반면 어떤 아이는 허락도 구하지 않고서 몸이 먼저 달려간다. 이럴 때는 엄마는 적절하게 제한해야 한다.

<u>응답 노트</u> 엄마와 서로 긍정의 눈빛이 오고 간 다음에 아이는 기꺼이 행동으로 옮길 것이다. 행동의 결과가 그다지 좋은 느낌이 아닐지라도 한번 해 보는 데에 의미를 둔다. 앞으로 커가면서 도전과 시도는 계속 이어질 것이다. 그러한 도전에 초석을 다지는 것은 엄마의 양육 태도다. 무엇이든지 경험해 보려는 아이의 뜻을 위험하고 불안하다는 이유 때문에 꺾지 말라. 물론 눈에 뻔히 보이는 위험한 행동은 당연히 금지해야하지만 대부분의 경우 "조심해서 내려와.", "급하게 하지 말고 천천히 해 봐." 등의 말을 덧붙이는 것만으로도 충분하다.

"나중에 해요"

아이는 주저하고 있다. 하고 싶기도 하지만 왠지 자신이 없다. 실패하면 어떡하지 하는 두려움이 느껴지기도 한다. 성공할 것 같지 않으면 아예 시도 자체를 하지 않는 아이는 완벽주의적인 성향을 지녔을 가능성이 있다. 그리고 기질적으로 겁이 많으면서 자존심이 센 아이도 이런 대답을 한다. 겁이 많으니까 하기는 싫은데 그렇다고 못하겠다고 하면 자존심이 상하니까 나중에 하자고 말한다.

<u>응답 노트</u> 아이는 이미 마음을 굳혔다. 하지만 아이에게 못해도 되니 한번 해 보자고 권유할 수는 있다. 아이가 혹시 응한다면 엄마는 아이가 느끼는 불안감을 성공적으로 제거한 것이다. 하지만 아이가 "하기 싫어요."라고 대답한다면 아이 말대로 다음으로 미룬다. 한편 "겁이 나서 그래?", "못할까봐 그러니?" 등의 질문은 가급적 조심해서 해야 한다. 특히 미루어 생각할 때 엄마의 생각이 맞는 것 같으면 더욱 그렇게 말하지 말라. '우리 엄마는 내가 겁쟁이라는 것을 알고 있어. 맞아. 나는 겁쟁이야.'라는 부정적인 자기 인식을 강화할 우려가 있기 때문이다.

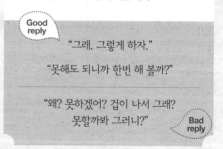

Good reply "그래. 그렇게 하자."

"못해도 되니까 한번 해 볼까?"

"왜? 못하겠어? 겁이 나서 그래? 못할까봐 그러니?" **Bad reply**

Good reply "그래. 어서 한번 해 봐."

"정말? 혼자 잘할 수 있겠어?" **Bad reply**

예상 답변 3

"싫어요. 그냥 가요"

아이의 단호한 대답이 인상적이다. 아이에게 비록 도전 정신이 부족할 수는 있으나 자신의 감정을 주저 없이 솔직하게 표현하는 것은 오히려 좋다. 이러한 아이는 좋고 싫음이 분명한데, 정말로 흥미를 못 느껴서 그럴 수 있다. 만일 다른 활동에 호기심이나 흥미를 느끼면 기꺼이 행동으로 옮길 것이다. 따라서 너무 걱정하지 않아도 된다.

<u>응답 노트</u>　아이가 확실하게 자신의 의사를 표현했으니 일단은 인정해 준다. 하지만 엄마 입장에서 다소 아쉬움이 남는다면 아이에게 심리적으로 부담감을 주지 않으면서 엄마의 바람을 말해 볼 수 있다. 그러나 "엄마가 하라고 하면 해 봐."라든지 "그러지 말고 한번 해 봐."라는 식의 직접적 표현을 하는 것은 별로 바람직하지 않다. 아이는 강요하는 엄마에게 화를 내거나, 자신이 엄마의 요구에 응하지 못하는 상황을 슬퍼하거나 좌절할 수도 있기 때문이다.

예상 답변 4

"야단치지 않을 거죠?"

가장 걱정이 되는 아이의 대답이다. 아이는 자신이 잘못이나 실수를 해서 엄마에게 야단맞지 않을까 두려워하고 있다. 아마도 그 전에 엄마가 "너는 그것도 제대로 못하니?"라는 식의 표현을 여러 번 했을 가능성이 있다. 자신이 어떤 행동을 하기도 전에 엄마에게 야단맞지 않을까 걱정하는 아이는 이미 불안한 심리 상태인 데다가 자신감이 많이 저하되어 있다.

<u>응답 노트</u>　이번 기회에 아이를 확실하게 안심시킨다. 그런 다음에 한 번 더 안심시키는 말을 덧붙인다. 그래도 아이가 안심하지 못한다면 엄마는 여러 번 얘기해야 한다. "엄마가 언제 야단친다고 했어?"라든지 "너는 왜 그렇게 바보같이 굴어?" 등의 말은 아이를 더욱 불안하게 만들고 위축시키므로 절대 해서는 안 된다. 아이가 계속해서 불안해하면 오히려 엄마는 그동안 야단친 자신의 행동을 미안해하며 사과해야 한다. 부모도 때론 아이에게 사과할 수 있는 용기와 열린 마음을 지녀야 한다.

Good reply
"엄마 생각에는 채연이가 한번 해 보면 재미있어 할 것 같은데…."

"그러지 말고 한번 해 봐! 왜 해 보지도 않고 싫다고 그래?" **Bad reply**

Good reply
"걱정하지 말고 한번 해 봐. 잘 못해도 엄마는 채연이를 야단치지 않아."

"엄마가 언제 야단쳤다고 그래? 엄마는 야단친 적 없어." **Bad reply**

☞ **Key Word 05**

관계

당신의 아이는 주위와 좋은 '관계'를 맺고 있나요?

사람은 누구나 관계를 맺어가면서 산다. 부모와의 '애착'은 아이가 맺는 관계의 시작이라 할 수 있다. 부모와 안정적인 애착 관계를 형성하는 것은 다른 사람과 친밀하고 긍정적으로 관계를 맺는 데 큰 역할을 한다. 따라서 관계는 애착을 포함하는 보다 넓은 의미로, 사회적 의미를 지닌다.

대인 관계, 교우 관계, 사회관계, 남녀 관계 등 사람과 사람 사이의 친밀도와 신뢰는 아이가 행복해지는 데 필수적이다. 하지만 관계를 형성하는 데 이성적이고 합리적인 판단 못지않게 중요한 것이 감정적 끌림이다. 이성적으로 생각하면 분명히 관계를 깊게 맺어야 하는데, 감정적으로는 거부감이나 혐오감이 일어난다면 얼마나 슬프고 속이 상하는 일인가. 어른이 되어서도 직장에서 동료 직원이나 상사, 부하 직원과의 관계, 시댁 식구나 처가 식구와의 관계, 이웃 주민과의 관계 등 우리는 적지 않은 관계 맺음을 매일 경험한다.

이러한 관계의 기초 공사는 사실 애착이 형성된 다음인 만 2~4세에 집중적으로 진행된다고 할 수 있다. 이 시기의 아이는 비로소 엄마를 제외한 친구들에게 본격적으로 관심을 보이기 시작하고, 친구들과 어울려 놀기 시작하며 상호작용을 한다. 아이들끼리 어울리는 모습을 잘 관찰하다 보면, 아이들 사이에서도 경쟁과 협력, 갈등과 다툼, 애정과 질투, 접근과 회피 등이 벌어지는 것을 알 수 있다.

　또한 다른 어른과도 서서히 관계를 맺기 시작한다. 동네 어른에게 달려가 인사를 잘하는 아이도 있고, 반면에 어른이 다가서서 귀여워하며 인사를 건네도 눈을 피하거나 엄마 뒤로 숨는 아이도 있다. 어린이집에 다니면 선생님과 관계를 맺기 시작하는데, 관심과 인정을 받으려고 적극적으로 질문을 하는 아이도 있는 반면에 낯가림을 하듯 오랜 시간이 지나서야 서로 대화를 하는 아이도 있다. 아이에게 자기 나름대로 사회생활과 대인 관계가 생겨나는 것이다.

　그렇다면 아이를 위해서 부모가 도와줘야 할 일은 무엇인가? 원만한 대인 관계가 중요하다고 하니 좋은 친구들을 만나게 해 주고 착한 어른들만 접촉하게 해야 하는가? 그것은 현실적으로 불가능하다. 좋은 관계를 맺게끔 도와주는 것뿐만 아니라 싫은 사람과 어떻게 하면 적절한 관계를 유지할 수 있는지도 가르쳐줘야 한다. 서로 싸우는 관계도 생겨날 수 있으므로 어떻게 하면 덜 싸우는 관계로 발전시킬지도 역시 고민할 만한 문제다.

누가
제일 좋아?

아이가 친밀감을 가장 많이 느끼면서도 편안하게 여기는 대상이
과연 누구인지 직접적으로 질문한다. 물론 예상되는 대답은 당연히
"엄마."다. 하지만 아이가 직접 누구라고 말하는지 살펴보자.
엄마와 아이 사이에 안정적 애착 관계가 형성되었다고 할지라도
아이는 의외로 다른 사람을 얘기할 수도 있으니 말이다.

엄마요

아빠요

할머니요

내 친구 ○○요

"엄마요" 아주 당연하고도 자연스러운 대답이다. 아이는 엄마와 무척 많은 시간을 보냈고, 안정적 애착 관계가 형성되었으며, 그 결과 "엄마요."라고 대답하는 것이다. 엄마는 아이가 세상에 태어나서 최초로 맺는 대인 관계 대상이므로 엄마를 많이 좋아하면 좋아할수록 이후의 대인 관계에서 다른 사람들에게도 긍정적인 자세를 취할 수 있다.

<u>응답 노트</u> 아이의 말에 환한 미소와 밝고 높은 톤의 목소리로 화답하라. 대답을 할 때 신경을 써야 할 점은 비언어적 의사소통이다. 언어적 표현과 비언어적 표현이 일치할수록 엄마의 반응에 대한 아이의 신뢰는 더욱 높아진다. 아이의 대답에 시큰둥한 표정으로 "그래. 엄마도 너를 좋아해."라고 무미건조하게 말하는 엄마는 없을 것이다. 더불어 "엄마가 좋다."는 아이의 말에 어떤 식으로든 조건을 다는 엄마가 없기를 바란다.

Good reply "정말? 엄마도 지호를 제일 좋아해."

"그래? 그럼 이제부터 엄마 말 더 잘 들어야겠네?" **Bad reply**

"아빠요" 당황하지 말라. 그리고 질투하지 말라. 엄마와 아이 사이에 안정적 애착 관계가 형성되었어도 아이에게 잘해 주는 아빠의 위력은 대단하다. 아이와 재미있게 놀아주는 아빠는 아이에게 인기 만점이다. 따라서 오히려 고마워하고 다행이라고 생각하라. 아빠와 애착 관계가 탄탄하고 아빠를 좋아하는 아이는 사회성과 정서가 긍정적으로 발달할 수 있다.

<u>응답 노트</u> 전혀 섭섭한 기색 없이 아빠와 아이가 사이좋음을 기뻐하는 것이 중요하다. 물론 아빠는 "아빠도 ○○를 제일 좋아해."라고 대답할 수 있다. 최근에 아이와 아빠가 즐거운 시간을 보냈다면 충분히 이해되는 대답일 수 있고, 항상 아이와 아빠가 재미있는 시간을 보낸다면 너무나도 당연한 대답이다. 비록 엄마와 아이가 더 많은 시간을 보냈더라도 말이다. 때론 악역도 맡아야 하는 엄마에 비해 늘 좋은 말과 행동만 보이는 아빠가 부러운 순간이다.

Good reply "그래? 우리 채연이가 아빠를 제일 좋아하는구나. 엄마도 채연이 다음으로 아빠를 좋아해."

"흥~ 엄마 삐쳤어! 정말 아빠가 더 좋아?" **Bad reply**

"할머니요" 할머니가 키워주는 아이라면 너무나도 당연하고 자연스러운 대답이라고 할 수 있다. 일차 양육자(또는 주 양육자)가 할머니라면 아이에게는 할머니가 엄마인 셈이다. 그러므로 할머니를 제일 좋아한다고 대답하는 것은 할머니와 안정적 애착 관계가 형성되었음을 의미한다. 하지만 엄마가 일차 양육자인데 할머니가 제일 좋다고 대답한다면? 엄마를 무서워하는 아이일 수도 있다.

응답 노트 "할머니요."라는 대답에 혹시 마음속으로 놀랐다면, 언제 할머니가 좋은지를 물어 아이가 좋아하는 순간을 파악해 둔다. 그 대답에 따라서 엄마는 아이와 친해질 수 있는 기회를 잡을 수 있다. 만일 아이가 "할머니가 다 좋아요."라는 식의 대답을 한다면, "그래, 할머니는 우리 ○○을 정말 사랑하시지."라고 긍정하는 말을 해 준 후에 "엄마도 우리 ○○를 참 사랑해."라고 말함으로써 엄마의 존재도 부각한다. "너는 어떻게 엄마보다 할머니를 더 좋아하니?"라는 핀잔은 유치한 대응이다.

Good reply
"그렇구나! 지호는 할머니가 언제 좋았어?"

"정말 엄마보다 할머니가 더 좋아? 엄마 서운해." **Bad reply**

"내 친구 ○○요" 8~9세의 아이가 이렇게 말하면 그리 놀라지 않아도 된다. 아이는 초등학교에 들어가면 친구 관계를 매우 중요하게 여기고 단짝 친구도 만들기 때문이다. 하지만 3~4세 아이가 이렇게 대답한다면 의외다. 외동아이라서 심심해하거나, 엄마나 아빠가 아이를 재미있게 해 주지 못할 가능성이 높다. 혹은 친구 ○○와 즐겁게 놀고 난 직후에 할 수 있는 대답이다.

응답 노트 아이가 그 친구를 왜 좋아하는지 다시 한 번 질문을 한다. 친구와 어떤 놀이를 할 때 재밌는지, 친구가 언제 가장 좋은지 등에 대해 물어본다. 더불어 친구와 잘 지내는 아이를 격려해 주는 것도 바람직하다. 그다음에는 "○○도 좋지만 엄마나 아빠도 좋지?"라는 질문을 해 보자. 그렇다고 하면 상관없지만, 엄마나 아빠는 싫다고 대답하면 긴급 상황이다. 아이는 엄마나 아빠에게 이제까지와는 다른 '무엇인가'를 원한다는 뜻이다. 대개는 즐거운 놀이 활동이다.

Good reply
"그래? 우리 채연이가 ○○를 정말 좋아하는구나."

"친구가 뭘 잘해 주는데? 가족보다 더 좋아?" **Bad reply**

누가 제일 싫어?

좋은 사람이 생겨남과 동시에 싫은 사람도 생겨난다. 방금 전까지
가장 좋은 사람이 엄마였는데, 지금 심하게 야단맞고 난 직후에는
가장 싫은 사람이 엄마가 될 수 있다. 어쩔 수 없이 갖게 되는
감정이 바로 혐오감이다. 동일한 사람에게 좋고 싫음을 번갈아
느낄 수 있고, 좋은 사람과 싫은 사람이 분명하게 나뉘기도 한다.

언니요

친구 OO요~

동생요

아빠요

엄마요

"엄마요"

엄마를 좋아하면서도 싫어하는 아이가 상당히 많다. 이른바 '양가감정'이다. 엄마가 나를 사랑하고 보살펴주며 칭찬해 줘서 제일 좋기도 하지만, 나를 야단치면서 무서운 표정을 짓거나 말을 할 때는 엄마가 싫다. 엄마가 나를 미워해서 야단친다고 생각하는 아이라면 더욱 엄마가 싫다고 느낄 가능성이 높다.

<u>응답 노트</u> 일단 언제 엄마가 싫은지 묻는다. 엄마 입장에서 아이가 어느 때 자신을 싫어하는지 알아야 그런 행동을 고치지 않겠는가. 사실 대부분 어떻게 대답할지 예측할 수 있다. "엄마가 혼낼 때요.", "엄마가 때릴 때요.", "엄마가 억지로 밥 먹으라고 할 때요." 등이 단골 레퍼토리다. 간혹 아이가 웃으면서 엄마가 제일 싫다고 말한다면 엄마를 골려주려 장난을 치는 것이다. 이럴 때에는 화내지 말고 "장난으로 말하는 것 엄마가 다 알아."라고 말해 준다. 아마도 아이는 "아니야."라고 말하면서 계속 웃을 것이다.

"아빠요"

이 시기의 아이에게서 엄마에 대한 양가감정은 흔하게 나타나지만, 아빠에 대해서는 대개 좋고 싫음이 명확하다. 아빠가 자신과 많이 놀아주거나 야단치지 않고, 자신을 이해하면서 대해 주면 "아빠 좋아."가 되고, 아빠가 무섭게 야단을 치거나 자신과 전혀 놀아주지 않으면 "아빠 싫어."가 된다.

<u>응답 노트</u> 먼저 놀라는 모습을 보인다. 비록 아이의 감정 자체를 부인할 수 없지만, 아빠를 싫어한다는 말을 엄마가 반길 수는 없기 때문이다. 그러나 "아빠를 싫어하면 안돼." 등의 직접적으로 부인하는 반응은 바람직하지 않다. 엄마가 물어본 내용에 대해서 아이가 솔직하게 대답했는데도 엄마 마음에 들지 않는다고 해서 무시해서는 안 된다. 차분하고도 침착하게 아빠가 왜 싫은지, 언제 싫은지 물어보자. 아이가 적절하게 표현하면, 엄마는 "이제 엄마가 아빠에게 말씀드려서 달라지게끔 할게."라는 말로 마무리 짓는 것이 바람직하다.

Good reply
"정말? 어느 때 엄마가 싫어?"

"그래? 엄마도 네가 싫을 때 있어!"
Bad reply

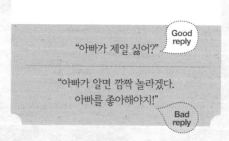

"아빠가 제일 싫어?"
Good reply

"아빠가 알면 깜짝 놀라겠다.
아빠를 좋아해야지!"
Bad reply

예상 답변 3

"동생요" or "언니요"

동생이 태어나면 부모의 사랑을 두고 서로 치열한 쟁탈전이 벌어지기도 하는데, 이럴 때 형이나 언니는 '아기 짓'을 하기도 하고 동생을 직접적으로 괴롭히기도 한다. 반대로 형이나 언니가 자신을 괴롭히고 때린다면 동생 입장에서 가장 싫은 사람이 형이나 언니라고 말하는 것은 당연한 반응이다.

응답 노트 먼저 아이의 감정에 공감을 해 준다. 그런 다음에 동생이 언제 싫은지 질문을 한다. "내 장난감을 건드릴 때요."라고 말하는 것이 "다 싫어요."라는 대답보다 훨씬 양호한 반응이다. 엄마는 형에게 우월감을 심어준다. "동생은 아직 말도 못 하고 혼자서 밥도 못 먹는데 빨리 ○○처럼 되면 좋겠다."라고 말해 줌으로써 자긍심을 느끼게 해 주자. "형은 항상 나를 때려요."라고 말하는 동생에게는 "그건 형이 잘못하는 거야. 하지만 형과 사이좋게 놀 수 있도록 해 보자."라는 말을 해 주는 것이 바람직하다.

예상 답변 4

"친구 ○○요~"

친구에게 장난감을 빼앗겼거나, 맞았을 때 자주 하는 대답이라고 할 수 있다. 아이는 친구에게 싫은 정도를 넘어서 두려움마저 느끼게 된다. 혹은 친구를 얕잡아봐서 이렇게 말할 때도 있다. 자기보다 힘이 약한 친구를 "싫다."라고 표현하는 것이다.

응답 노트 아이의 감정에 공감한다. 그러나 제일 싫어하는 사람이 친구라는 사실이 확인된 이상 그 이유를 알아보는 것이 중요하다. 평소 그 친구와 사이에서 벌어진 일들을 돌이켜 생각해 본다. 친구가 괴롭혀서 싫은지, 친구와 잘 못 놀아서 싫은지 그 이유를 물어봐야 한다. 그런 다음에 "사이좋게 지내보자."라는 말로 변화를 재촉한다. 아이가 계속해서 거부감을 드러낸다면, 당분간 그 친구와는 어울리지 않는 것이 더 좋다.

Good
reply
"채연이가 동생을 제일 싫어하는구나."

"어느 때 동생이 싫지?"

"동생은 아직 어려서 그래."

"네가 언니니까 참아야지!"
Bad
reply

Good
reply
"채연이가 ○○를 싫어하는구나. 그런데 그 친구가 왜 싫어?"

"친구를 싫어하면 안 되지~. 항상 친구랑 친하게 지내."
Bad
reply

제일 무서운 사람은 누구야?

아이는 싫다는 감정, 즉 혐오감을 느낀 다음에는 무섭다는 감정인
두려움을 느낀다. 때로는 두려움을 먼저 느낀 다음에 혐오감을
느끼기도 하는데, 두려움의 대상은 주로 천둥, 번개, 기계음, 굉음
등의 자연 현상일 경우가 많다. 하지만 사람이 두려울 때는 아이의
정서 발달에 더욱 부정적인 영향을 미친다.

"아빠요"

아빠가 얼마 전에 아이에게 큰 소리를 냈거나 야단을 쳤다면, 아이는 십중팔구 아빠가 제일 무섭다고 말한다. 그러나 아빠가 별로 야단을 치지 않아도 아이와 많은 시간을 보내지 못한다면 아이는 아빠를 무섭다고 생각하기도 한다. 말을 안 하고 수염이 나 있는 커다랗고 뚱뚱한 남자 어른을 무서워하는 것은 어쩌면 당연하다.

<u>응답 노트</u> 아빠를 무섭게 여긴다는 것은 엄마로서도 내키지 않는 상황이다. 따라서 아이에게 어떻게 고쳐나갈지를 말해 주어야 한다. 아이에게 아빠가 무섭지 않을 때는 언제인지 물어본다. "아빠가 놀아줄 때요.", "아빠가 장난감 사줄 때요." 등의 대답을 하면, 적어도 오늘 하루만큼은 아이의 소망을 충족시킨다. 지금 당장 아빠에게 전화를 걸어서 아이의 말을 전해 주는 것도 한 가지 방법이다. 혹시 아이가 아무런 표현을 하지 않으면, "우리 아빠랑 친해지기 위해서 오늘 저녁 셋이서 함께 놀자."라고 말해 보자.

Good reply
"아빠가 무서웠구나!"
"아빠가 무섭지 않을 때는 언제야?"

Bad reply
"아니야~ 아빠 하나도 안 무서워. 네가 잘못 본 거야."

"망태 할아버지요"

아이가 무서운 사람 하면 '망태 할아버지'를 떠올리는 이유는 언젠가 들어본 "너, 엄마 말 잘 안 들으면 망태 할아버지가 잡아간다."라는 말이 뇌리 속에 박혔기 때문이다. '오늘 내가 엄마 말 안 들었는데 진짜로 망태 할아버지가 나타나면 어떡하지? 하고 어린 나이에 걱정과 고민이 생길 수도 있다.

<u>응답 노트</u> 망태 할아버지는 무서운 사람이지만 그래도 착한 아이에게는 나타나지 않는다고 말해 준다. 아이가 안심하면 다행이지만, 여전히 불안해하면 좀 더 아이를 안심시키려고 노력해야 한다. 지금까지의 행동과는 상관없이 이제부터라도 착한 아이가 되기를 바라는 엄마의 마음도 전달한다. 아이에게 지난 과거를 반성하라고 하기에는 살아온 기간이 너무 짧다.

Good reply
"맞아, 망태 할아버지는 엄마도 무서워!"
"우리 채연이는 엄마 말을 잘 듣는 착한 아이니까 엄마 아빠가 망태 할아버지 오지 못하게 할게."

Bad reply
"맞아! 망태 할아버지가 제일 무서워. 그러니까 엄마 말 잘 들어야지~."

"엄마요"

아이는 엄마의 무서운 표정과 말투, 그리고 야단을 맞은 일에 대한 기억이 더 뚜렷하다. 슬픈 얘기다. 가장 좋아하고 편안하게 여겨야 할 엄마를 "무섭다."고 표현하는 아이의 말을 듣고 마음이 짠할 것이다. 혹시 억울함과 당혹감을 느꼈다면, 다시 한 번 지금까지의 양육 태도와 행동을 반성하기 바란다. 그리고 아이가 마음속의 감정을 솔직하게 드러낸 것을 한편으로는 고마워하라.

응답 노트 아이의 감정 표현을 의심하지 말라. "엄마가 언제 그렇게 무섭게 했니?"라는 말도 금물이다. 그런 말에는 '네가 지나치게 예민하니까 엄마를 무섭게 여기지.', '엄마가 무섭게 굴지도 않았는데 괜히 거짓으로 무섭다고 말하는구나.'라는 메시지가 들어 있다. 즉 아이의 느낌을 부정하거나 야단치는 것이다. 따라서 아이의 느낌을 솔직하게 인정해 준 다음에 더 노력하겠다는 약속을 한다. 만약 아이가 여전히 믿지 못하겠다는 표정을 짓는다면 상황은 예상보다 심각하다.

"누나요" or "형요"

아이와 누나(또는 형) 간에 나이 차가 클수록 더 자주 보이는 반응이다. 형제자매 간의 질투와 경쟁은 커가면서 불가피하다. 하지만 형이나 언니를 싫어하는 것에 그치지 않고 무서워하는 지경에 이르렀다면 간과해서는 안 된다. 아마도 아이의 누나는 "동생이 싫어요."라고 얘기할 가능성이 높다. "누나가 무서워요."와 맞물리는 상황인 것이다.

응답 노트 아이의 감정을 있는 그대로 받아들인 뒤, 그 이유를 물어본다. "소리를 질러요.", "때려요." 등의 대답이 나오기가 십상이다. 이때 보다 자세하게 어느 때 소리를 지르거나 때리는지를 물어본다. 만약 아이가 "누나 장난감 만졌다고요."라고 대답했다면, 엄마의 다음 반응이 중요하다. "그러니까 다음부터는 누나 장난감을 만지지 마."라는 말을 먼저 하면 실패다. 먼저 누나가 무엇을 잘못했는지 얘기해 준 뒤, "누나 장난감을 만지기 전에 만져도 되냐고 물어봐."라는 대처 기술을 가르쳐준다.

Good reply
"지호한테 엄마가 많이 무서웠구나."

"언제 엄마가 가장 무서웠어? 이제부터 엄마가 고칠게."

"말도 안 돼! 엄마가 뭐가 무서워?" **Bad reply**

Good reply
"누나가 무서웠구나, 왜 무서워?"

"누나가 왜 그랬을까?"

Bad reply
"네가 그러니까 누나가 혼내지."

누구랑 놀고 싶어?

누가 제일 좋은가에 이어지는 중요한 질문이다. 일반적으로는
제일 좋아하는 사람과 놀고 싶다고 말하지만, 아이의 기억에 다른
사람과 재미있게 놀던 경험이 남아 있으면 그 사람이 될 수도 있다.
가령 옆집 형이나 언니, 어린이집이나 문화 센터 선생님, 이모나
삼촌, 베이비시터 등이다.

엄마요

아빠요

친구 OO요

언니요

"엄마요" 이 시기의 아이에게 엄마는 나를 보살펴주는 양육자인 동시에 나와 놀아주는 친구다. 엄마와 늘 함께하면서 대화를 많이 하고 놀이도 자주 하는데도 엄마와 더 놀고 싶어 하는 이유는 엄마가 좋기 때문이다. 또한 엄마가 아이의 놀이 욕구를 잘 받아들이면서 아이의 수준에 맞춰서 놀아주는 능력을 갖추었다고 볼 수 있다.

응답 노트 아이에게 기쁨을 전한다. 아이는 내심 기다렸다는 듯이 묘한 미소를 지을 것이다. 곧바로 "엄마, 그럼 빨리 놀아요."라고 말하는 아이도 있다. 이러한 상황에서는 엄마가 만사 제쳐두고 아이와 놀아준다. 따라서 엄마는 아이와 놀아줄 준비가 되어 있을 때 아이에게 누구와 놀고 싶으냐고 물어봐야 한다. "알았어. 하지만 지금은 엄마가 바빠서 못 노니까 이따 놀아줄게."라는 말은 아이의 기쁘고 들뜬 마음에 찬물을 끼얹는 꼴이 된다.

Good reply
"엄마? 맞아, 엄마도 채연이랑 놀고 싶어."

"그래? 엄마가 지금은 못 놀아주고 나중에 놀아줄게."
Bad reply

"아빠요" 아이와 잘 놀아주는 아빠가 있다. 타고난 경우도 있지만, 아이에게 관심을 가지고서 잘 놀아주려고 노력하는 아빠가 더 많다. 이러한 아빠는 대개 아이가 갓난아기일 때부터 자처해서 아이를 목욕시킨다. 아이와 함께 목욕을 하면서 스킨십을 하면 아이는 저절로 아빠에 대한 친밀감이 높아진다. 엄마와 안정적 애착 관계를 형성하면서 동시에 아빠와도 안정적 애착 관계를 형성해 나가는 아이라면 아빠를 제일의 놀이 친구로 여기는 수가 많다.

응답 노트 누가 제일 좋으냐는 질문에는 "엄마."라고 말하고, 누구와 놀고 싶으냐는 질문에는 "아빠."라고 말한다면 최상의 조합이다. 이제부터 엄마는 아이와 아빠가 어떻게 노는지 잘 관찰해 보자. 레슬링을 하면서 일부러 져주는 아빠나 번쩍 높이 안아서 흔들어주는 아빠에게 아이가 왜 열광하는지 알 수 있을 것이다. 하지만 엄마는 아빠와는 다른 방식으로 얼마든지 재미있게 놀아줄 수 있다.

Good reply
"우리 채연이는 아빠와 제일 재미있게 노는구나. 아빠도 늘 채연이랑 놀고 싶어 해."

"그래? 아빠랑 노는 게 재밌구나. 그래도 아빠 피곤하니까 주말에만 놀자."
Bad reply

"친구 OO요"

벌써부터 엄마를 제치고 친구와 노는 것을 더 좋아하는 아이가 간혹 있다. 이런 아이는 대부분 사회성이 뛰어나다. 엄마와 놀면서 충분하게 놀이 욕구를 만족시킨 다음에 이제 관심의 영역을 돌려서 친구들을 찾는 것이다. 간혹 엄마와 잘 못 놀아서 친구들을 찾는 것이 아니냐는 질문을 하지만, 이 시기의 아이는 아직 친구들보다는 엄마를 찾기 때문에 그러한 경우는 별로 없다.

응답 노트 아이의 의견에 인정하는 반응을 보인다. 이후 아이가 친구와 노는 모습을 유심히 관찰해서 친구의 어떠한 모습이 아이를 즐겁고 편안하게 만드는지도 살펴보는 것이 바람직하다. 아이의 특성에 대한 많은 정보를 얻을 수 있기 때문이다. 간혹 "친구들요."라고 대답하는 아이에게도 마찬가지로 반응하고 대처하면 된다. 아이의 대답에 의아해하거나 실망스러운 모습은 금물이다! 부모의 태도가 아이에게 고스란히 전달되기 때문에 아이는 이제 더 이상 솔직하게 말하고 싶어 하지 않는다.

Good reply
"우리 채연이가 OO와 재미있게 놀았구나. 그래서 또 놀고 싶니?"

Bad reply
"친구들? 엄마랑 아빠랑 노는 게 더 좋지 않아?"

"언니요"

이 시기의 아이는 형제자매 간에 질투와 경쟁으로 힘들어하기도 하는데, 언니와 제일 놀고 싶어 하는 아이는 사실 매우 행운아다. 일단 언니가 아이를 괴롭히지 않고 잘 대해 준다고 볼 수 있다. 간혹 언니가 자신을 종종 괴롭혀도 언니를 졸졸 따라다니는 아이가 있다. 이 경우 사회성이 높거나 모방 욕구가 강한 아이라고 할 수 있다.

응답 노트 열 손가락 깨물어서 아프지 않은 손가락이 있으랴. 동생과 언니가 서로 사이좋게 지내는 모습이야말로 부모를 가장 흐뭇하게 만드는 광경 중 하나다. 이럴 때는 언니도 불러서 "동생이 언니랑 노는 것이 재미있대. 엄마는 너희가 재미있게 놀아서 정말 좋아."라고 얘기해 준다. "언니가 동생이랑 재미있게 놀아주니까 정말 착하구나." 하며 언니를 칭찬해 주는 것도 좋다.

Good reply
"언니를 정말 좋아하는구나. 맞아, 조금 전에도 언니와 재미있게 놀았지?"
"언니랑 사이좋게 지내니까 정말 착하다."

Bad reply
"언니가 잘해 줘? 혹시 놀다가 언니가 때리면 엄마한테 꼭 얘기해."

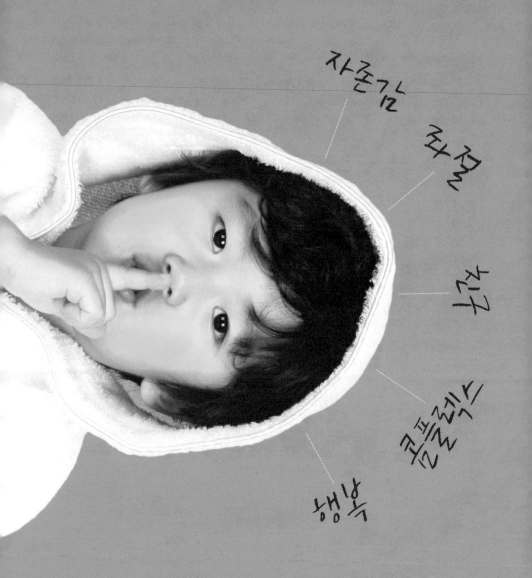

자존감

자랑

친구

코끝능한기

행복

PART 2

나~7세

4~7세는 한마디로 발달 과정에서 중간 지대라고 할 수 있다.
유아기를 막 벗어났지만 아직 초등학교에 입학하지 않은,
그야말로 아기와 아동의 중간인 시기! 이 시기에 거치는 발달
과정 중 가장 중요한 것은 '사회성'이다. 인간 생활의 기초를
바로 4~7세 때 갖추는 셈이다.

4~7세
아이의
심리 키워드

조주원 · 조주은

아기와 아동의 중간 지대, 사회성이 확대되는 시기

엄마와 애착 관계가 본격적으로 형성되는 생후 6~8개월부터 만 2~3세까지 아이는 사회성의 초석을 다진다. 이 시기에 아이는 낯선 사람을 구별하고, 엄마와 떨어지는 것을 불안해하며, 엄마의 단순한 생물학적 보살핌뿐만 아니라 애정, 관심, 상호작용, 놀이, 대화 등을 간절히 바라게 된다. 이때 아이의 심리적 욕구에 적절하게 잘 반응하는 엄마 밑에서 자라나면 아이는 '안정적 애착 관계'를 형성하게 되고, 그렇지 못하면 '불안정 애착 관계'를 형성하게 된다. 이는 향후 아이의 사회성에 큰 영향을 미치는데, 안정적 애착 관계를 형성한 아이는 엄마에게 느낀 긍정적 이미지를 바탕으로 다른 사람과도 신뢰와 협력의 사회적 관계를 맺어나갈 수 있다. 반면 불안정 애착 관계를 형성한 아이는 엄마의 이미지가 부정적으로 마음속에 그려져 있기에 다른 사람과 관계를 맺을 때에 부정적 시스템이 작동한다. 결국 이맘때 엄마의 많은 관심과 노력 끝에 아이가 안정적 애착 관계를 형성하면 일단 한숨을 돌릴 수 있다. 그러나 이제부터 또 넘어야 할 산이 하나 있다.

취학 전 아동의 발달 과제

자존감 만 4세까지의 양육이 아이 자존감 형성에 기초가 된다.
좌절 '좌절'이란 아이가 성장해 가는 데 피할 수 없는 과정이다.
친구 4~6세부터 본격적인 친구 관계 맺기가 시작된다.
콤플렉스 아이가 점차 '갈등'을 경험하면서 콤플렉스가 태동하는 시기다.
행복 이 시기 행복감은 인생을 살아가면서 행복의 기준점으로 자리 잡는다.

만 3세 이후 사회적 영역에서 능력 차가 보이기 시작

만 3세 이후 아이는 또래와 상호작용을 하면서 놀 수 있는 능력이 생긴다. 이즈음부터는 아이마다 조금씩 사회성 영역에서 능력 차를 보인다. 어떤 아이는 잘 싸우지 않고 친구들과 즐겁게 잘 어울리는가 하면, 어떤 아이는 꼭 대장 노릇을 하려다가 결국 다른 아이와 다투기도 하며, 어떤 아이는 일방적으로 당하기도 한다.

이때 부모가 꼭 적절한 도움을 주어야 한다. 공격적 성향이 드러나는 아이는 단호하게 행동을 제지함과 동시에 내면의 공격성이 해소될 수 있도록 체육이나 예술 활동을 배우게 한다. 일방적으로 당하는 아이는 자기주장을 하는 연습을 해야 한다. 엄마가 친구 역할을 하거나 서로 역할을 바꿔 마치 연기하듯 상황을 설정하고 연습을 하면 많은 도움이 된다. 친구들과 잘 어울리지 않고 혼자서 놀려는 아이에게는 친구와 노는 재미를 느끼게끔 많은 기회를 제공한다.

아이의 사회성을 키워주고 싶다면 첫째, 어려서부터 또래 관계를 가급적 스스로 맺고 또한 여기에서 생기는 갈등을 스스로 해결하는 법을 터득하게 해야 한다. 둘째, 아이가 자기주장을 적절하게 할 수 있게끔 항상 아이 말에 귀를 기울여주어야 한다. 셋째, 아이가 공격적이거나 충동적인 행동을 할 때는 단호하게 제지한다. 어리니까 그럴 수도 있다고 방치해 습관적인 행동 특성으로 발전하면 향후 친구들에게 공격 대상이 된다. 넷째, 다른 사람의 마음을 헤아리고 배려할 줄 아는 아이로 길러야 한다. 지나치게 자기중심적이고 이기적인 아이는 친구들에게 배척당하기 쉽기 때문이다.

☞ **Key Word 01**

자존감

당신의 아이는 '자존감'이 높나요?

'자존감'이란 자신을 존중하고 사랑하는 마음이라고 말할 수 있다. 보통 만 4세까지 부모의 사랑과 보살핌을 듬뿍 받은 아이는 자존감이 잘 형성되어 있다. 그러나 그렇지 못한 아이는 자존감 저하에 시달리게 된다.

자존감이 있는 아이는 매사 적극적이고 진취적이다. 실패를 두려워하지 않는다. 설사 실패를 경험하더라도 다시 일어날 수 있는 힘을 지니고 있다. 실패한 나에게 다시 한 번 기회를 주고, 잘할 수 있으리라는 기대와 격려를 할 수 있는 자기 사랑의 마음을 지니고 있기 때문이다. 그러나 자존감이 없는 아이는 어떠한가. '나는 저 일을 제대로 해 낼 수 없어.', '나는 못해.'라는 패배 의식에 사로잡혀 있다. 그러다 보니 조금만 어려워 보이거나 실패가 예상되면 아예 실행에 옮기지 않는다. 어찌어찌해서 실행에 옮겼는데 실패했다면, 결코 다시 도전하지 않는다. '내가 그렇지 뭐, 역시 나는 부족하고 못난 아이야.'라는 부정적인 자기 인식이 순식간에 머릿속을 꽉 채우기 때문이다.

자존감이 높은 아이와 낮은 아이의 차이는 더욱 확연히 드러난다. 자존감이 높은 아이는 자기가 한 일에 대해서 매우 뿌듯해한다. 그리고 대부분의 일을 스스로 해결하려고 노력한다. 부모의 조언과 지시를 중요하게 여기면서도 항상 자신이 판단하여 최종 결정을 한다. 또한 다른 사람에게 도움을 받아야 할 때에는 주저하지 않는다.

흔히 자존감이 높은 아이와 자존심이 센 아이를 혼동하는데, 자존심이 센 아이는 대개 다른 사람의 평가나 이목에 민감하여 도움을 잘 청하지 않으려는 경향이 있다. 따라서 자존감이 높다는 것은 자존심이 세다는 것보다 더 긍정적인 마음가짐이라고 할 수 있다. 세상에서 독야청청 나만 잘나고 높다고 생각하지 않고 자신의 한계와 부족함을 인정하면서 다른 사람과 어우러져 살 수 있는 인재가 미래 사회에는 더욱 필요할 것이기 때문이다.

자존감이 낮은 아이는 스스로 무엇인가를 하려는 자기 주도성이 부족하여 늘 다른 사람, 특히 엄마를 찾는다. 엄마가 대신 자신의 일을 해 주기를 바라고, 엄마에게 일일이 물어봐서 허락을 구한다. 혹시 일 처리가 잘못되면, "엄마가 그렇게 하라고 했잖아요."라는 식의 변명을 하기 위해서다. 그리고 낮은 자존감을 자기 나름대로 해결하기 위해서 남의 탓을 하거나 핑계를 대는 일이 잦다. 그러다 보니 매사 불만이 많고 짜증을 자주 내는 아이로 비쳐진다.

좋아하는 게
뭐야?

이 시기에는 누구를 좋아하는지를 넘어서서 이제 무엇을 하는 것이
좋은지도 중요하다. 아이가 무엇에 관심을 갖는지 조금씩 드러나기 시작해
아이의 적성과 진로를 최초로 헤아릴 수 있는 시기라고도 볼 수 있다.
아이가 무엇을 좋아하는지는 타고난 특성에 따를 수도 있고 부모의 양육
태도와 가치관의 영향을 받을 수도 있다. 어느 쪽이든 상관없다. 중요한
점은 아이가 무엇인가를 좋아하는 마음이 있는지의 여부다. 자신이
좋아하는 활동을 마음껏 할 때 아이의 자존감은 쑥쑥 올라가게 마련이다.

책 읽기요

게임요

친구들과
노는 거요

없어요

예상 답변 1

"책 읽기요" 엄마가 들으면 무척 기뻐할 만한 대답일 듯하다. 아이가 책 읽기를 좋아한다니 그것보다 더 좋은 대답이 어디 있는가. 이 시기의 아이는 호기심이 왕성하다. 엄마가 읽어주는 그림책을 듣는 데서 벗어나 점차 스스로 책을 보기를 원한다. 물론 한글을 아직 익히지 못한 아이가 많기 때문에 아직도 엄마가 아이에게 책을 읽어주려는 노력이 필요할 때다.

응답 노트 아이의 의견에 엄마가 동조하듯 대답해 준다. 책을 통해서 아이의 호기심이 해결되고 지식의 폭이 넓어지기에 책에 대한 긍정적 이미지를 심어주는 것이 중요하다. 아이가 무엇인가 잘못했을 때 그 벌로 책을 읽으라고 하는 부모가 가끔 있는데, 이는 참으로 어리석은 양육 태도이다. 상으로 책을 읽으라고 하지는 못할망정 벌로 책을 읽으라니! 아이로 하여금 책에 대해 좋지 않은 생각만 지니게 할 것이다.

Good reply "엄마가 앞으로 주원이가 좋아하는 책을 더 열심히 읽어줄게."

"그래도 너무 책만 보지 말고 친구랑도 놀아." **Bad reply**

예상 답변 2

"게임요" 엄마가 듣기에 혹시 실망스러운가. 초등학교에도 들어가지 않은 아이가 벌써부터 게임을 가장 좋아한다고 생각하니 한숨이 나올 수도 있다. 하지만 아이가 책 읽기보다 게임하기를 좋아하는 것은 당연하다. 만일 컴퓨터 게임을 좋아한다면 부모가 먼저 반성해야 한다. 이 시기의 아이에게 컴퓨터 게임을 접하게 한, 결국 부모의 책임이다.

응답 노트 먼저 아이의 대답을 인정해 준다. 그 이후 아이에게 다른 활동으로 관심을 유도하는 질문을 한다. 아이가 이미 게임의 재미를 느꼈기 때문에 무작정 못하게 하거나 야단만 칠 수는 없는 노릇이다. 만일 아이에게 "너는 벌써부터 게임을 좋아하니? 이제부터 게임을 할 수 없어." 식으로 게임을 못하게 하면 아이는 영문도 모르는 채 엄마가 자기를 억압한다고 여기게 된다. 아직은 게임이 왜 나쁜지를 이해하기 어려운 시기다.

Good reply "그래. 주원이가 게임을 좋아하는구나."
"게임도 재미있지만 엄마와 함께 책을 읽어도 재미있을걸?"

"무슨 꼬맹이가 벌써부터 게임이야!" **Bad reply**
"게임만 하면 머리가 굳어져서 바보가 돼."

"친구들과 노는 거요" 일반적으로 사회성이 좋은 아이가 하는 대답이다. 책 읽기나 게임하기는 대개 혼자서 하는 활동인 데 비해서 친구들과 노는 것은 서로 어울려서 하는 활동이기 때문이다. 사람들과 어울리기를 좋아하는 아이는 대부분 성격이 외향적이고, 활달하거나 붙임성이 좋다. 매우 건강하고 아이다운 대답이라고 할 수 있다.

응답 노트 일단 나쁘지 않다는 의미의 말을 해 준다. 그런 다음에는 "아기 때는 엄마와 노는 것을 제일 좋아했는데, 벌써 커서 친구들과 노는 것을 더 재미있어 하네." 같은 말을 덧붙인다. 아이가 그만큼 정신적으로 발달했음을 알려주는 말이다. 아이가 말을 이어나갈 수 있도록 친구와 노는 것에 대한 질문도 해 아이와 계속해서 대화하는 것이 좋다. 아이가 대답하고 싶어 하는 질문을 해야 대화가 끊기지 않고 이어진다.

Good reply
"친구들과 노는 것이 그렇게 재미있니?"
"친구들 중에서 누구와 놀 때 재미있어?"

Bad reply
"에이~ 그래도 엄마랑 있는 게 더 좋지?"
"옛날에는 엄마만 좋아했는데!"

"없어요" 참으로 걱정스러운 대답이다. 일반적으로 아이라면 좋아하는 대상이 있게 마련이다. 좋아하는 것이 없다고 하는 것은 의욕이 부족하거나 기분이 좋지 않음을 의미한다. 혹시 방금 전에 엄마에게 꾸중을 들어서 기분이 좋지 않아 이렇게 대답했다면 이해가 된다. 그러나 기분이 평소와 다르지 않은데 이러한 대답을 한다면 이제부터 부모는 고민을 해 봐야 한다.

응답 노트 현재 상태에 대해 엄마가 누구보다 더 안타까워한다는 것을 알려주어야 한다. 중요한 것은 엄마의 측은지심이다. 반면에 "너는 왜 좋아하는 것이 하나도 없지?"라는 말로 아이를 다그치거나 엄마의 불편한 감정을 드러내지 않기를 바란다. 아이가 좋아하는 것이 없다고 대답하는 데 엄마는 책임이 없다고 할 수 있을까? "무엇이든 좋아하는 것이 생길 거야."라고 아이에게 희망적인 말을 해 주는 게 중요하다.

Good reply
"주원이가 좋아하는 것이 없다니 엄마가 슬프네."
"우리 이제부터 좋아하는 것을 찾아보자."

Bad reply
"어떻게 좋아하는 게 없어. 다시 생각해 봐!"
"말도 안 돼. 재밌는 게 하나도 없어?"

왜
칭찬받았을까?

아이를 칭찬할 때는 꼭 그 이유에 대해 이야기를 해 주자.
때로는 아이 스스로 자신이 칭찬받은 이유를 정확하게 알고
있는지 확인해 봐야 한다. 특히 "착하다.", "예쁘다." 식의
막연한 칭찬을 주로 해 왔다면 더욱더 아이 스스로 칭찬받은
이유를 아는지 질문을 해 보자.

"엄마 말 잘 들어서요"

아이는 엄마의 말을 따르고 순종한 것이 칭찬받은 가장 큰 이유라고 생각한다. 다시 말해서 엄마가 자신에게 가장 바라는 덕목이 순종이라고 생각한다는 의미다. 물론 방금 전 엄마가 특정한 행동을 하라고 한 다음에 잘했다고 칭찬했다면 당연한 대답이기도 하다. 이를테면 조금 전 아이에게 "벗어놓은 양말을 빨래 통에 넣어줘."라고 말했는데 아이가 그대로 따랐을 때다.

<u>응답 노트</u> 자신이 칭찬받은 이유를 명확하게 알고 있는 아이를 다시 한 번 칭찬한다. 별다른 일이 없었는데도 이와 같은 대답을 했다면, "그래. 엄마 말을 참 잘 들었지."라고 인정해 준다. 또 어떤 때 칭찬을 받았는지에 대한 질문을 할 수도 있다. 아이가 잘 대답하지 못한다면, "엄마는 우리 ○○가 스스로 좋은 행동을 했을 때도 칭찬했어." 식으로 칭찬받은 이유를 말해 준다. "앞으로도 칭찬받을 만한 일을 많이 하기를 기대할게."라는 말로 끝맺는다.

"공부 열심히 해서요"

아이는 벌써부터 공부를 중요하게 여기고 있다. 평소 엄마가 열심히 공부하는 자신의 모습을 보며 자주 칭찬했기 때문이다. 혹은 칭찬을 별로 하지 않았다 하더라도 공부가 제일 중요하다는 식의 메시지가 은연중에 전달되었을 것이다. 공부의 중요성을 일찍 깨달은 것은 일단 환영할 만한 일이지만, 이는 어디까지나 부모의 바람이 아이에게 그대로 투영된 결과일 뿐이다.

<u>응답 노트</u> 아이의 노력을 인정해 준다. 그런 다음에 또 언제 칭찬을 받았는지를 묻는다. 설마 아이가 "그것 말고는 없어요."라고 대답하지는 않을 것이다. "엄마 심부름 잘했을 때요.", "양치질 잘했을 때요." 등의 대답을 해야 한다. 만일 공부 외에 다른 대답을 하지 않는다면, 엄마는 벌써부터 아이를 혹독하게 공부 위주로 양육하고 있지는 않은지를 반성해 봐야 한다. "공부를 열심히 하는 것은 칭찬받을 만해. 하지만 그 밖에도 칭찬받을 것이 많아."라는 말을 해 준다.

Good reply
"그래. 맞아.
방금 전에 엄마가 한 말을 참 잘 들었어.
그런데 엄마가 또 언제 칭찬을 했지?"

"혹시 칭찬받으려고 그랬던 거야?" **Bad reply**

Good reply
"또 언제 칭찬을 받았는지 생각나니?
공부 열심히 한 것 말고."

"맞아. 공부 열심히 하면 엄마가
매일매일 칭찬해 줄 거야~." **Bad reply**

예상 답변 3

"몰라요"

아이는 자신이 칭찬받은 이유를 잘 모르는 때가 있다. 부모가 제대로 설명해 주지 않았기 때문이다. 간혹 아이 스스로 칭찬받은 이유를 새겨듣지 않고 별다른 생각 없이 흘려 듣기도 한다. 엄마가 열심히 칭찬을 했는데도 그 이유를 잘 모른다면, 칭찬을 한 의미는 별로 없다. 하나 마나 한 칭찬에 그친 것이다.

<u>응답 노트</u> 칭찬받은 이유에 대해서 생각하는 것은 매우 중요하다. 아이가 자신의 행동을 돌아다볼 수 있기 때문이다. 아마도 아이는 약간 노력한다면 곧 그 이유를 알아낼 것이다. 그러나 만일 아이가 끝내 "몰라요."라고 대답한다면, 엄마는 다시 한 번 칭찬받은 이유를 자세하게 설명해 준다. "엄마가 자기 전에 씻으라고 했을 때 '예~.' 하고 행동으로 옮겼잖아. 엄마 말을 잘 따라서 칭찬한 것이야." 혹시 아이가 엄마에게 말하기를 귀찮아하는 눈치라면 엄마와의 애착 관계를 다시 한 번 확인해 보자.

예상 답변 4

"똑똑해서요"

다소 건방진 대답이다. 하지만 부모는 분명히 아이에게 이런 칭찬을 했을 것이다. 즉 "우리 ○○는 참 똑똑해.", "이런 어려운 문제를 풀다니 천재야." 등의 칭찬을 한 결과다. 아이가 노력하는 모습이나 그 과정이 아니라 아이의 특성이나 행동의 결과에 대해 칭찬했을 때 아이는 자신이 '똑똑하기 때문에', '머리가 좋기 때문에' 칭찬받는다고 여긴다.

<u>응답 노트</u> 이제부터라도 엄마는 아이가 노력하는 모습을 칭찬해 줘야 한다. 만일 계속해서 아이의 특성을 칭찬한다면, 아이는 자신이 해결하지 못할 듯한 어려운 과제에는 아예 도전하지 않을 것이다. 똑똑함을 유지하기 위해서는 계속 쉬운 과제에만 머물러 있어야 하기 때문이다. "엄마는 네가 똑똑해서 칭찬하는 것이 아니야. 네가 열심히 노력해서 칭찬하는 것이란다."라고 한 번 더 확실하게 말해 준다.

Good reply "잘 모르는구나. 하지만 다시 한 번 잘 생각해 봐. 얼마 전에 엄마가 뭐라고 말하면서 칭찬해 줬지?"

"칭찬을 해도 모르니 이제부터 칭찬하지 말아야겠다." **Bad reply**

Good reply "그래. 똑똑한 것도 이유가 되지만, 더 중요한 이유는 주은이가 열심히 공부를 했기 때문이야."

"맞아. 우리 아들은 문제도 잘 맞히고 정말 똑똑해." **Bad reply**

잘하는 건 뭐야?

좋아하는 활동을 넘어서서 이제 잘하는 활동이 무엇인지를
발견하는 것도 중요하다. 아이의 강점과 약점을 알 수 있는
시기다. 물론 이 시기에 알아낸 것이 결코 전부일 수는 없다.
하지만 아이가 무엇을 잘하는지를 아는 것과 모르는 것은 차이가
있다. 아이의 자신감에도 직결되고, 부모가 앞으로 아이를 어떻게
교육시켜야 하는지 어느 정도는 방향도 잡을 수 있다.

예상 답변 1

"○○요~"

아마도 그 전부터 아이의 행동을 관찰해 온 엄마는 이미 알고 있을 만한 대답이다. 하지만 의외의 대답일 수도 있다. 엄마가 보기에는 아이가 말한 것보다는 다른 걸 더 잘한다고 생각할 수 있기 때문이다. 하지만 중요한 것은 아이가 스스로 자신이 무엇을 잘한다고 생각하느냐이다.

응답 노트　긍정적인 반응이 중요하다. 혹시 농담으로라도 "네가 ○○를 잘한다고? 하하!" 같은 말은 금물이다. 아이는 엄마의 농담을 받아들일 만큼 감정 처리 능력이 충분하지 않다. 곧바로 엄마에게 반격하거나, 큰 상처를 입는다. 엄마가 자신을 무시하고 비웃는다고 생각하기 때문이다. 혹은 "너도 잘하지만 ○○도 잘하지?" 식으로 다른 아이를 끌어들이지 말라. 역시 아이는 서운함을 느낄 수 있다. 지금 이 순간만큼은 아이가 마치 세계 최고라도 된 듯한 느낌을 지니도록 해 줘도 된다.

예상 답변 2

"없어요"

잘하는 것이 없다고 생각하는 아이는 일반적으로 자신감이 결여되어 있다. 여기에는 부모의 영향도 한몫한다. 부모가 아이를 거의 칭찬하지 않고, 항상 지적하거나 비난한다면 아이가 자존감이 높을 수 있겠는가. 아이에게 "너는 왜 그것밖에 못하지?"라는 말을 자주 하지는 않았는지 반성해 보자.

응답 노트　아이의 부정적인 자기 인식을 긍정적으로 바꾸어놓아야 한다. "잘하는 것이 아니라 좋아하는 것은 무엇이지?"라는 질문으로 대체할 수도 있다. 아이가 바뀐 질문에 대답을 하면, "좋아하는 것을 자주 하다 보면 잘하게 된다."라고 얘기해 준다. 그러나 여전히 없다는 대답을 하면, "좋아하는 것을 이제부터 찾아보자. 그리고 잘하도록 노력해 보자."라고 얘기해 준다.

Good reply
"그래. 맞아. 우리 주원이는 ○○를 참 잘해."

"엄마도 그건 알고 있지!"

Bad reply
"잘하는 게 ○○ 말고는 없어?"

Good reply
"엄마가 보기에는 아닌데?"

"주원이는 친구들과 사이좋게 놀잖아. 그것은 놀이를 잘하는 것이야."

Bad reply
"잘하는 게 하나도 없어? 왜 다 재미없어 하지?"

097

엄마한테
가르쳐줄 수 있어?

어떠한 과제나 활동을 잘하면 자신감이 생기게 마련이다. 이쯤되면
누군가에게 가르쳐주고 싶은 욕구가 자연스레 고개를 든다. 아이가
정말 자신감이 있는지는 이 질문을 함으로써 확인할 수 있다.
"동생(또는 친구)한테 가르쳐줄 수 있어?"라고 바꿔서 질문을 할
수도 있다.

예상 답변 1

"네~ 한번 보세요"

엄마 앞에서 자신 있게 시범을 보이는 아이의 모습을 보면 흐뭇할 것이다. 아이가 가르쳐주는 동작이 비록 엉성해 보이더라도 박수를 치면서 열광할 마음의 준비를 하라. 무엇보다도 단지 자랑하는 것을 넘어서서 남에게 가르쳐주려는 마음가짐이 대견하지 않은가. 이로써 아이는 또 다른 발달 단계로 진입했다.

응답 노트 아이의 말과 행동에 집중하는 모습을 보인다. "엄마도 알긴 알아." 같은 말은 아이의 사기를 저하시킨다. 아이가 누군가를 가르치는 순간의 기쁨과 보람을 느낄 수 있게끔 하라. "고마워."라는 말도 빼놓지 않고 덧붙인다. 아이는 '이제 나도 엄마를 가르칠 수 있다.'는 생각이 들면서 잠시 자신감이 가득해질 것이다. 종종 아이가 자만하지 않을까 걱정이 될 때도 있겠지만, 그 순간이 영원히 지속되지 않으므로 자만심에 빠지지 않을까 염려하지 않아도 된다.

Good reply

"그래. 엄마가 보고 있으니까 계속 가르쳐줘."

"가르쳐줘서 고마워."

"엄마는 어른이니까 당연히 할 수 있지!"

"에계~ 그게 뭐야."

Bad reply

예상 답변 2

"아니요~ 못해요"

이런 대답을 한다면, 아직 자신의 능력에 자신이 없거나 부끄러움을 잘 타는 아이라고 볼 수 있다. 간혹 자신만이 할 수 있는 특별한 능력이라고 믿어서 다른 사람에게 가르쳐주지 않으려고 하기도 한다. 일종의 특허라고 생각하는 것이다. 한편, 자신감이 부족한 아이는 다른 사람 앞에서 여러 번 반복하는 것을 회피한다.

응답 노트 아이가 가르쳐주기 싫다는데 강요할 수는 없는 법. 하지만 아이에게 다시 한 번 부탁해본다. 아이가 한번 해 보겠다고 하면, 엄마의 권유가 통한 것이다. 그러나 아이가 여전히 싫다고 대답하면, "다음번에 엄마에게 가르쳐주고 싶은 마음이 생기면 언제든지 얘기해.", "놀이 방법을 다른 사람에게도 가르쳐주면 사람들이 정말 좋아할 것 같아." 같은 말을 해 보는 것도 바람직하다.

Good reply

"엄마는 진짜 알고 싶은데 우리 주은이가 잘 가르쳐줄 수 있을 것 같아."

"엄마한테 설명해 봐. 그게 뭐가 어려워?"

Bad reply

☞ **Key Word 02**

좌절

당신의 아이는 '좌절'을 겪고 있나요?

'좌절'이란 아이의 성장 과정에서 피할 수 없는, 통과 의례다. 그것도 한 번이 아닌 여러 번 겪는 통과 의례다. 누워 지내다가 뒤집고, 기어 다니다가 서서 첫걸음을 떼기까지 아이에게는 좌절의 연속이리라. 그렇기 때문에 좌절을 '성장통'이라고도 말할 수 있다. 엄마의 품을 벗어나 사회 활동을 시작하는 이맘때 아이에게는 또 다른 좌절이 기다리고 있다. 대인 관계, 학습 등 낯선 환경에서 아이는 많은 좌절을 겪게 된다. 그러니 '내 아이만큼은 어떠한 좌절도 경험하게 할 수 없다.'라고 생각하는 부모가 있다면 대단히 심한 착각이고 오판이라고 말하고 싶다.

간혹 아이를 과도하게 보호하고 간섭하면서 키우는 이른바 '헬리콥터 부모'를 만나기도 하는데, 이런 부모에게는 아이가 더 강해지고 독립적인 인격체로 성장하기 위해서는 '적절한 좌절'을 허용하라고 조언한다. 좌절이 중요한 것이 아니라 좌절을 통해서 배우고 극복하며 발전해 나가는 것이 중요하기 때문이다.

어떤 아이는 한 번 좌절을 경험하면 완전히 주저앉거나 포기하기도 한다. 바로 이럴 때 부모는 옆에서 아이를 격려하고 다시 일어설 수 있도록 힘을 북돋우는 역할을 해야 한다. 또 어떤 아이는 좌절의 쓴맛을 피하기 위해서 일부러 쉬운 과제, 즉 실패하지 않을 만한 것만 골라서 수행하려고 한다. 이런 경우 매우 소극적이고 소심한 아이로 자라날 가능성이 높다. 이럴 때도 부모는 옆에서 아이가 실패의 경험을 수치스럽게 생각하지 않도록 도와줘야 한다.

아이가 커나가고 살아가면서 좌절의 경험을 완전히 피하는 것은 한마디로 불가능하다. 결국 아이는 어느 정도의 적절한 좌절을 경험하고 극복하면서 심리적으로 더욱 강하게 성장해 나간다. 따라서 부모는 아이가 좌절을 경험했을 때 잘 대처할 수 있도록 다음 사항을 기억해 두자.

먼저 아이의 자긍심을 유지하는 데 힘을 쓰자. 자신에 대한 긍지가 좌절의 상황을 벗어나게 만든다. 즉 자기를 사랑하는 마음과 자신에 대한 긍지는 아이가 좌절을 극복하는 힘이다. 이처럼 중요한 아이의 자긍심을 키워주려면, 아이가 성공했을 때나 실패했을 때 아이를 받아주고 용기를 불어넣어주는 부모가 곁에 있어야 한다.

다시 말해서 부모의 사랑이 아이의 자긍심을 키워준다. 그다음으로 부모는 아이가 좌절을 경험했을 때 즉각적으로 개입하지 말자. 이는 아이로 하여금 서서히 좌절에 익숙해지도록 만드는 효과가 있다. 아이가 어떤 난관에 부딪치더라도 즉시 도와주지 말고, 아이 나름대로의 방식으로 해결하게끔 지켜보자. 그래도 아이가 전혀 해결하지 못할 때 부모가 나서야 한다.

왜 못할까?

아이가 무엇인가를 못하겠다며 포기하려 할 때는 반드시 그 이유를
물어본다. 이때 유의해야 할 점은 정말로 아이가 못하는 이유를 알고 난
후 도와주려는 마음가짐이 있어야 한다는 것이다. 자칫 잘못하면 아이는
엄마가 이유를 물어보는 자체를 책망과 비난으로 느낄 수 있기 때문에
질문하는 태도에 신중을 기해야 한다.

예상 답변 1

"너무 어려워서요"

아이들이 가장 일반적으로 대답하는 말이다. 그렇다. 시작하긴 했으나 곧바로 너무 어렵다고 느끼거나, 전에 한 번 해 봤을 때 실제로 어렵던 기억이 있다면, "못하겠어요"라는 말이 저절로 나올 것이다. 아이다운 모습이다. 엄마는 아이가 불굴의 의지를 지닌 투사가 되기를 기대하지 말라.

응답 노트 아이가 느끼는 감정을 있는 그대로 인정해 주는 것이 문제 해결의 출발점이다. 이어서 노력하는 아이를 격려하고 잘할 수 있다고 얘기해 준다. 엄마가 도와주겠다고 얘기해 아이의 의지를 북돋아라. "잠깐 쉰 다음에 다시 한 번 도전해 볼까?"라는 말로 아이의 도전 의지를 자극하는 것도 방법이다. 그러나 "뭐가 어렵다고 그러니?", "너는 제대로 해 보지도 않고 벌써 포기하니?" 등의 말은 아이를 위축시키거나, 자신을 비난한다고 생각하게 하므로 삼가야 한다.

Good reply
"맞아. 엄마가 보기에도 어려워 보이네."
"엄마가 조금 도와줄 테니 함께 풀어나가자."

Bad reply
"뭐가 어렵다고 그래? 다시 한 번 해 봐."

예상 답변 2

"하기 싫어서요"

역시 아이들이 자주 하는 대답이다. 맞다. 하기 싫으니까 못하겠다는 말을 하는 것이다. 그러나 속마음은 하고 싶은데 자신이 없어 하기 싫다고 말할 때도 있다. 부모는 아이의 속마음을 정확하게 이해해야 한다. 정말 하기 싫은지, 자신이 없어서 하기 싫다고 말하는지를 말이다.

응답 노트 엄마를 비롯한 다른 사람도 자주 하기 싫을 때가 있음을 알려줘서 아이를 안심시킨다. 아이가 속마음도 정말 하기 싫어한다면 "다음에 하고 싶을 때 그때 한번 해 보자. 엄마 생각에는 우리 ○○가 한번 해 보면 좋을 것 같아."라고 말해 준다. 만일 자신이 없는 경우라면, "실패해도 좋으니까 한 번 도전해 봐. 자신 없는 일에 도전하는 것이야말로 진짜 용기야."라고 말해 준다.

Good reply
"아~ 주원이가 하기 싫구나. 맞아. 엄마도 하기 싫을 때는 못하겠다고 말해."

Bad reply
"하기 싫은 게 어디 있어? 어린애가 그런 말 하면 못써!"

"그냥요" 아이가 솔직하고 정확하게 자신이 못하는 이유를 말하기란 쉽지 않다. 창피해서 말하기 어려울 수도 있고, 정말로 자신의 마음을 헤아리지 못해서 모르겠다고 말할 수도 있다. 중요한 것은 지금 현재 아이가 매우 난감해하고 있다는 점이다. 엄마는 당혹스러워하는 아이를 달래주어야 한다.

응답 노트 아이를 안심시킨 후 아이가 그 이유를 찾도록 도와준다. 무엇인가를 못하는 자신에게 실망하지 않고 도전할 수 있게끔 도와주려는 엄마의 마음을 느낄 때 아이는 비로소 솔직하게 대답한다. 아이가 끝내 이유를 말하지 못한다면, "엄마 생각에는 ○○가 자신이 없어 못하겠다고 말하는 것 같은데 혹시 맞니?"라고 조심스럽게 물어보거나, "그래. 그럼 다음에 이유가 생각나면 엄마에게 꼭 말해줘."라는 말로 상황을 마무리 짓는다.

Good reply
"주원이가 이유를 곰곰이 생각해 봐. 그래야 엄마가 도와줄 방법을 찾을 수 있거든."

"제대로 말해 봐. 이유를 알아야 고칠 수 있지."
Bad reply

"틀리면 어떻게 해요" 아이는 결과에 대한 두려움을 말하고 있다. 일을 실패하거나, 제대로 마무리하지 못했을 때 부모의 실망스러워하는 표정이나 화난 말투가 머릿속에 이미 한 번 맴돌았을 수도 있다. 또는 자신이 부족해 보이는 상황 자체를 수치스럽게 여겨서 이와 같은 대답을 하기도 한다.

응답 노트 부모는 먼저 평소 태도를 되돌아봐야 한다. 혹시 아이에게 1등, 100점, 우수함, 똑똑함, 성공 등의 표현을 지나치게 많이 하지는 않았는지를 따져보자. 말로는 결과가 중요하지 않다고 하면서도 표정과 몸짓으로는 여전히 훌륭한 결과를 기대하지는 않았는지도 반성해 보자. 과정에 대한 도전, 그리고 좌절에 대한 내성이야말로 아이를 강하게 만드는 지름길이다. 그렇게 만들기 위해서는 결과보다는 과정 자체에 중요성을 두는 부모의 태도가 필수적이다.

Bad reply
"틀리지 않도록 스스로 노력해야지."

"틀려도 괜찮아. 중요한 것은 결과보다 주원이가 용기 있게 도전하는 것이야."
Good reply

4~7세 **Q6**

뭐가 제일 어려워?

잘하는 것이 있듯 누구나 어려워하거나 잘 못하는 것이 있게
마련이다. 부모는 아이가 어려워하는 것이 무엇인지를 미리 알고
있어야 한다. 그래야 아이가 어려워하는 것에 흥미를 잃지 않고
지속적으로 노력할 수 있게끔 동기를 심어줄 수 있다. 이 질문을 할
때도 역시 아이를 도와주고 싶은 마음이 먼저다.

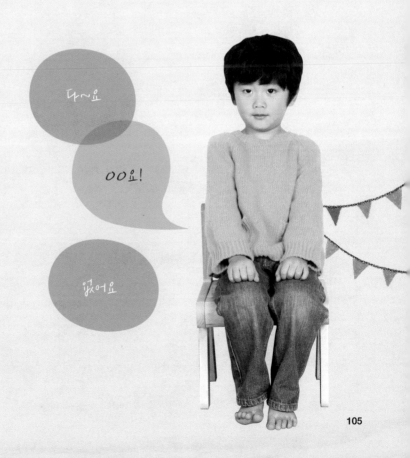

"다~요"

전반적으로 자신감을 상실한 아이라고 할 수 있다. 아이가 '나는 잘하는 것이 하나도 없어.'라고 생각한다면, 소아기 우울증의 전조 징후로도 볼 수 있을 만큼 심각한 상태이다. 한편으로는 엄마가 점차 놀이에서 학습으로 관심을 옮겨가는 초기이므로 이 과정에서 아이가 종종 저항심을 느끼기도 한다.

<u>응답 노트</u> 보통 아이가 어려워하는 것을 엄마는 이미 알고 있다. 글자 공부, 숫자 공부, 책 읽기, 수학, 교구를 이용한 각종 학습 등은 놀이와는 분명히 다르다. 비록 놀이 방식을 취한 교육이라고 할지라도 맞고 틀리고가 결정되는 수업이라면, 결국 학습 과정인 셈이다. 대화를 통해 아이의 학습에 대한 두려움을 감소시키자. 실제로 학습량을 줄여주는 것도 방법이다. 학습에 대한 심리적 부담감이나 혐오감을 없애주는 것이 글자 공부를 한 번 더 하는 것보다 중요하다.

 Good reply

"처음이라 어려울 거야. 하지만 자꾸 하다 보면 덜 어려울 거야."

"그러면 쉬운 게 하나도 없어?" Bad reply

"○○요!"

어려운 것을 분명하게 대답해 주는 아이가 고맙다. 아이다운 솔직한 답변이기도 하다. 만일 엄마가 의외라고 생각한다면 그동안 아이는 속마음을 숨겨온 것이다. 그러나 대부분의 부모는 예상했을 것이다. 만약 수학이 어렵다고 대답했다면 아마도 전날 수학 공부 시간에도 아이는 몸을 뒤틀거나 시큰둥한 표정으로 학습에 임했을 것이다.

<u>응답 노트</u> 아이의 대답을 인정해 준다. 어떤 엄마는 "수학이 뭐가 어려워? 수학만큼 쉽고 재미있는 것이 없어." 식의 말로 아이의 마음을 회유하려고 한다. 그러나 아이는 엄마의 눈 가리고 아웅 작전에 넘어가지 않는다. 아이의 현실을 먼저 인정한 다음에 대책을 마련하는 지혜를 발휘하자. 실제로 동전을 이용해 숫자 공부를 하는 등의 적당한 아이디어를 짜내기도 해야 한다. 또는 "네가 좋아하는 그림 공부를 많이 한 다음에 수학 공부는 조금만 하자."라고 말해 줘서 아이의 심적인 부담감을 덜어준다.

Good reply

"아~ ○○가 제일 어렵구나."

"어떻게 하면 ○○를 쉽고 재미있게 공부할 수 있을지 생각해 보자."

 Bad reply

"○○는 원래 어려운 거야."

"없어요"

정말 어려운 것이 없을까? 대단한 자신감의 표현이다. 아니면 엄마가 아이의 발달 수준과 학습 능력을 정확하게 파악하여 적절한 수준의 학습을 시킨 결과일 수도 있다. 실제로는 아닌 것 같은데 큰소리를 치는 아이라도 그 배짱 하나는 높이 살 수 있다.

<u>응답 노트</u> 아이의 자신감을 인정해 주고, 더불어서 자신감을 더욱 북돋운다. "어려운 것이 생겨도 도망가지 않는 것이 중요해."라는 교훈적인 말을 해도 좋다. 하지만 "너 얼마 전에 수학이 어렵다고 말했잖아."라고 말해서 아이의 말실수를 지적하는 것은 삼가야 한다. 또는 "어려운 것이 없다는 아이가 왜 그렇게 공부 시간을 싫어하니?" 식의 빈정거림 역시 아이의 마음을 상하게 한다. "너는 천재로구나." 식의 칭찬도 별로 바람직하지 않다. 노력하는 모습이 아닌 특성을 칭찬하는 것이기 때문이다.

Good reply "우리 주은이는 다 잘하는구나. 정말 훌륭한데?"

"앞으로 어려운 것이 있어도 열심히 할 수 있지?"

Bad reply "정말? 우리 아들이 천재구나!"

4~7세 아이가 대화에 응하지 않을 때는…

① 좋아하는 놀이를 하면서 대화를 유도한다

이 시기의 아이가 부모와 대화하는 것을 회피하는 가장 큰 이유는 '재미가 없기 때문'이다. 이를 해결하는 가장 간단하고 손쉬운 방법은 놀면서 대화하는 것이다. 자신이 좋아하는 놀이에 엄마도 함께 참여해서 재미가 배가된다면, 아이는 기꺼이 엄마의 대화에 응할 것이다.

② 아이 기분이 좋아 보일 때 질문한다

기분이 좋을 때는 상대방이 요구하면 순순히 응하는 것처럼, 아이도 기분이 안 좋을 때 엄마가 자꾸 대화하자고 하면 응할 마음이 없게 마련이다. 아이가 기분이 좋을 때를 놓치지 말라.

③ 과장된 몸짓과 익살맞은 말투를 한다

개그맨이 아이들에게 인기가 좋은 이유는 재미있는 언어 구사와 몸짓 연기 때문이다. 목소리를 크게 그리고 톤을 높이며 하는 대화야말로 아이가 원하는 방식. 아이가 좋아하는 '방귀', '똥' 등의 단어도 적절하게 사용해 가면서 대화를 나눈다.

④ 엄마가 기분이 좋을 때 아이와 대화하라

목소리 톤이 달라질 만큼 엄마가 기분이 좋은 날에는 반드시 아이와 대화를 나눈다. 엄마의 목소리가 다르면 아이의 반응도 달라지게 마련이다.

하기 싫은 것은 뭐야?

아이들은 종종 하기 좋아하고, 하기 싫어하는 것이 분명하게 나뉠 때가
있다. 마치 잘하는 것과 못하는 것을 나누듯 말이다. 하기 싫다는 건,
어려워서일 수도 있고, 재미없어서일 수도 있다. 혹은 다른 사람과의 관계
때문일 수도 있다. 가령 아이가 그림을 배우기 시작했는데, 선생님에게
지적을 받았다면 그 이후부터 그림을 그리기 싫다고 말할 수 있다.

"공부요"

다소 걱정되는 대답이다. 공부를 시작한 지 얼마 되지도 않았을 텐데 하기 싫은 것으로 받아들인다니 참으로 안타깝다. 하지만 여태까지 신나게 놀던 아이에게는 어린이집에서 하는 가벼운 수업이나, 집에서 엄마가 시키는 취학 전 아동용 학습지조차도 벅차게 느껴질 수 있다. 특히 뛰어놀기를 좋아하는 활동적인 남자아이한테는 날벼락 같은 변화다.

응답 노트 실망스러운 마음에 얼굴을 찡그리거나, 벌써부터 공부를 싫어하면 안 된다고 따끔하게 야단치는 것은 절대 금물이다. 가뜩이나 공부에 대한 반감이 싹트는 조짐이 보이는데 기름을 붓는 꼴이 될 수 있기 때문이다. 공부에 반감을 갖는 이유는 너무 딱딱한 분위기에서 공부를 했거나, 부모가 지나치게 엄격하게 감독했기 때문이다. 엄마는 공부를 즐겁게 할 수 있는 방법을 얘기해 주어야 한다. 이 시기에는 즐거운 분위기나 재미가 공부 습관을 들이는 데 필요조건이다.

Good reply

"공부가 하기 싫구나. 그런데 공부도 재미있게 할 수 있는 방법이 있어. 엄마랑 해 볼까?"

Bad reply

"벌써부터 공부가 어려우면 어떻게 해?"

"세수랑 양치질요"

이 시기의 아이가 자주 하는 대답이다. 처음 양치질과 세수를 혼자서 할 때는 오히려 씩씩하게 잘한다. 엄마와 아빠의 열렬한 칭찬도 한몫한다. 그러나 매일 반복되는 생활 규칙에 아이는 이내 흥미를 잃는다. 무엇보다도 필요성과 중요함을 충분히 깨닫지 못한다. 그래서 다시 엄마가 양치질을 시키거나 얼굴을 씻기는 일이 허다하다.

응답 노트 다소 놀라는 반응을 보인다. 그런 다음에 충분히 잘할 수 있고, 잘한다는 말을 해 준다. "세수와 양치질이 재미없으니까 하기 싫구나. 하지만 세수와 양치질을 하지 않으면 이에 벌레가 생기고 얼굴도 더러워지잖아."라면서 아이에게 세수와 양치질을 왜 해야 하는지 다시 한 번 강조한다. 엄마도 어릴 적에 비슷한 경험을 했다고 얘기해 주는 것도 좋다. 세수와 양치질을 잘하는 아이는 평소 게으름을 피우지 않는 성실함을 기를 수 있고, 엄마의 말도 잘 따른다.

Good reply

"세수와 양치질을 하기 싫어?"

"하지만 마음만 먹으면 세수와 양치질을 멋지게 잘하잖아. 엄마가 여러 번 봤는데?"

Bad reply

"세수랑 양치질을 안 하면 나쁜 어린이야."

"재미있게 노는데 그만하라고 할 때예요"

아이가 하기 싫은 것보다는 싫은 상황을 대답했다고 볼 수 있다. 이러한 상황은 아이가 놀이에 열중하고 있을 때 엄마가 "이제 그만 집에 가자!", "이제 그만 공부하자!" 등의 말을 할 때 주로 발생한다. 아직 욕구 조절 능력이 부족한 시기의 아이에게 지금 당장 재미있는 활동을 멈추라고 하는 것은 무리다. 아쉬움이 남더라도 결단력 있게 그만두면 좋으련만 어디까지나 부모의 꿈이다.

<u>응답 노트</u> 아이의 입장에 동조해 준다. 그런 다음에 아이의 타입에 따라 반응을 달리한다. 평소 엄마의 말을 비교적 잘 따르는 아이라면, "다음부터는 충분히 논 다음에 그만하라고 말할게."라고 말해 준다. 아이에게 충분한 놀이 시간을 허락하면서 서서히 놀이를 중단할 수 있도록 돕는 것이다. 하지만 평소 말을 잘 듣지 않는 아이라면, "놀다가 멈추는 것은 힘들어. 하지만 계속 놀 수는 없어."라고 이유를 설명해 준다. 물론 이때에도 갑작스럽게 놀이를 멈추는 것보다는 서서히 멈추게 하는 것이 좋다.

 Good reply "맞아, 그럴 때 주원이가 엄마 말을 따르기 싫었겠구나."

"그렇게 많이 놀고도 부족했어?" **Bad reply**

"없어요" 야 "다 좋아요"

하기 싫은 것이 정말 하나도 없을까? 그렇지 않을 것이다. 만약 하기 싫은 것이 있는데도 엄마를 기쁘게 해 주기 위해서 없다고 말한다면, 자신의 솔직한 감정을 숨기고 엄마의 기대에 부응하려는 착한 아이다. 하지만 조금 염려가 된다. 애어른 같기도 하고 자기 감정을 억제하는 부작용이 우려되기 때문이다. 정말로 하기 싫은 것이 하나도 없다면 무척 기쁜 일이다.

<u>응답 노트</u> 엄마는 아이의 속마음을 알아보려는 시도를 해 봐야 한다. 아이가 안심할 수 있는 말도 해 준다. 아이가 끝내 없다고 대답하면, "다음에 하기 싫은 것이 생기면 그때 엄마에게 말해도 좋아."라고 말하며 끝맺는다. 만일 처음부터 "역시 우리 ○○는 무엇이든지 다 하고 싶은 아이로구나. 엄마 말을 잘 듣는 착한 아이야."라고 말한다면, 아이에게 '착한 아이여야 한다.'는 콤플렉스를 심어줄 수 있으므로 주의한다. 즉 항상 착한 아이로 비쳐지려고 전전긍긍하는 아이가 되기 때문에 정신적으로 건강한 상태를 기대하기 어렵다.

 Good reply "정말 없니? 누구나 하기 싫은 것이 한두 개는 있어."

"우리 아들은 정말 착하구나. 엄마는 너무 행복해." **Bad reply**

다시 한 번 해 볼까?

아이가 어려워하거나 하기 싫어하는 과제를 하다 보면 대개
실패로 끝이 난다. 결과가 좋지 않으면 아이는 도전을 포기하거나
다음에는 아예 과제 자체를 회피하려고 한다. 그럴 때 부모의
격려가 매우 중요하다. 결과에 상관없이 실패를 딛고서 다시 한 번
도전하는 정신을 키워줘야 한다. 따라서 엄마의 이 질문은 아이의
정신력을 높이는 데 꼭 필요하다.

"네~"

얼마나 뿌듯한 답변인가? 아이는 이미 다시 한 번 도전하려고 마음먹었지만 엄마의 격려가 담긴 말 한마디에 더욱 힘을 내는 중이다. 혹시 아이가 주저한다면, 엄마의 격려 한마디에 용기를 내서 도전을 결정할 것이다. 마음속으로는 포기하려던 아이가 엄마의 격려 한마디로 다시금 도전 의식이 발동했다면 엄마는 최고의 양육 전문가 못지않다.

응답 노트 아이의 의견을 지지하고, 격려하는 말을 해 준다. 그 밖에 또 무슨 말이 필요하겠는가? 그런 다음에는 몸과 눈짓으로 표현하자. 아이의 머리를 쓰다듬어주거나 윙크를 하거나 엄지손가락을 치켜세우는 등의 보디랭귀지(몸짓 언어)는 바로 이러한 때 필요하다. 다만 주의해야 할 점은 "이번에는 꼭 잘하리라 믿어." 같은 말로 성공에 대한 부담감을 주지 않는 것이다. 아이는 재도전하려고 용기를 내었는데 순간적으로 실패에 대한 두려움이 엄습할 수 있기 때문이다.

Good reply
"그래, 우리 주은이는 다시 한 번 할 수 있어. 잘 생각했어."

Bad reply
"그래~ 이번에는 꼭 성공해야 해."

"싫어요"

다소 실망스러운 대답이다. 하지만 실망하거나 낙담하지 말라. 아이가 한 번에 엄마 말을 잘 듣고 실행하기를 바라는가? 어불성설이다. 아이는 깊이 좌절감을 맛봤거나, 다시 도전하기가 싫은 것이 분명하기 때문이다. 싫다고 분명하게 대답한 것 자체만으로도 훌륭하다. 이때 엄마가 어떻게 말하는지가 중요할 뿐이다.

응답 노트 먼저 아이의 의견을 존중해 준다. 잠시 침묵의 시간을 가지거나 아이의 표정을 살피면서 기다린다. 아이가 분명하고 단호하게 싫다는 표현을 했다고 판단되면, 엄마는 흔쾌하게 허락한 후 다음 기회로 미룬다. "그래. 이번에는 그만두고 나중에 다시 한 번 해 보자. 다시 해 보고 싶은 마음이 들면 엄마에게 꼭 말해 줘." 아이의 의견을 존중해 주는 것이 무엇보다도 중요하다. 아이가 자신이 없어서 싫다고 말했다고 판단되면, 다시 한 번 격려해주자. "실패해도 괜찮으니까 한 번 더 해 보는 것이 중요해."라고 말해 준다. 행동으로 옮기느냐 아니냐는 그다음 문제다.

Good reply
"그래. 이번에는 그만하고 나중에 한 번 더 해 보자."

Bad reply
"그냥 포기하게? 엄마랑 한 번 더 해 보자."

예상 답변 3

" . . . " 엄마에게 좋은지 싫은지를 분명하게 말해 주면야 좋겠지만 자신의 의견을 말하는 데 망설이거나 주저하는 아이가 꽤 많다. 아이의 속마음과 엄마의 바람이 충돌하기 때문이다. 즉 마음 같아서는 싫다고 대답하고 싶지만, 엄마가 좋다는 대답을 기대하고 있음을 눈치챘기에 갈등하는 것이다. 사실 아이가 쉽게 대답하지 못한다는 것 자체가 싫다는 표현이라고 생각하면 된다.

응답 노트 아이의 마음을 헤아려 대신 말해 준다. 아이는 기다렸다는 듯이 고개를 끄덕일 것이다. 이럴 때에는 "그럼, 다음에 다시 한 번 도전해 보자. 그리고 싫으면 싫다고 분명하게 말하는 것이 좋아." 라고 일러준다. "말을 분명하게 하지 왜 가만히 있어? 엄마가 답답하잖아." 식의 다그치는 표현은 삼간다. 아이의 마음을 헤아려 대신 말했는데도 아이가 "그런 것 아니야."라고 부인할 때도 있다. 엄마에게 속마음을 들킨 것이 부끄럽기도 하고 엄마의 뜻을 따르지 못했다는 자책감 때문이다. 좀 더 시간을 두고 아이의 결정을 기다리자.

> **Good reply**
> "주은이는 별로 하고 싶지 않구나.
> 그러면 조금 더 생각해 본 다음에 말해 줘."

> "왜 말을 안 해? 네 생각을 얘기해야
> 엄마가 도와주지." **Bad reply**

예상 답변 4

"엄마가 해요" 아이가 엄마에게 자신의 과제를 떠넘기는 셈이다. 상당히 의존적인 성향을 지닌 아이라고 볼 수 있다. 아주 어려서부터 엄마가 모든 일을 대신 해 주었거나 아이가 요구하기도 전에 알아서 문제를 해결해 줬을 가능성이 높다. 이제 와서 아이에게 스스로 과제를 해결해 보라고 하지만, 아이의 의존적인 성향을 한 번에 고치기는 힘들 수도 있다. 한편으로는 단순히 아이가 피곤하거나 귀찮아서 엄마를 들먹거리기도 한다.

응답 노트 때로는 엄마가 단호하게 대답해 주어야 한다. 그렇다고 "안 돼. 무슨 얘기야.", "알았어. 이번에는 그냥 엄마가 해 줄 테니 다음에는 네가 해." 라고 말하는 것은 곤란하다. 전자는 아이의 생각을 나무라는 점에서는 효과적이지만 아이의 바람을 묵살했다는 점에서 다소 가혹하다. 후자는 당연히 해서는 안 되는 말로 아이의 의존성만 키워줄 뿐이다. 그보다는 아이에게 지금 엄마가 놀라고 있고, 결국 자신이 해야 할 일이라는 걸 깨닫게 해 줘야 한다. 엄마가 대신 해 줘서는 안 된다.

> **Good reply**
> "엄마가? 그것은 주은이가 할 일인데…."

> "싫어! 네가 해야 할 일인데 왜 엄마가 하지?" **Bad reply**

👉 **Key Word 03**

친구

당신의 아이는 '친구'를 잘 사귀고 있나요?

'친구'가 얼마나 중요한지는 두말할 필요가 없을 터. 친구야말로 생활의 활력이 되고, 우정은 살면서 소중한 가치가 되기 때문이다. 아이들도 마찬가지다. 아니, 엄밀하게 말하자면 어른들도 유년 시절부터 친구와 우정의 소중함을 점차 깨달아왔다고 말할 수 있다.

4~7세의 아이는 이제 본격적으로 친구를 사귀기 시작한다. 어린이집이나 유치원 등에서 집단생활을 시작하면서 친한 친구가 생겨나고, 반면에 친구와 갈등이 생겨나기도 한다. 특히 이 시기의 아이는 자기중심적이기 때문에 다른 사람이 자신과 다른 감정, 생각, 행동을 보이면 놀라기도 한다. 일종의 발달적 충격인 셈이다.

엄마와 애착 관계가 밀접한 아이는 그렇지 않은 아이보다 다른 사람에게 관심과 주의를 더 기울인다. 그리고 부모의 관심을 많이 받고 자란 아이는 다른 사람에게 자신의 감정을 정확히 표현할 줄 알고, 그로 인해 친구를 사귈 때 긍정적인 감정을 잘 표현할 수 있게 된다. 결국 주변 사람과 충분히 상호 관계를 맺은 아이는 다른 사람의 감정을 이해하는 능력이 발달하게 된다.

아이는 혼자보다는 함께 노는 것을 좋아하며, 엄마보다는 또래 아이들과 노는 데에 많은 관심을 갖게 된다. 특히 이 시기에는 아이의 인지 능력이 폭발적으로 발달해 자율성과 독립심, 주체성이 이전보다 향상된다. 아이는 엄마가 옆에서 자신이 노는 모습을 보고 있지 않아도 또래 친구들과 시간을 보낼 수 있게 된다.

만일 이 시기의 아이가 엄마와 떨어져 또래 친구와 놀지 못한다면 정상적 발달 단계에서 뒤처지고 있다고 볼 수 있다. 아이에게 친구가 있느냐 없느냐는 단순히 아이의 사회성 발달에만 영향을 미치는 것이 아니다. 엄마의 품을 떠나 또래 친구들과 어울리면서 아이는 부모에게서 배울 수 없는 많은 것을 얻고 배우게 된다. 부모의 일방적인 지시나 보살핌에서 벗어난 아이는 또래 친구들과 어울리면서 양보심, 인내심을 배우기도 한다. 결국 또래 친구들과 활발하게 교류하는 이 시기에는 엄마가 지나치게 간섭하기보다는 아이 스스로 친구를 사귈 수 있는 기회를 마련해 주어야 한다.

아이는 친구들과 놀이를 하면서 협력과 갈등을 경험하고 친구와 친밀하게 지내기 위해서 자신이 어떻게 행동해야 하는지를 알게 된다. 즉 원만한 친구 관계를 맺기 위한 노력을 한다. 더욱이 또래 친구들과 뒤엉켜 놀이를 하면서 운동 능력과 신체가 자연스럽게 발달한다. 친구들이 사용하는 단어를 들으면서 좀 더 다양한 언어를 구사하는 능력을 갖추게 된다. 물론 좋지 않은 비속어를 배우기도 하지만, 그렇다 하더라도 어휘력이 향상하는 것은 일정 부분 친구들과 어울린 덕분이기도 하다.

친구 중에
누가 좋아?

이 시기의 아이에게 친구는 중요한 의미로 자리 잡는다.
만 4세 미만의 아이에게 친구란 주로 옆에서 함께 노는
사람이지만, 4세 이후의 아이에게 친구는 긍정적인 정서를 상호
교류하면서 협력적인 놀이를 함께 하는 사람으로 발전한다.
따라서 친구 관계가 더욱 중요해지는 시기이다.

예상 답변 1

"○○요"

대개 한 동네에서 자주 마주치는 아이거나 어린이집이나 학원에서 제일 마음에 드는 아이일 것이다. 혹은 엄마끼리 친해 자주 왕래하는 아이일 수도 있다. 그 이유가 어떻든, 아이가 친구 이름을 말한다는 것은 바람직한 일이다. 특히 알고 있는 여러 명 가운데에서 한 명의 이름을 말한다면, 아이가 어떠한 성향의 아이를 좋아하는지 알 수 있다.

응답 노트 아이가 친구 중 한 명을 제일 좋아한다는 것은 지극히 당연하면서도 자연스러운 현상이다. 그 친구가 좋은 이유 등을 물어 아이와 대화를 이어나간다. "재미있어요.", "내 말을 잘 들어요.", "친구네 집에 멋진 장난감이 많아요." 등의 다양한 대답을 할 것이다. 그 이후 아이의 다른 친구들 이름을 나열해 가며 그들에 대한 감정도 살펴보자. 아마도 아이는 다른 아이들도 대부분 좋아한다고 대답할 것이다.

Good reply

"그래, 우리 주원이는 ○○를 제일 좋아해. 엄마도 알고 있어."

Bad reply

"그래? 엄마는 ○○를 제일 좋아하는 줄 알았는데."

예상 답변 2

"친구들 다요" or "다 싫어요"

친구들이 다 좋다고 대답한 아이는 외향적이고 활달한 아이다. 반면 친구들이 다 싫다는 대답은 진짜로 친구들을 좋아하지 않거나 아직은 엄마나 아빠와 노는 것을 좋아하는 아이일 수 있다. 전자는 친구를 사귀는 기술이 부족하거나 아직 자기중심적 성향에서 못 벗어난 경우다. 간혹 친구들에게 왕따를 당해서 그럴 수도 있다. 후자의 경우라면 엄마 아빠와 노는 것이 더 재미있어서 그런 것이다.

응답 노트 친구들이 다 좋다는 아이에게는 "친구들과 사이좋게 지내는 건 훌륭해."라는 말로 자긍심을 키워준다. 간혹 "친구들만 좋아하면 안 돼. 가족들을 더 좋아해야 해." 등의 말을 하는 부모가 있는데, 가족들을 좋아한 다음에야 친구들을 좋아할 수 있음을 잊지 말자. 친구가 다 싫다는 아이에게는 그 이유를 물어본다. "친구들이 때려요(또는 놀려요)."라고 말하면 진위를 파악해 가급적 그 아이와의 자리를 마련하지 않는다. 그러나 "친구들이 내 말을 안 들어요."라고 답하면 아이의 사회적 기술을 고쳐나가자.

Good reply

"맞아, 우리 주원이는 친구들을 정말 좋아해."
"친구들이 싫은 이유를 엄마에게 말해 줄래?"

"친구들만 좋아하면 안 돼."
"너 친구들한테 인기가 없구나?"

Bad reply

싫어하는
친구 있어?

좋아하는 친구가 생기면 동시에 혹은 시간이 얼마 지나지 않아
대개 싫어하는 친구도 생기기 시작한다. 아이가 한 친구를
싫어하는 이유는 매우 엉뚱하다. 엄마 입장에서는 전혀 이해가
되지 않는 이유도 있다. 하지만 일단 아이가 자신의 싫은 느낌을
표현한다면 먼저 이 말에 주목하고, 그다음에 차근차근 이유를
물어보고 해법을 찾아나가자.

예상 답변 1

"○○요" 아이는 매우 쉽게 친구 이름을 들먹인다. 사실 누군가가 좋다, 싫다고 솔직하게 표현할 수 있는 것은 이 시기 아이의 특권이기도 하다. 어른이면 그리 쉽게 말하겠는가? 아이는 정말로 싫어서 그 아이의 이름을 말했을 수도 있지만, 주변 친구들이 그 아이를 싫어하는 모습을 보고 따라 말하거나 친구들의 감정에 영향을 받았을 수도 있다.

응답 노트 그 친구가 왜 싫은지 한 번 더 물어보자. 아마도 아이는 "냄새가 나요.", "못생겼어요.", "바보 같아요.", "외계인 같아요." 등의 적나라한 표현을 할 것이다. 다른 아이들도 다 싫어한다면서 자신의 느낌을 정당화할 수도 있다. "친구에게 그러한 표현을 쓰면 안 돼. 친구를 놀리는 행동은 나쁜 짓이야."라면서 조용하게 타이르자. 혹시 전과 다른 아이의 이름을 말한다면, 역시 그 이유를 물어본 다음에 올바른 방향으로 타이르자. 그러나 만일 "날 괴롭히고 때려서 싫어요."라고 말한다면, 엄마는 전적으로 아이 편을 들어야 한다.

Good reply "친구인데, ○○가 싫은 이유가 뭐야?"

Bad reply "친구를 싫어하면 안 되지. 다 친하게 지내야 해."

예상 답변 2

"없어요" 싫어하는 친구가 없다는 말은 일단 반길 만하다. 아이는 친구들에게 비교적 좋은 감정을 지니고 있고, 적대적이거나 혐오적인 관계에 놓인 친구도 없어 보이기 때문이다. 대부분의 경우 이 시기의 아이는 솔직하게 말한다고 볼 수 있다. 그러나 아주 드물기는 하지만 괴롭히거나 때리는 친구가 있는데도 그 친구가 보복하지 않을까 두려워서 말하지 않을 때도 있다.

응답 노트 환영하고 기뻐하는 표정을 짓는 것도 좋다. 친구 자체를 싫어하지는 않지만 친구의 어떠한 행동을 싫어할 수 있으니 그에 관한 질문을 한다. 아이는 금세 친구의 나쁜 행동을 말할 것이다. 이때 부모는 아이에게 친구가 나쁜 행동을 하지 않도록 도와주라고 얘기한다. 나쁜 행동을 하는 친구에게 충고도 해 주는 기특한 아이를 기대해 보자. 혹시 아이가 친구를 두려워해 얘기하지 못한다고 생각되면, "혹시 괴롭히는 친구는 없니? 걱정하지 말고 엄마에게 얘기해 봐."라고 물어본다.

Good reply "우리 주원이는 싫어하는 친구가 한 명도 없네. 친구들과 사이좋게 지내는구나."

Bad reply "정말 싫어하는 친구가 한 명도 없어? 엄마한테 말 못하는 것 아니지?"

친구들한테
무슨 말을 해 줄까?

이 시기의 아이는 친구들과 주로 활동적인 놀이를 하지만, 시간이
점차 흐르면서 많은 대화를 나누게 된다. 그러면서 서로의 생각 차이를
발견하고, 공통 관심사를 확인하며, 의논과 타협, 요구와 거절 등을
경험한다. 앞으로의 대인 관계에서 반복되는 현상의 기초를 깨닫는 셈이다.
'친구에게 해 주고 싶은 말'의 의미에는 아이의 친구에 대한 기대, 의미,
감정 등이 모두 포함된다.

우리 같이 놀자

나를 괴롭히지 마!

사이좋게
지내자

넌 좋은 친구야

120

예상 답변 1

"우리
같이 놀자"

친구 하면 가장 먼저 '함께 노는 사람'이 연상될 것이다. 그러므로 친구에게는 늘 "우리 함께 놀자.", "너, 나하고 놀래?"라는 말을 실제로 하게 된다. 친구의 손을 끌어당기면서 "우리 저기 가서 놀자." 하며 함께 뛰어가는 모습을 떠올리면 부모는 기분이 저절로 좋아질 것이다. 친구에게 함께 놀자고 말하는 아이는 적극적인 성격을 지녔다고 할 수 있다.

응답 노트 아이의 대답을 인정해 주면서 아이의 자신감을 높여준다. '내가 놀자고 말할 때 친구가 싫다고 거절하면 어떡하지.' 하고 걱정하는 아이에게는 엄마의 격려가 큰 힘이 될 것이다. 새로운 친구에게도 먼저 같이 놀자고 말해 보라고 권유한다. 친구에게 항상 먼저 다가서는 적극성이야말로 사회성의 기초가 될 수 있기 때문이다. "친구가 지금 놀기 싫다고 하면 억지로 놀자고 하지 말고 다음에 놀자고 말해."라는 말도 들려준다. 친구가 거절하는 상황에 대비하는 것이다.

Good reply
"그래, 친구에게 같이 놀자고 말하면
친구가 좋아할 거야."

"친구한테 할 얘기가 그것밖에 없어?"
Bad reply

예상 답변 2

"나를
괴롭히지 마!"

친구에게 이런 말을 해 주고 싶다고 말한다면, 아이가 그동안 마음고생이 심했음을 짐작할 수 있다. 특정한 아이가 괴롭힐 가능성이 가장 높다. 그다음으로는 여러 명이 아이를 놀리는 상황이다. 혹시 혼자 있고 싶은 마음에, 아이들이 함께 놀자고 해도 귀찮게 생각해 자신을 괴롭히는 것으로 받아들인다면 이는 피해 의식이 있음을 의미한다.

응답 노트 먼저 아이를 위로해 준다. 그런 다음에 그 상황을 파악하는 것이 중요하다. 상황이 어느 정도로 심각한지를 판단해야 엄마가 어느 정도 개입할지를 결정할 수 있다. 아이에게는 다음과 같이 물어볼 수 있다. "그 친구에게 괴롭히지 말라고 얘기할 수 있겠어?" 아이가 주저하면, "네가 직접 얘기해야 그 친구가 더 이상 너를 괴롭히지 않을 거야. 그런데도 계속 괴롭히면 엄마나 선생님이 도와줄 거야."라고 말해 준다.

Good reply
"주은이가 힘들었겠구나. 친구에게
괴롭히지 말라고 얘기할 수 있겠어?"

"그동안 엄마한테 왜 말을 안 했어?"
Bad reply

"사이좋게 지내자"

친구와 원만하고 좋은 관계를 만들고 싶은 아이의 바람이 그대로 투영된 말이다. 지금 친구에게 환영받지 못하거나 친구와 자주 다투는 아이라면 그 상황을 개선하고픈 마음이 엿보인다. 물론 친구와 사이좋게 지내는 아이도 이와 같은 말을 할 수 있다. 부모에게 친구들과 사이좋게 지내라는 말을 여러 번 들은 결과다.

응답 노트 아이의 말이 중요함을 인정해 준다. 그 이후에 아이에게 혹시 불편한 친구가 있는지 물어보라. 아이는 그 친구를 염두에 두고서 말했을 수도 있기 때문이다. "○○가 나를 별로 좋아하지 않는 것 같아.", "얼마 전에 ○○와 싸웠어."라고 말한다면, "그래. 네가 먼저 친구에게 사이좋게 지내자고 말해."라고 아이를 격려해 준다. 아이의 대견한 마음을 칭찬해 줘도 좋다. 아이의 머리를 쓰다듬어 주자.

Good reply "그래, 친구들과 사이좋게 지내는 것은 중요해."

Bad reply "왜 친구랑 싸웠어? 누가 너를 괴롭혀?"

"넌 좋은 친구야"

친구에 대한 좋은 감정을 직접 말로 표현하는 것이 때로는 중요하고 또 필요하기도 하다. 아이 스스로 상대방이 참 좋은 친구라는 느낌을 강하게 받는 순간이 있다. 친구가 자신을 정말로 위해 준다는 느낌을 받았거나 친구와 너무나도 행복한 시간을 보낸 기억이 있는 아이도 이와 같이 말할 수 있다.

응답 노트 아마도 아이의 생활을 잘 관찰하는 엄마라면 아이가 말하고픈 그 친구의 이름을 알아맞힐 것이다. 그러나 누군지 잘 모르겠다면, 그 친구가 누구인지 물어본다. 아이는 자랑스럽게 "○○야~."라고 대답할 것이다. 그저 친구 이름만 말한다면, "○○가 좋은 친구인 이유가 뭐야?"라고 물어보라. 아이는 그 친구를 좋은 친구로 여기는 이유가 분명히 있을 테고, 그 이유를 다른 사람에게 말로 표현하는 것도 중요하다.

Good reply "정말 좋은 친구가 있구나. 그 친구가 누구야?"

Bad reply "너도 친구들에게 좋은 친구니?"

친구랑 뭐 하고 싶어?

친구와 자주 하는 활동이나, 친구와 함께 무슨 활동을 하고 싶은지
물어본다. 이 질문을 통해서 아이와 친구가 서로에게 관심이 있는지 알
수 있다. 대부분은 자신이 좋아하는 활동을 하고 싶다고 얘기하는데,
종종 어떤 아이는 친구의 성향에 맞춰서 평소에는 관심이 없던 것을 하고
싶다고 대답하기도 한다. 친구의 영향을 많이 받고 있음을 의미한다.

"같이 놀러가고 싶어요"

아이는 친구와 단둘이 어딘가로 가고 싶어 한다. 집 안에 있으면 답답해하거나, 놀이터를 좋아하는 아이라고 할 수 있다. 이 시기의 아이는 친구와 장난감을 갖고 놀기도 하지만, 뛰어놀기도 한다. 세발자전거를 타고 돌아다니기도 한다. 이제부터 슬슬 우리들만의 시간을 즐겨보자는 마음이 자라나는 것이다.

<u>응답 노트</u> 아이의 대답을 토대로 어디서 놀고 싶은지도 물어보자. "놀이공원 가고 싶어요.", "수영장에 가고 싶어요.", "놀이터에서 놀고 싶어요." 등의 대답을 할 것이다. "누구와 놀이터에 가고 싶어?" 같은 연관된 질문을 해 대화를 이어나가는 것도 방법이다. "친구와 수영장 갔을 때 재미있었니?"처럼 과거 얘기도 꺼내보자. 친구와 함께한 즐거운 시간을 떠올리며 친구에 대한 긍정적 이미지를 지니게끔 도와주자.

Good reply
"어디에서 놀고 싶어?"
"거기서 누구와 뭐 하면서 놀고 싶어?"

"친구랑 집에서 놀면 되지.
엄마가 재밌는 거 해 줄게." Bad reply

"우리 집에서 놀고 싶어요"

아이는 친구와 관계에서 주도권을 쥐고 싶은 것이다. 자신의 집, 즉 홈그라운드에서 익숙한 장난감과 친밀한 공간을 활용하여 친구를 리드할 수 있기 때문이다. 사실 우리 집에서 한 번, 친구 집에서 한 번씩 놀면 더 좋다. 주인과 손님의 입장을 번갈아 체험할 수 있기에 상대방을 배려하고 공감하는 마음을 키워나갈 수 있다.

<u>응답 노트</u> 일단 아이의 의견에 동의하고, 친구 집에 가고 싶지는 않은지도 묻는다. "우리 집이 더 좋아요.", "다음에 갈게요." 등의 대답을 하면 다행이다. 그러나 "친구 집은 싫어요. 꼭 우리 집에서만 놀고 싶어요."라는 대답을 하는 아이라면, 낯선 곳에 대한 불안감이 심하다고 볼 수 있다. 혹은 친구의 말을 따르거나 친구 엄마의 눈치를 살펴야 하는데 대한 거부감일 수도 있다. "다음에는 친구 집에서도 놀아봐. 재미있을 거야." 같은 말로 권유해 보자.

Good reply
"우리 집이 놀기 편하지?
그래, 친구를 집에 초대하자."

"친구 집에 가서 놀고 싶지는 않니?"

"만날 우리 집에서만 놀면 어떻게 해.
친구 집에서도 놀아야지." Bad reply

"같이 게임하고 싶어요"

보통 게임이라고 하면 주사위 던지기나 바둑알 까기 등을 말한다. 술래잡기나 딱지치기도 될 수 있다. 모두 친구들과 상호작용하면서 즐길 수 있는 놀이다. 행어 게임이라는 말에 무턱대고 아이에게 화내지는 말기를. 아이가 비록 온라인 게임을 얘기한 것이라 해도 말이다. 이럴 때 엄마는 아이가 전통적 게임을 자주 접할 수 있도록 노력해야 한다.

응답 노트 아이의 의견에 맞장구를 쳐준다. "또 하고 싶구나.", "그때 엄마가 옆에서 보기에도 정말 재미있어 보였어." 등의 말로 아이의 기분을 북돋운다. 누구와, 어떤 게임을 하고 싶은지도 질문해 본다. "친구와 할 때 더 잘하기 위해서는 연습을 해야 해. 엄마와 함께 게임을 해 볼래?" 등의 제안을 한다면, 아이는 금세 기뻐하면서 "좋아요."라고 화답할 것이다. 엄마와 아이가 더욱 가까워질 수 있는 기회다. 이런 기회를 놓치지 말자.

Good reply

"맞아, 지난번에 ○○랑 주사위 게임을 정말 재미있게 했지!"

"누구와 게임을 하고 싶어?"

Bad reply

"게임만 하면 머리 나빠져서 안 돼. 다른 걸 하고 놀아."

"별로 없어요"

친구와 사이좋게, 재미있게 보낸 경험이 부족했을 것이다. 사람은 누구나 즐거움을 추구하려는 경향이 있다. 친구들과 자주 놀았지만, 별로 재미있지 않았거나 서로 다투면서 끝낸 기억이 있으면 당연히 이와 같은 대답을 한다. 혹은 친구 자체에 관심이 많지 않을 수도 있다.

응답 노트 다소 놀라는 모습과 더불어 친구와 함께하면 즐거운 상황을 다시 한 번 생각해 보라고 얘기한다. 어떤 것이든 대답할 것이다. 만약 아이가 끝내 대답을 하지 않는다면, 엄마가 아이에게 제안하듯이 물어보자. "○○랑 자동차 놀이를 하면 재미있을 것 같은데…" 식으로 유도해 본다. "맞아. 그러면 돼요."라는 대답을 하면 다행이고, "○○랑 놀고 싶지 않아요."라는 말을 하면 좀 더 질문을 해 보자. "그럼, 다른 친구랑 자동차 놀이를 하는 것은 어때?"라고 다시 물어본다. 아이가 친구와 재미있게 놀이 활동을 하기를 바란다는 엄마의 마음을 전달하는 것이다.

Good reply

"그래? 그래도 재밌는 게 있지 않을까?"

"친구와 함께 재미있게 놀 만한 게 무얼까?"

Bad reply

"왜? 혼자 노는 게 좋아? 친구들이 싫어?"

☞ **Key Word 04**

콤플렉스

당신의 아이는 어떤 '콤플렉스'가 있나요?

4~7세는 콤플렉스가 태동하는 시기라 할 수 있다. 이 시기의 아이는 점차 '갈등'을 경험하기 때문이다. 부모가 하는 말을 따를까 따르지 않을까, 친구들과 어울릴까 혼자 놀까, 형제나 자매와 협력할까 경쟁할까, 리더 역할을 할까 추종자 역할을 할까…. 이제 막 사회 활동을 시작한 아이는 하루에도 숱한 갈등에 직면한다. 이러한 갈등이 쌓이거나 반복되면서 결국 콤플렉스로 발전한다.

이 시기에 형성되기 시작하는 대표적 콤플렉스로 '착한 아이 콤플렉스'가 있다. 누구에게나 칭찬받고 싶은 반면에 아무한테도 비난받거나 미움을 받고 싶지 않은 마음을 말하는데 심하면 소아 우울증의 원인이 되기도 한다. 착한 아이 콤플렉스가 있는 아이는 '착하다.'라는 평가를 듣기 위해서 갈등과 대립을 줄여야 하므로 자신의 의사를 무조건 접으려고 한다. 이 때문에 남의 눈치만 살피고 '싫어.'라고 말하지 못하는 특성이 있다. 평소 부모가 아이의 감정 표현을 수용하지 않고, 명령하고 따르기를 바라는 권위적인 태도를 보일 때 발생하기 쉬운 콤플렉스다. 부모는 아이가 말을 잘 듣는다는 사실에 기뻐하기보다 반항할 때는 반항하고, 자기 나름대로 주장을 펼치며 대립하는 과정에서 합리적으로 문제를 해결하는 방법을 몸에 익히도록 기회를 주어야 한다.

'외모 콤플렉스'도 이 시기에 서서히 잉태된다. 외모에 대한 부모의 지나친 관심이 아이에게 스트레스로 작용해 자신감을 잃고 외모 콤플렉스를 불러오는 것이다. 이는 성인이 된 후 불안 장애의 원인이 되기도 한다. 외모 콤플렉스가 있는 아이는 다른 사람을 평가할 때도 자신의 외모와 비교해서 나은 사람과 못한 사람으로 나눈다. 잘생기고 예쁜 사람을 지나치게 이상화하고, 외모가 부족한 사람을 지나치게 폄하한다.

한편, '마더 콤플렉스'는 주로 남자아이에게 많이 나타난다. 마더 콤플렉스가 있는 아이는 늘 엄마에게 의존하고 매사 엄마의 허락을 구하며 엄마를 실망시키지 않으려고 늘 애쓴다. 마더 콤플렉스가 있는 아이의 엄마는 '나는 너 때문에 산다.' 식의 마음가짐을 지니고 있고, 이 점을 수시로 아이에게 표현한다. 아이가 엄마에게 얽매여 있을 수밖에 없다.

아이에게 콤플렉스가 있으면 향후 특정 콤플렉스로 인하여 다른 영역의 정상적 발달이 저해될 수 있다. 즉 정서, 사회성, 대인 관계, 인지, 언어, 학습 등 여러 영역에서 발달해 가야 함에도 특정 콤플렉스로 인하여 심리적인 에너지를 모두 소진해 버릴 수 있는 것.

하지만 콤플렉스가 꼭 나쁜 결과만 초래하지는 않는다. 어떤 사람은 자신의 콤플렉스를 극복하기 위해 많은 노력을 해서 결국 훌륭한 사람이 된다. 콤플렉스로 인한 자신의 열등감이나 불행을 해소하려고 다른 방면이나 유사한 속성을 지닌 활동을 더욱 열심히 해서 심리적 안정을 얻으려는 것이다. 겁이 무척 많은 아이가 나중에는 멋진 비행기 조종사가 되는 것도 비슷한 맥락으로 이해할 수 있다.

참고 있는 것
있어?

이 시기의 아이도 참는다. 아이는 어릴수록 자신의 감정을 참지
못하는데, 한두 살 나이를 먹을수록 서서히 참는 것을 터득하게
된다. 참는 것은 동전의 양면이나 양날의 칼로 비유할 수 있다.
즉 아이가 성숙하는 데 필요한 덕목이기도 하고 아이의 정신
건강을 갉아먹는 해악이기도 하다.

"화나는 거요"

이 시기의 아이가 화나 분노를 참는다는 것은 사실 대단한 일이다. 그것만으로도 칭찬받을 만하다. 문제는 화가 나면서도 화가 나지 않는다고 거짓말을 하는 것이다. 화를 참는다고 말하는 것 자체가 이미 자신이 화가 나 있음을 알리는 셈이다. 엄마가 어떻게 반응하느냐가 중요한 대목이다.

응답 노트 아이가 감정을 억제하는 것을 높이 산다. 동시에 무엇이 아이를 화나게 했는지 물어본다. 아이가 대답을 하면, 엄마의 평가가 이어져야 한다. "아까 엄마가 아이스크림을 먹지 못하게 해서요."라고 대답했다면, "그것은 네가 지금 배탈이 났기 때문이야. 화낼 만한 일이 아니야."라고 얘기해 준다. 그런 다음에는 어떻게 하면 화가 풀릴지 물어본다. "공놀이하고 싶어요." 같은 방법을 아이가 말하면 들어주는 것이 좋다. "모르겠어요."라고 말하면, 엄마가 직접 대안을 제시해 준다. "엄마랑 산책하고 올까?"라고 얘기해 보자. 대부분의 아이가 엄마 말을 따를 것이다. 그러다 보면 자연스레 화를 푸는 방법을 터득하는 것이다.

Good reply "그래, 화를 참고 있다니 대단하다."

"무엇이 주원이를 화나게 만들었지?"

Bad reply "에이~ 너 화날 때마다 엄마한테 짜증 내잖아."

"친구들이 괴롭히는 거요"

아이가 이런 대답을 하면 결코 간과해서는 안 된다. 친구들이 괴롭히는 데 참는다는 것은 아이에게 너무 가혹하고 힘이 들기 때문이다. 친구들이 괴롭혀도 어쩔 수 없이 당해야 한다고 생각하는 아이라면, 이미 아이의 마음은 병들어 있다. 그러나 친구들이 아무리 괴롭혀도 버텨내고야 말겠다고 생각하는 아이라면, 이제부터 부모가 아이를 도와주어야 한다.

응답 노트 아이를 위로하고 이해해 주는 것이 급선무다. 혹시 예전에 친구에게 괴롭힘을 당했다는 말을 듣고도 대수롭지 않게 넘겼다면 반성하고 후회하라. 그 당시 아이는 엄마에게 얘기해 봤자 별 도움이 안 될뿐더러 실망만 안겨다줬다고 여겼을 것이다. 그러니 그다음부터는 참고 얘기하지 않은 것이다. 속상하고 분하고 억울하고 슬프고 화난 마음을 엄마에게 잘 얘기하고, 엄마에게서 위로와 이해를 받은 아이는 스트레스를 잘 헤쳐나갈 수 있다.

Good reply "친구들이 괴롭힌다니 주원이 마음이 얼마나 힘들었을까."

"이제부터가 중요해. 친구들이 너를 괴롭히지 않게끔 엄마와 함께 방법을 생각해 보자."

"친구들이 괴롭히면 당하지만 말고 같이 때려."

Bad reply

"동생이 말 안 듣는 거요"

동생 때문에 스트레스를 받는 아이가 꽤 많다. 일반적으로 이 시기의 아이는 동생이 거슬리는 행동을 하면 참지 않는다. 부모가 제지하거나 야단을 치기 때문에 어쩔 수 없이 참는 것이다. 간혹 동생이 자신을 건드려도 얼굴이 붉으락푸르락해질 때까지 꾹 참는 아이가 있는데, 이 경우 긍정적으로만 볼 수 없다. 아이는 부모의 참으라는 말을 따르거나 착해 보이기 위해서 자신의 감정을 억제하고 있다.

<u>응답 노트</u> 동생을 때리거나 괴롭히지 않는 것은 칭찬해 줄 만하지만, 감정 자체를 억제하는 것은 별로 바람직하지 않다. 질문을 통해 아이의 감정 표현을 도와주어야 한다. 동생이 말을 안 들을 때의 기분을 묻는다. "화나요.", "짜증이 나요.", "동생이 미워요.", "슬퍼요." 등 다양한 대답을 할 것이다. 엄마는 일단 동생을 때리고 싶은 마음을 참고 있는 아이를 칭찬하고, 화가 날 때 어떻게 해야 할지를 함께 이야기해 본다.

"없어요"

참는 것이 별로 없다면 다행이다. 혹시 아이가 행동이 앞서는 경향을 보인다면, 당연한 대답일 수 있다. 이런 경우 오히려 참는 훈련을 시켜야 한다. 그러나 혹시 아이가 분명하게 무엇인가를 참는 것 같은데 말로는 없다고 한다면, 더욱 큰 걱정이다. 아이는 참는 것 자체를 부인하여 아무런 문제가 없는 것처럼 보이려고 한다. 지나치게 감정을 억제하는 아이라고 할 수 있다.

<u>응답 노트</u> 아이는 엄마에게 걱정을 끼치지 않을까, 엄마를 실망시키지 않을까 등의 이유로 무엇이든지 다 좋다고 말할 수 있다. 결코 기특하다고만 할 수 없다. 아이에게 힘이 들거나 참는 것이 있으면 부모에게 말해도 좋고 도움을 받아야 함을 얘기해 준다. 반대로 너무 참지 못하는 아이에게는 다음과 같이 말해 준다. "때로는 참기도 해야 해. 무엇이든지 하고 싶은 대로 그 즉시 할 수는 없어." 앞으로 점차 욕구를 자제하는 능력을 지녀야 하기 때문이다.

Good reply

"동생이 주원이 말을 잘 안 듣니?
그런데도 잘 참는구나."

"동생에게 형 화났다고 말해 보면 어떨까?"

"네가 형이니까 참아야 해." **Bad reply**

Good reply

"정말로 참는 것이 없니?"

"엄마에게 솔직하게 말해 봐.
엄마가 도와주려고 그래."

"참는 게 없다니… 거짓말 같은데?" **Bad reply**

엄마한테
말 못한 것 없어?

생각나는 대로 그리고 느끼는 대로 말하는 것이 이 시기 아이의
일반적 모습이다. 하지만 간혹 자신의 생각과 느낌을 말로 표현하지
않는 아이도 있다. 감정을 억제하거나 심리적으로 위축되어 있는
아이다. 억제와 위축은 아이의 정신 건강에 해롭다. 말로 자신의
감정을 드러내는 것이야말로 마음의 병을 막는 최고 예방법이다.

"몰라요" 많은 아이가 이와 같은 대답을 할 것이다. 정말 모를 수도 있고 얘기하기 싫어서 그렇게 말할 수도 있다. 엄마가 마치 탐정과 같이 자신의 마음속을 들여다보길 바라는 마음과 엄마에게 자신의 속마음을 들키지 않기 위해서 전전긍긍하는 마음이 서로 싸우고 있을지 모른다. 생각하기 귀찮아서 "몰라요."라는 말을 남발하는 아이도 있다.

응답 노트 엄마가 어느 정도는 아이의 마음을 미루어 헤아려야 한다. 엄마에게 바라는 점이 있을 것 같은데, 야단을 맞거나 거절당하지 않을까 염려되어 말하지 않을 수도 있기 때문이다. 그럴 때는 "엄마에게 힘든 마음을 얘기해도 돼. 말하지 않고 참는 것보다 말하는 것이 더 좋아.", "어린이집(또는 유치원)에서 재미없는 것을 말해 주면 좋겠어. 말하지 않으면 엄마가 모르니까." 같은 이야기를 해 준다. 엄마에게 말할 때는 숨기거나 거르거나 속이지 않는 것이 중요함을 알려준다.

Good reply "엄마는 혹시 주원이가 힘든 걸 말하지 않을까봐 걱정이야."

Bad reply "몰라? 그러면 말 못한 게 있다는 얘기네?"

"갖고 싶은 장난감요" 순발력이 대단한 아이다. 그리고 아이답게 순진하다. 장난감을 사달라고 말하고 싶었는데 엄마가 그렇게 물어보니 좋은 기회라고 생각했을 것이다. 그러나 정말로 오랫동안 꾹 참은 아이도 있다. 장난감을 사달라고 말했다가 호되게 야단맞은 경험이 있다면. 엄마 눈치를 슬슬 보면서 감히 얘기하지 못했을 것이다. "피자 먹고 싶어요.", "놀고 싶어요.", "레고 사다 주세요." 등의 비슷한 대답은 모두 자신의 욕구를 충족하려는 바람의 직접적 표현이다.

응답 노트 평소에 너무 아이의 욕구를 제한하고 금지했을까? 아니면 우리 아이의 욕구가 남들보다 유달리 강할까? 한 번쯤 고민해 봐라. 그런 다음에 어느 쪽인지에 따라서 부모의 반응이 달라야 한다. 전자라면 아이의 욕구를 어느 정도 인정해 주고, 후자라면 아이의 욕구를 정리해 주어야 한다. 아이가 자신의 욕구를 어느 정도 자연스럽게 표현하는 것도 중요하고, 어느 정도 자제하거나 포기하는 것도 중요하다.

Good reply "주원이는 장난감을 정말 좋아하는구나. 꼭 필요한 건지 같이 보자."

Bad reply "장난감이 그렇게 많은데 또? 만날 장난감 타령이야~."

예상 답변 3

"싫은 친구들요"

질문하기를 잘했다. 엄마가 물어보지 않았으면 아이 혼자 끙끙대며 고민하지 않았겠는가? 아이는 친구와 사이좋게 지내라고 교육을 받았는데 자신의 마음속에서는 자꾸 부정적인 감정이 고개를 드니 힘들었을 것이다. '혹시 내가 나쁜 아이인가?', '친구에게 나쁜 마음을 가지고 있으니 엄마나 선생님이 알면 야단치겠지?' 같은 고민을 하고 있었을지도 모른다. 이제라도 엄마가 해결해 주자.

응답 노트 먼저 아이를 안심시킨다. 그런 다음에 언제 친구가 싫은지 물어본다. "친구가 자기만 욕심을 많이 낼 때 싫어요."라고 대답하면 정상적인 감정 반응이라고 할 수 있다. "그래. 그러면 누구나 그 친구를 싫어할 거야. 그런데 그 친구가 좋은 점은 없니?"라고 되물어보자. 아이가 느끼는 감정을 부인하지 않으면서 친구의 장점을 찾으려고 노력해 보라고 주문하는 것이다. 다른 사람에 대한 부정적 감정이 영원하지 않음을 알려준다.

Good reply "아, 그렇구나. 친구를 싫어하는 마음이 들 수 있어. 엄마도 가끔 그래."

Bad reply "친구를 싫어하면 어떻게 해. 다 친하게 지내야지."

예상 답변 4

"없어요"

정말로 말하지 않은 것이 없다면 참으로 다행이다. 아이는 엄마와 안정적 애착 관계를 형성한데다가 훌륭한 대화 파트너 관계도 구축했다. 그렇기 때문에 자신의 모든 감정과 생각을 거르지 않고 말할 수 있다. 이 경우 아이는 엄마에게 비밀도 없고 거짓말도 하지 않을 것이다. 밝고 정직한 아이다. 그러나 간혹 말하지 않은 것이 분명히 있는데도 없다고 거짓말을 하는 아이가 있다. 걱정되는 아이다. 자신의 잘못을 숨기거나 불만을 참는 아이이다.

응답 노트 정말로 말하지 않은 것이 없다고 생각되면 솔직하다고 칭찬해 준다. 앞으로도 얘기를 잘해 달라는 당부의 말도 덧붙인다. 아이에게 '우리 엄마는 내 말을 듣기를 좋아하는구나.'라는 긍정적인 마음가짐이 생기면서 엄마에 대한 신뢰감이 더욱 높아질 것이다. 반면에 없을 것 같지 않은데 아이가 이와 같이 대답했다면, "엄마한테 숨기는 것이 없으면 좋겠어.", "엄마에게 불만이 있으면 말해도 돼. 엄마가 야단치지 않을 거야."라고 얘기해 준다. 아이는 마치 자신의 속마음을 들킨 것처럼 놀라거나 엄마의 신통함에 압도될 것이다.

Good reply "앞으로도 엄마에게 주원이의 생각과 느낌을 다 말해 줘."

Bad reply "그럴 리 없어. 엄마한테 숨기면 안 돼."

133

어떤 것이
겁나?

사람은 누구나 두렵고 겁이 나는 감정을 경험한다. 아직 세상을
충분하게 경험하지 않은 이 시기의 아이는 어른이 보기에는 별것
아닌 대상에 겁을 내거나, 반대로 위험하고 무서운 대상에 오히려
겁을 내지 않는 등 예측 불허의 모습을 보여준다. 아이가 겁을 내는
대상이 무엇인가에 따라서 아이의 특성을 알 수 있다.

강아지
(또는 고양이)요

다른 사람
(또는 친구들)요

엄마
(또는 아빠)에게
야단맞는 거요

없어요

"강아지(또는 고양이)요"

특정한 대상에 두려움과 혐오감을 느끼는 아이가 예상보다 많다. 뱀이나 쥐와 같은 징그러운 동물을 겁낼 수는 있지만, 강아지나 고양이 등 애완동물에 겁을 낸다면 약간 걱정이 된다. 친구들은 모두 귀엽다고 쓰다듬는 강아지를 혼자서 무서워하여 멀찌감치 떨어져 있다면, 친구들이 이상하게 생각하거나 놀릴 수 있기 때문이다. 특정한 대상에 겁을 내는 것은 대개 열 명 중 한 명의 아이에게서 나타난다. 공포의 대상은 천둥, 번개, 폭우 등의 자연 현상에서 바늘, 청진기, 흰 가운 등의 병원 물품까지 실로 다양하다.

응답 노트 무조건 안심시킨다. 지금 아이에게 필요한 것은 안심시키는 부모의 말이다. 천둥소리를 겁내고 무서워하는 아이에게는 "천둥이 친다고 해서 다치지는 않아. 소리만 크지 하나도 안 위험해. 그리고 엄마와 같이 있으니까 안심해."라는 말과 함께 포근히 안아주면 상당히 효과가 있다. "뭐 그런 것을 무서워하니?"라는 비난조나 놀리는 투의 말은 절대 금물이다. 아이의 불안 수준이 올라갈 뿐만 아니라 엄마를 원망하는 마음도 커진다.

Good reply
"강아지는 주은이를 해치지 않아."

Bad reply
"강아지가 뭐가 무서워! 하나도 안 무서워."

"다른 사람 (또는 친구들)요"

사물을 무서워하는 것보다 심각한 문제는 사람을 무서워하는 것이다. 특정 사물을 피하면서 살기는 어렵지 않지만, 사람을 피하기는 어려울뿐더러 그래서는 안 되기 때문이다. 아이가 생후 6개월에서 10개월 사이에 하는 낯가림이 다른 사람에게 느끼는 공포심을 최초로 드러내는 행동이다. 이후에는 아이와 엄마의 안정적 애착 관계 여부, 친구 관계의 질, 다른 어른과 상호작용을 해 본 경험 등에 따라서 대인 불안이 나타날 수 있다. 다른 사람을 무서워하는 사회 공포증(또는 대인 공포증)도 열 명 중 한 명의 아이에게서 나타난다.

응답 노트 아이가 어느 정도로 다른 사람을 겁내는지 파악해야 한다. 그런 다음에 그 이유를 물어본다. 대개 "다른 사람이 나를 이상하게 볼까 걱정돼요.", "친구들이 저를 때릴까봐 겁나요." 등의 대답을 할 것이다. 이쯤 되면 엄마가 아이의 주변에 대해서 긍정적인 해석을 해 주자. "엄마가 보기에는 모두 좋은 친구들이야."라고 말해 준다.

Good reply
"주원이가 아는 사람은 모두 주원이를 좋아하던데."

Bad reply
"친구들이 왜 무서워? 친구들한테 맞은 적 있어?"

"엄마(또는 아빠)에게 야단맞는 거요"

아이가 무서워하는 대상이 엄마일 때가 꽤 많다. "엄마가 좋으니?"라고 물어보면 "네~ 좋아요"라고 대답하듯이 "엄마가 무섭니?"라고 물어보면 "네~ 무서워요."라고 대답하는 아이가 상당히 많다. 엄마에게 야단맞는 것을 어느 정도 두려워해야 아이는 올바른 행동을 하고 그릇된 행동을 멈추게 된다. 그러나 엄마에게 야단맞지 않을까 걱정하거나 겁먹은 아이는 정신 건강 면에서 염려가 된다. 특히 "아빠(또는 엄마)가 또 때릴까봐 겁나요"라고 말하면서 불안해하는 아이에게는 이제부터 절대로 체벌을 하지 말라. 아이가 두려움을 느끼는 정도가 위험 수준이기 때문이다.

<u>응답 노트</u> 아이가 4세 미만이라면 가급적 야단을 치지 않겠다고 해야 하지만, 4~7세 아이에게는 덜 무섭게 야단을 치겠다고 말하라. 이 시기의 아이를 전혀 야단을 치지 않고 키울 수는 없기 때문이다. 엄마(아빠)가 또 때릴까봐 걱정된다고 말하는 아이는 일단 안심부터 시킨다. 엄마의 야단치기나 아빠의 때리기에 대한 공포가 엄마나 아빠에 대한 공포로 발전하지 않기를 바란다.

Good reply
"엄마에게 야단맞을 때 많이 무서웠구나."
"이제부터 엄마가 무섭지 않게 야단칠게."

Bad reply
"엄마(아빠)가 언제 무섭게 혼냈다고 그래?"

"없어요"

브라보! 아이가 겁을 내는 대상이 하나도 없다니 무척 용감하고 씩씩해서 좋다. 일단은 다행이다. 그러나 혹시 위험이 따르는 활동에 겁 없이 달려든 경험이 있다면 오히려 걱정이 되기도 한다. 가령 차가 쌩쌩 달리는 도로에 겁 없이 뛰어든다거나, 위험하고 높은 곳에 덥석 기어오르려고 한다면, 안전사고의 위험이 높아지게 마련이다. 이러한 아이들 중에는 과잉 행동 및 충동성 증상을 보이는 아이가 꽤 많다. 과잉 행동 및 충동성은 주의력 결핍 과잉 행동 장애(ADHD)의 일부 증상이다.

<u>응답 노트</u> 아이에게 누구나 어느 정도는 두려움이 있음을 일러준다. 의기양양해서 우쭐대며 세상에서 제일 센 사람인 척하는 아이의 만용을 제어해야 하기 때문이다. "엄마가 어릴 적에는 잘못해서 어른에게 야단맞는 것도 겁이 났어."라면서 아이의 행동에 부정적인 피드백을 주는 사람이 생길 수 있음도 얘기해 준다. 아마도 아이는 귀담아들으려고 하지 않을 것이다. "네가 다치면 엄마가 속상해."라고 답해 준다.

Good reply
"좋아. 하지만 위험한 물건이나 장소를 조심해야 해."

Bad reply
"그러다가 심하게 다칠 수 있어. 조심해야 해."

4~7세 **Q16**

기분이 이상할 때는 언제야?

기분이 이상하다는 말은 사실 정확하지 않고 모호한 표현이다. 평소
감정과는 다르지만 무섭다, 슬프다, 불쾌하다, 화가 난다, 불안하다 등의
여러 가지 감정이 뒤엉켜 있는 복합적인 상태를 말한다. 그러나 한 가지
분명한 점은 긍정적 정서 상태가 아닌 부정적 정서 상태에 놓여 있다는
것이다. 아이가 "엄마, 저 기분이 이상해요."라는 말을 하면, 반드시
자세하게 기분이 어떤지를 파악하려고 노력해야 한다.

"엄마가 웃지 않거나 대답하지 않을 때요"

엄마의 웃는 모습과 친절한 대답을 무척 좋아하는 아이라고 할 수 있다. 그렇지만 엄마도 사람이기에 때로는 피곤에 지치거나 기분이 좋지 않을 때가 있다. 그럴 때 드러나는 엄마의 굳은 표정과 대답 회피를 아이는 기가 막히게 잘 알아챈다. 엄마의 정서적 안정과 높은 생활 만족도가 아이를 양육하는 데 얼마나 중요한지는 아무리 강조해도 지나치지 않다.

<u>응답 노트</u> 아이에게 비쳐진 엄마의 부족한 모습을 인정하며 바꾸겠다고 약속한다. 억울한가? 그럼 아이에게 "야, 엄마도 사람인데 가끔 대답도 하지 않고 웃지도 않을 수 있지!"라고 말하겠는가? 만일 남편이 이런 대답을 한다면, 아내에 대한 아쉬움보다는 공격일 수도 있다. 그러나 아이는 완전히 다르다. 아이는 지금 엄마를 공격하는 것이 아니라 아쉬움을 표현하고 있다. 4~7세 아이에게 엄마를 배려하는 마음을 기대하는 것 자체가 어불성설이다.

> **Good reply**
> "앞으로는 엄마가 더 자주 웃고 대답도 잘해 줄게."

> "엄마가 어떻게 매일 웃을 수 있어~ 주은이가 이해해 줘." **Bad reply**

"공부(또는 놀이)가 어려울 때요"

아이는 점차 여러 영역에서 자신의 능력을 확대해 가고 있다. 때론 자기애(나르시시즘)나 자아도취에 빠져서 자신을 대단한 사람으로 여긴다. 아빠와 레슬링을 해서 이기면 자신이 세상에서 제일 힘이 센 사람이라 말하고 자신을 '신'이나 '황제'라고 부른다. 공부할 때도 마찬가지다. 뭐든 잘 따라 하다가 어려운 내용을 접하거나 자신의 뜻대로 진행되지 않으면 당혹감을 느끼게 마련이다. 아이는 당연히 기분이 이상해진다.

<u>응답 노트</u> 현실을 바로 보게 해야 할까 아니면 다시 한 번 자아도취에 빠지게 만들까 고민이 된다. 결론적으로 말하자면 둘 다 정답이 될 수 있다. 중요한 것은 아이의 개인적 특성이다. 잘한다고 치켜세우고 칭찬하면 더 열심히 하는지 아니면 큰소리만 뻥뻥 치고 행동으로 옮기지 않는지 살펴보라. 아이에게 입바른 소리를 하면 받아들이는지 아니면 화만 내는지도 살펴보라. 아이가 어느 쪽에 더 가까운지는 부모가 판단해야 한다.

> **Good reply**
> "공부가 어려울 때 기분이 이상해지는 것은 누구나 그래. 노력해서 잘하게 되면 다시 기분이 좋아질 거야."

> "그건 네가 노력을 안 해서 그래. 더 노력해 봐." **Bad reply**

"아빠가 갑자기 잘해 줄 때요"

아빠가 갑자기 잘해 주면 아이는 두 팔을 벌려 환영해야 할 일이다. 그런데 일부 아이들은 "이상한 기분이 든다."고 말하기도 한다. 그 이유는 한마디로 '불신'이다. 즉 아빠를 전혀 믿지 못하기 때문이다. 지금은 아빠가 잘 대해 줘도 언제 또 변할지 모르고, 또 잘해 주니까 오히려 불안해지기도 한다. 아빠가 뭔가 대가를 요구할 것 같은 막연한 느낌이 들기도 하고, 낯설게 느껴지기도 하니까 그러하다.

<u>응답 노트</u> 엄마는 아마도 슬프거나 안타까울 것이다. 하지만 감정을 추스르고 아빠에 대한 변명에 나서자. 물론 그 전에 아이의 감정을 있는 그대로 받아들이는 것이 먼저다. "아빠가 갑자기 달라지니까 당연히 이상하게 느껴지지. 하지만 앞으로 아빠도 노력한다니 아빠를 믿어보자."라고 얘기해 줘라. "아빠가 말로는 자주 야단을 쳤어도 마음으로는 너를 정말 사랑한대."라는 말도 덧붙인다. 다소 궁색한 변명이기는 하다.

"이상할 때요? 없어요"

이상한 기분을 실제로 잘 느껴보지 못했을 것이다. 혹은 이상한 기분이 과연 어떠한 상태의 감정을 얘기하는지 잘 몰라서 이와 같이 대답할 수도 있다. 여하튼 반가운 얘기다. 이상한 기분을 느끼지 않았다고 해서 아이가 전혀 부정적인 감정을 경험한 적이 없음을 의미하지는 않는다. 그러나 아이가 최소한 "기분이 이상한 적은 없다."라고 말한다면 일단 안심이다.

<u>응답 노트</u> 아이가 혹시 "기분이 이상하다는 것이 무엇이에요?"라는 질문을 할 수도 있다. 이때는 "뭔가 기분이 좋지 않기는 한데 정확하게 말하기 어려운 것이야."라고 설명해 준다. 아마도 아이는 막연하게 알아들었다가 언젠가 '아, 이러한 기분이 전에 엄마가 얘기한 이상한 기분이구나.'라고 깨닫는 순간이 올 것이다. 그런 다음에는 엄마에게 쪼르르 달려와서 "엄마. 저 왠지 기분이 이상해요."라고 말할 것이다. 그럴 때는 당황하지 말고 아이에게 "무슨 일이 있었니?"라고 차분하게 물어보면 된다.

Good reply
"아빠가 갑자기 달라지니까 당연히 이상하게 느껴지지. 하지만 앞으로 아빠가 계속 잘해 주면, 하나도 이상하지 않을 거야."

"아빠가 잘해 주는 데 왜 기분이 이상해? 기분이 좋아야지!" **Bad reply**

Good reply
"기분이 좋을 때가 대부분이구나."

"혹시 기분이 좋지 않거나 이상할 때는 엄마에게 말해 줘."

"그럼 항상 행복해? 항상 즐거워?" **Bad reply**

☞ **Key Word 05**

행복

당신의 아이는 지금 '행복'한가요?

'행복'은 우리 삶에서 궁극적인 목표라고 해도 과언이 아니다. "당신은 무엇 때문에 살고 있습니까? 무엇을 위해서 살고 있지요?"라는 질문에 아마도 대부분의 사람이 '행복'해지기 위해서 살고 있다고 대답할 것이다. 인터넷 백과사전 '위키백과'에서는 '행복(幸福)'을 욕구와 욕망이 충족되어 만족하거나 즐거움을 느끼는 상태, 불안감을 느끼지 않고 안심해하거나 또는 희망을 그리는 좋은 감정의 심리 상태라고 풀이한다.

그렇다면 과연 4~7세 아이들은 행복을 어떻게 받아들일까? 아마 대부분의 아이가 행복이란 단어의 뜻도 정확하게 설명하지 못할 것이다. 그런데도 이 시기의 아이들은 곧잘 웃으면서 "엄마, 너무 행복해요."라는 말을 한다. 상담 중에 만난 한 엄마는 놀이공원에서 놀이기구를 타고 난 직후 아이가 이런 말을 했다면서 무척이나 뿌듯해했다. 이런 경우 아이가 이해하는 행복의 의미는 주로 '즐거움'이다. 그러나 단순한 즐거움이나 심리적 만족만은 아니다. 아이는 나름대로 엄마에게 고마움을 표시하는 것이기도 하다. 따라서 비록 어린 나이지만 행복은 즐거움, 만족, 고마움, 다행감 등을 포함하는 광의의 감정이다. 이 시기부터 아이들은 행복이라는 고유의 감정을 조금씩 느껴나가기 시작한다.

그렇다면 왜 아이들은 '행복'해하지 않을까? 문제는 어른들에게 있다. 어른들은 '행복'과 '성공'을 헷갈려 하며 심지어 동의어처럼 여기기도 한다. '성공'이란 말 그대로 목적한 바를 이루는 것을 뜻한다. 부모가 자녀의 명문대 입학을 목적으로 삼고 열심히 공부시켜서 실제로 자녀가 명문대에 입학하면 부모는 나름대로 성공했다고 여길 수밖에 없다. 그러나 자녀의 목적은 그것이 아니었다면, 자녀는 그 순간 성공했다고 말할 수 없을뿐더러 행복과 관련해서는 전혀 별개라고 할 수 있다. 부모가 기뻐하는 모습을 보고 잠시 행복감을 느낄 수는 있을지언정 학창 생활, 그리고 그 이후의 삶에서도 자녀가 행복감을 느끼는가는 여전히 의문이다.

이 시기의 아이에게 공부의 중요성이나 미래의 성공을 설명할 필요는 전혀 없다. 공부를 하고 일을 열심히 하는 것은 결국 행복하게 살기 위함이니 말이다. 그보다는 일상생활에서 맛보는 즐거움, 가족의 존재로 인한 포근함이나 소중함, 부모에게서 받는 관심과 사랑으로 인한 안정감 등이야말로 아이를 행복하게 만드는 충분조건이라고 할 수 있다. 또한 아이가 행복한 어른으로 성장하기 위한 발판이 될 것이다.

우리 집 좋아?

나이가 어릴수록 행복을 느끼는 데 부모와 가족의 영향을 더 받는다는
사실에 모두 동의할 것이다. 즉 부모와 가족의 분위기가 화목할수록
아이는 마냥 행복해할 것이고, 반대로 부모가 서로 다투거나 집 안
분위기가 냉랭할수록 아이는 불행하다고 느낀다. 우리 집이 좋으냐는 이
단순한 질문은 아이의 행복 정도를 가늠하는 가장 중요한 척도다.

좋아요

아니요

예상 답변 1

"좋아요" 당연한 대답이라고 할 수 있다. 이 시기의 아이가 가출하는 것을 본 적이 있는가? 집은 아이에게 단순한 주거 공간이 아니라 부모와 형제자매가 함께 있는 곳, 놀이와 휴식을 취할 수 있는 곳, 잠을 자고 밥을 먹는 곳 등 여러 가지 의미가 있다. 부모와 사이에 큰 문제가 없는 한 대부분의 아이는 집이 좋다고 말한다. 비록 엄마에게 많이 야단을 맞아도 그리고 아빠가 집에서 내쫓는다고 윽박질러도 집을 떠나지 않는다. 이것이 이 시기의 아이와 사춘기 아이의 큰 차이점이다.

응답 노트 아이의 긍정적 표현에 화답한다. 집이라는 단어가 주는 느낌이 즐겁고, 안전하며, 화목하고, 편안한 감정을 불러일으키는 것이 중요하다. 엄마는 아이의 표현에 힘입어서 "우리 함께 우리 집을 그린 다음에 색칠을 해 볼까?" 등의 제안을 할 수 있다. 집을 그리면서 아이의 행복한 기분을 더욱 상승시킬 수 있다. 집을 다 그린 다음에는 식구들도 한 명씩 그려보면서 아이와 함께 즐거운 시간을 보내자.

Good reply "맞아, 엄마도 주원이랑 함께 집에 있을 때가 제일 행복해."

Bad reply "너무 집에만 있어도 안 좋아!"

예상 답변 2

"아니요" 엄마는 머리가 마치 망치로 맞은 듯 띵할 것이다. '아니, 어떻게 우리 집을 좋아하지 않을 수 있을까?' 당위적인 의문은 이제 소용없다. 아이가 분명하게 우리 집이 좋지 않다거나 싫다는 대답을 했다면, 엄마는 찬찬히 그 이유를 생각해 봐야 한다. 가장 큰 이유는 부모의 불화다. 부모가 다투는 모습을 아이가 자주 봤다면, 집을 좋아할 리 없다. 집이 더 이상 안전한 곳이 아니기 때문이다. 엄마가 아이와 전혀 놀아주지 않아도 이러한 대답을 한다. 아이 입장에서 집은 재미없고 심심한 공간이기 때문이다.

응답 노트 절대로 아이를 추궁하지 말라. 대신 집이 왜 싫은지 질문을 통해서 아이의 감정을 자세히 확인한다. "엄마가 저와 하나도 안 놀아주잖아요.", "엄마는 동생만 사랑하잖아요." 등의 대답을 한다면 성공이다. 아이의 바람을 이제라도 알았기 때문이다. 그러나 많은 아이가 "그냥요.", "몰라요." 등의 대답을 할 것이다. 포기하지 말고 아이의 마음을 들여다보라. 아이가 "우리 집이 좋지 않다."라는 말을 계속한다면 집과 가족을 그림으로 그리게 해 보는 것도 방법이다. 그림을 들고 전문가를 찾아가서 상담하라.

Good reply "엄마가 고치려고 하는데, 집이 싫은 이유가 무엇이야?"

Bad reply "집을 싫어하면 어떻게 해?"

기분 좋을 때가
더 많아?

행복감에 젖어 있는 아이라면 당연히 기분이 좋을 때가 그렇지
않을 때보다 많다. 이 시기의 아이는 일반적으로 명랑하고 쾌활해야
정상이다. 부모에게서 충분한 사랑과 보살핌을 받는 것 자체가 좋은
기분의 필요충분조건이기 때문이다. 학업, 진로, 직업, 돈, 건강 등의
고민에서 자유로운 인생의 절정기다.

"그럼요! 더 많아요"

이 시기의 아이는 대부분 이와 같이 대답할 것이다. 당연한 대답이라고 할 수 있다. 엄마가 맛있는 음식을 해 줘서 기분이 좋고, 재미있게 놀이를 해서 즐거우며, 아빠가 선물을 사줘서 행복하다. 비록 엄마나 아빠에게 야단맞을 때도 있지만 잘해 주실 때가 더 많다고 생각한다. 실제로 그렇다고 할 수 있다. 부모가 아이에게 쏟는 훈육과 애정의 시간 비율을 따져보면 알 수 있다.

<u>응답 노트</u> 아이의 전반적인 기분 상태를 긍정적으로 다시 한 번 표현해 주자. 엄마의 이 말로 인해서 아이는 '나는 행복한 아이야.'라는 믿음을 강화해 나갈 수 있다. 언제 기분이 좋은지 물어 아이의 마음을 더 파악해 보자. "엄마가 칭찬할 때요.", "친구와 놀 때요.", "맛있는 것 먹을 때요.", "장난감 사줄 때요." 등 아이의 마음을 그대로 드러낼 것이다. 아이의 대답에 따라서 엄마의 보상 방향이 결정될 수 있다. 즉 아이의 바람직한 행동을 이끌어내기 위해서 보상 전략을 사용할 때 아이가 원하는 것을 제공해 줘야 효과적이기 때문이다.

Good reply "맞아, 우리 주은이는 항상 행복해 보여. 언제 기분이 제일 좋아?"

Bad reply "그럼 기분 나쁠 때는 거의 없는 거지?"

"아니요, 기분 나쁠 때가 더 많아요"

이와 같은 대답은 예사롭게 넘겨서는 안 된다. 아이가 아무 이유 없이 기분이 좋지 않을 리가 없다. 대부분 부모의 영향을 받고, 그다음으로는 형제자매나 친구의 영향을 받는다. 부모에게 심하게 야단을 맞는다거나 동생이나 언니와 자주 다툰다거나 친구와 사이가 좋지 않은 것 중에 하나라고 할 수 있다. 혹시 "반반이에요!"라고 말하는 아이가 있다면, 이 대답 역시 기분이 좋지 않을 때가 더 많다는 말과 비슷하게 받아들여야 한다.

<u>응답 노트</u> 아이의 대답을 인정해 준다. "기분이 좋지 않을 때를 엄마에게 다 말해 줄래?"라는 질문으로 아이의 기분이 저하된 요인을 알아내는 것이 가장 중요하다. 아이가 대답해 주면 그나마 다행이다. "놀고 싶은데 엄마가 만날 공부만 하라고 해요.", "친구들이 놀려서요.", "동생이 말을 안 들어서요." 등이 그 대답일 것이다. 그러나 "몰라요."라고 대답한다면, 이제부터 아이를 더 세심하게 관찰하면서 수시로 기분이 어떠한지를 물어본다.

Good reply "그래? 우리 주원이가 기분이 별로 좋지 않구나."

"주로 어느 때 기분이 좋지 않지?"

Bad reply "네가 기분이 좋지 않을 게 도대체 뭐가 있지?"

언제 제일 행복해?

아이는 막연하게 자신이 행복하다는 걸 느끼다가 점차 시간이 흐르면서
특히 언제 어떠한 상황에서 더욱 행복한지 뚜렷하게 깨닫기 시작한다. 그
결과 즐거운 어린 시절의 추억을 만드는 것이다. "언제 제일 행복해?"라는
질문은 아이가 즐거운 추억을 오래 유지하게끔 도와준다.

HAPPINESS

맛있는 음식
먹을 때요

엄마랑
놀 때요

엄마가
칭찬할 때요

친구랑 놀 때요

예상 답변 1

> **"엄마가 칭찬할 때요"**

엄마의 칭찬은 아이의 기분을 가장 좋게 만든다. 칭찬을 듣는 순간 아이의 뇌에서는 '도파민(Dopamine)'이라는 신경 전달 물질이 분비되어 쾌감을 느끼기 때문이다. 여기에서 그치는 것이 아니라 연쇄적으로 신체 반응이 일어나 면역 물질 분비의 상승, 스트레스 호르몬 분비의 감소, 자율신경계의 안정 등이 유발되므로 그날 하루는 몸 컨디션도 좋다. 그러니 아이가 가장 행복한 순간을 엄마에게 칭찬받을 때라고 대답하는 것은 당연한 결과다.

응답 노트 아이에게 칭찬받는 이유를 비교적 명확하게 말해 주는 것이 좋다. 막연하게 착하다, 잘한다가 아니라 엄마가 하는 말을 그대로 잘 따랐다거나, 과제 수행 시간에 집중해서 잘 완수했다거나 등의 이유를 설명해 준다. 그래야 아이는 또 칭찬을 받고 행복을 느끼기 위해서 긍정적인 행동을 할 것이다. "엄마도 ○○를 칭찬할 때 가장 행복해."라는 말도 함께 해 주면 좋다. 아이에게 '내가 올바르게 행동하면 엄마가 나를 칭찬해 줘서 기분이 좋다. 그런데 엄마도 나를 칭찬해 줘서 기분이 좋구나.'라는 인식을 자연스레 심어준다.

Good reply "엄마도 주은이를 칭찬할 때 가장 행복해."

Bad reply "그럼 앞으로 착한 일을 더 많이 해야겠네."

예상 답변 2

> **"맛있는 음식 먹을 때요"**

맛있는 음식은 아이를 즐겁게 만든다. 그런데 문제는 아이가 맛있어 하는 대부분의 음식이 건강에 그리 이롭지 않을 수 있다는 사실이다. 피자, 햄버거, 치킨, 햄, 소시지, 아이스크림, 과자, 사탕 등은 아이에게 가장 인기 있는 식품들이다. 하지만 이와 같은 식품을 아이가 원하는 대로 마음껏 먹이는 엄마는 거의 없을 것이다. 그래서 가끔 엄마가 직접 해 주는 햄 반찬과 특별히 시키는 피자를 먹을 때 아이는 행복하다.

응답 노트 아마도 엄마는 이미 알고 있을 것이다. 아이가 어떤 음식을 좋아하는지 모를 리가 없다. 하지만 아이에게 직접 어떤 음식이 맛있는지를 다시 한 번 확인해 보자. 예상을 뛰어넘는 대답을 할 수도 있다. "음… 햄, 불고기, 달걀, 감자, 밥, 김치…" 아이가 실제로 좋아하는 음식과 엄마가 권하는 음식을 섞어서 말할 때도 많이 있다. 엄마에게 잘 보이고 인정받고 싶은 마음의 표현이다. 이참에 "싫어하는 음식은 무엇이야?"라고 물어봐서 아이의 식성을 다시 한 번 확인해 보자.

Good reply "그렇구나! 우리 주원이는 어떤 음식이 맛있어?"

Bad reply "너는 꼭 몸에 나쁜 음식만 좋아하더라!"

"엄마랑 놀 때요"

엄마와 놀던 때를 아이가 무척 재미있게 기억하고 있다. 여기에는 엄마의 공헌도 크다. 엄마가 아이와 잘 놀아준 결과다. 아이의 눈높이에 맞추어서 놀이를 진행했고, 실제로 엄마도 놀이 과정에서 즐거움을 느꼈다면 최고의 놀이 파트너라고 할 수 있다. 아이와 놀아주는 것이 좋다는 말에 놀아주기는 하지만 지루함을 느끼는 엄마와 즐거움을 느끼는 엄마를 아이는 기가 막히게 구분해 낸다.

응답 노트 엄마와 놀 때 가장 행복하다는 말이 의미하는 바는 두 가지다. 하나는 '엄마 앞으로도 저와 재미있게 계속 놀아주세요.'이고, 또 다른 하나는 '아직은 다른 것에 행복을 별로 못 느끼고 있어요.'이다. 언젠가는 아이에게 엄마와 노는 순간이 가장 행복한 때가 아닌 시기가 분명히 온다. 이제 서서히 다른 행복한 순간을 아이는 느낄 것이다. "엄마와 놀 때 말고 다른 행복한 때는 없니?"라고 물어보자. 단 한 가지라도 대답을 하면 참으로 다행이다. 그러나 만일 "없어요."라고 대답한다면, "앞으로 더 행복할 걸 찾아보자."라고 말해 준다.

Good reply "엄마와 놀 때 가장 행복했구나. 엄마도 우리 주은이와 놀 때 가장 행복해."

Bad reply "매일 엄마랑만 놀면 어떻게 해. 친구들이랑도 놀아야지!"

"친구랑 놀 때요"

친구의 중요성과 함께 노는 즐거움을 서서히 알게 되는 시기다. 이제까지는 엄마와 하는 놀이가 최고로 재미있는 줄 알았는데, 친구와 놀다 보니 더 재미있지 않은가? 친구와 노느라고 시간 가는 줄 모르다가 이제 그만 집으로 가자는 엄마의 말에 저항하기도 한다. 관심의 대상이 세상으로 넓어진 결과에 따른 당연한 현상이다. 하지만 아이마다 차이가 있다. 어떤 아이는 만 5세만 되어도 친구를 먼저 찾고, 또 어떤 아이는 만 6세가 되어도 친구보다는 엄마를 더 찾는다.

응답 노트 아이의 대답에 맞장구를 쳐준다. 어떤 점이 재밌었는지, 추가 질문을 해 보자. 예컨대 "○○와 미끄럼틀을 탈 때가 제일 재미있었어요."라는 대답을 할 것이다. 아이가 가장 좋아하는 친구의 이름과 즐겨 하는 놀이의 종류를 확인할 수 있다. 행복한 때는 언제였는지도 물어보아 아이가 자신이 행복하던 순간을 머릿속에 새겨 넣게 하자. 아이가 무언가를 대답한 다음에 여러 번 질문을 해도 좋다. 행복하던 순간이 많으면 많을수록 좋지 않겠는가. 맨 마지막에 "행복한 때가 너무 많아서 좋겠다."라는 말로 끝맺기를 바란다.

Good reply "또 행복할 때는 언제야?" "친구와 뭐 하고 놀 때 제일 좋았어?"

Bad reply "이젠 엄마랑 노는 게 별로 재미없구나."

앞으로
바라는 게 뭐야?

행복과 즐거움으로 가득한 아이는 꿈과 소망 역시 풍부하다. 밝고 건강한
미래를 꿈꾼다. 사실 이 시기의 아이는 자신이 소망하는 모든 것을 쉽게
이룰 수 있다고 생각한다. 엄밀하게 말하자면 현실을 아직 잘 모르는
착각이다. 하지만 뭐 어떠랴. 이 시기 아이의 특권이다. 두 집 건너 한 명의
아이가 대통령이나 축구 선수가 될 것이라고 말하는 시기다.

"장난감 많이 사주세요"

바라는 것이 무엇이냐는 질문에는 여러 의미가 담겨 있다. 따라서 엄마의 의도가 무엇이든 간에 아이는 먹고 싶은 음식을 얘기하거나, 가지고 싶은 장난감을 말하는 경우가 많다. 이 시기의 아이에게 멋진 장난감이야말로 최고의 선물이요 갖고 싶은 것 아니겠는가. 역시 아이다운 대답이다.

응답 노트 엄마가 아이에게 바람이 무엇인지 물었으므로 실제로 장난감 한 개 정도는 사주어야 한다. "그래. 우리 내일 마트에 가서 장난감을 사자. 대신에 돈이 너무 많이 드니까 마음에 드는 것 하나만 고르자."라고 말해 준다. 아이는 좋다고 얘기할 것이다. 간혹 여러 개를 사달라고 떼를 쓰는 아이에게는 한계를 정확히 정해 주자. 약속을 정하고, 누구나 원하는 것을 모두 갖지는 못한다는 점을 명확히 알려주어야 한다.

"우리 주원이가 장난감을 더 갖고 싶구나."

Good reply "하지만 바라는 걸 다 얻을 수는 없어. 그건 엄마 아빠도 마찬가지야."

"집에 장난감이 그렇게 많은데 또 사달라고?" **Bad reply**

"엄마가 더 잘해 줘요"

이 대답이 의미하는 바는 두 가지다. 하나는 지금처럼 엄마가 계속 잘해 주기를 바라는 마음의 표현이다. 또 다른 하나는 엄마가 지금보다 훨씬 칭찬을 많이 해 주거나 더 친절하게 대해 주거나 덜 야단을 쳐달라는 뜻이다. 엄마인 내가 어느 쪽에 해당하는지 순간적으로 판단해 보자. 아이가 웃으면서 말하는 것과 진지하게 말하는 것의 차이도 분명하게 있다. 당연히 웃으면서 말하는 아이는 실제로 엄마에게 불만이 별로 없을 것이다.

응답 노트 아이의 바람을 있는 그대로 받아들이자. 추가 질문을 해 구체적인 바람을 들어보는 것이 좋다. "야단치지 않으면 좋겠어요.", "앞으로 칭찬을 더 많이 해 주세요." 등의 대답을 할 것이다. 역시 아이의 말을 그대로 따라 해서 "그래. 이제 칭찬을 더 많이 해 줄게. ○○도 더 잘할 수 있지?" 등의 말을 해 준다. 혹시 아이가 "지금처럼 잘해 주세요."라고 말한다면, "그래. 지금처럼 엄마가 잘할게."라는 말을 해 줘서 엄마와 아이 간의 긍정적인 관계를 재확인하자.

Good reply

"그래, 엄마가 앞으로 더 잘해 줄게."

"엄마가 어떻게 잘해 주면 좋을까?"

"엄마가 어떻게 더 잘해 줄 수 있지?" **Bad reply**

예상 답변 3

"훌륭한 과학자 (또는 축구 선수, 대통령)요"

아이가 벌써부터 미래의 꿈을 얘기하는 것은 좋은 일이다. 그러나 그것이 부모의 영향인지 아이 스스로 생각해 냈는지 따져봐야 한다. 평소 아이에게 자주 얘기한 말이 아이의 꿈에 영향을 미치는 것은 당연하다. 이 시기에는 특정한 직업보다는 특성을 말해 주는 것이 좋다. 가령 '튼튼한 사람', '남을 도와주는 사람', '착한 사람' 등의 바람이 더 잘 어울린다.

<u>응답 노트</u> 이 시기 아이의 바람이 무엇이든 간에 긍정적인 면만 부각하는 것이 좋다. 가령 "달리기를 잘하고 공도 잘 차니까 최고의 축구 선수가 될 수 있을 거야", "친구들을 많이 위하고 말도 잘하니까 대통령이 될 것이야." 등의 말을 해 준다. 일부러 부정적인 면을 미리 말해 주지 않아도 된다. 현실적인 얘기는 나중에 해 줘도 되기 때문이다. 아이가 지금 당장 꿈을 이룰 수 있을 것 같은 분위기를 만들어 주자. 아이에게는 어른이 되어서 '그때는 정말 내가 대통령이 된 것 같았어.'라고 회상할 수 있는 추억을 만드는 것도 의미가 있다.

> **Good reply**
> "맞아, 우리 주원이는 호기심도 많고 생각을 많이 하니까 훌륭한 과학자가 될 수 있을 거야."

> **Bad reply**
> "정말? 과학자는 놀지도 못하고 계속 연구만 해야 하는데. 할 수 있어?"

예상 답변 4

"없어요" or "몰라요"

바라는 것이 없다는 말은 아이가 현재 생활에 충분히 만족한다는 뜻이다. 간혹 드물게 의욕이 없고 우울한 아이가 이런 말을 하기도 하지만, 중요한 것은 이 아이가 현재 사춘기가 아니라는 점이다. 만일 사춘기 아이가 이와 같이 대답한다면, 충분히 만족한다는 것보다는 의욕을 잃은 경우가 더 많다. 모른다고 대답하는 아이는 대부분 깊이 생각하는 것을 귀찮아하는 특성을 지니고 있다.

<u>응답 노트</u> 아이에게 지금 행복한지를 물어본다. 아이가 그렇다고 대답하면, "그래도 혹시 하고 싶거나 갖고 싶거나 되고 싶은 것 없어?"라고 다시 질문을 한다. 아마도 아이는 엄마가 질문한 의도를 알아차리고 무엇인가를 대답할 것이다. 행복하냐는 엄마의 질문에 아니라고 대답하면, "엄마는 ○○가 행복해지기 위해서 무엇이 필요한지 알고 싶어. 그래야 엄마가 도와줄 수 있어."라고 말한다. 엄마가 정말로 자신의 바람을 들어준다는 기대가 생길 때 비로소 아이는 입을 뗄 것이다.

> **Good reply**
> "우리 주원이는 지금 충분히 행복하니?"
> "그래도 혹시 바라는 것은 없니?"

> **Bad reply**
> "바라는 게 없는 거야? 모르는 거야? 그것도 몰라?"

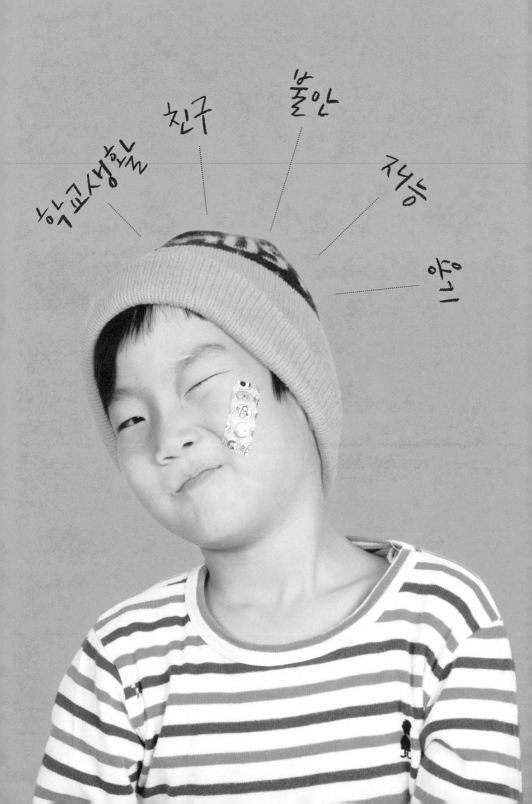

8세10세

학령기에 들어서는 8세부터 아이는 수많은 낯선 환경에 맞닥뜨린다. 규율과 규칙을 익히는 학교생활, 매일 배워가는 학습, 점차 넓어지는 친구 관계 등 하루하루가 신기롭게 펼쳐지는 때가 바로 이 무렵이다. 살면서 가장 필요한 핵심 가치들도 바로 이때 몸에 밴다.

8~10세
아이의
심리 키워드

박준호   김유민

학령기의 시작! 학교생활과 친구, 학습이 키워드

8~10세 시기는 초등학교 저학년에 해당한다. 아이에게 본격적으로 '학습'이라는 과제가 주어지고, 근면성과 성실성이 요구되기 시작한다. 이 무렵부터는 열심히 공부하는 아이와 놀기 좋아하는 아이의 구분이 생겨난다. 사고 능력도 점차 발전하여 원인과 결과를 이해할 수 있다. 그러나 흑백 논리와 같은 단순한 사고에 머물 뿐 복잡한 동기와 추상적인 사고 능력은 아직 갖추지 못한다. 그렇기 때문에 오히려 '좋고 싫음', '옳음과 그름', '맞고 틀림' 등의 이분법에 철저하다. 이 무렵의 아이가 횡단보도를 건널 때 신호등의 파란불과 빨간불을 제일 잘 지킨다.

이 시기의 아이에게는 친구도 무척 중요하다. 특히 이성보다는 동성 친구를 더 가까이하려는 경향이 점차 뚜렷해진다. 프로이트가 말했듯이 성 발달 단계의 '잠복기'에 해당하여 이성에 대한 관심이 적은 시기인데다가 동성 친구들과 서로 협력해서 하는 놀이를 즐기기 때문이다. 서로 공을 주고받거나, 자전거와 롤러 블레이드를 함께 탈 수 있는 친구를 찾고, 여러 명이서 누가 제일 빨리 달리는지를 경쟁하기도 한다. 이성 친구와도 어울리기는 하지만 성별의 차이를 점차 깨달아 뭔가 다름을 느낀다. 경우에 따라서는 이성끼리 적대시하는 상황이 발생할 수도 있다.

초기 아동기의 발달 과제

학교생활 아이는 학교에서 본격적인 사회생활을 시작한다.
친구 이 시기의 아이는 어른의 친구 관계에 맞먹는 인간관계를 맺기 시작한다.
불안 불안은 모든 아이가 겪게 되는 통과의례와도 같다.
재능 숨어 있던 재능이 부모의 도움으로 빛을 발하기도, 사라지기도 할 때다.
용기 다양한 사회적 가치를 배우고 익혀나갈 때다. 용기가 그 시작이다.

부모-자녀의 관계가 더욱 중요한 시기

부모의 양육 방식에 가장 영향을 많이 받는 시기이기도 하다. 부모와 아이 간에 서로 주고받는 언행이 굉장히 많아질뿐더러 아이 자신도 생각과 느낌이 이전 시기와는 달리 분명하기에 부모-자녀의 관계 맺음이 다시 한 번 중요해진다.

부모의 유형은 크게 세 가지로 분류된다. 첫째, 헬리콥터 부모다. 미국에서 나온 말로, 부모가 마치 헬리콥터처럼 학교 주변을 맴돌며 사사건건 아이의 문제를 학교에 통보하고 관여하는 현상을 빗댄 표현이다. 둘째, 불도저 부모다. 무시무시하고 강한 힘이 느껴진다. 엄하고 무서운 부모, 자녀에게 항상 명령만 하고, 명령을 이행하지 못했을 때는 가차 없이 처벌을 내리면서 밀어붙이는 부모를 말한다. 셋째, 컨설턴트 부모다. 자녀 말에 귀를 기울이고, 문제점을 파악한 다음에 적절한 조언과 충고를 해 주는 부모이다. 자녀를 키우는 데 그치지 않고 상담도 해 주는 등 자녀에게 신뢰를 얻는 부모라고 말할 수 있다.

그렇다면 여러분은 지금 어느 부모에 해당하는가? 그리고 어떤 유형의 부모가 가장 낫다고 생각하는가? 필자는 정신 건강에 대해서 공부해 온 사람으로서 컨설턴트 부모가 제일 바람직하다고 생각한다. 하지만 결정은 여러분의 몫. 어떤 유형의 부모가 될지는 온전히 여러분의 몫이다.

☞ **Key Word 01**

학교생활

당신의 아이는 '학교생활'을 잘하고 있나요?

8~10세 아이에게 학교생활은 더없이 중요하다. 초등학교에 입학하여 많은 시간을 그곳에서 보내니 그럴 수밖에 없다. 단순히 지식뿐만 아니라 인성, 사회성, 대인 관계 등 향후 사회생활의 기초를 아이는 학교에서 배운다.

이제부터 아이의 생활은 가정생활과 학교생활로 양분된다. 학교에서 기분 좋게 잘 지내는 아이와 그렇지 못한 아이가 어떻게 커나갈지 예상하는 것은 그리 어렵지 않다. 당연히 학교생활을 즐겁게 하는 아이의 미래가 더욱 희망적이다. 하지만 학교생활이 누구에게나 즐거울 수는 없다. 사실 이제까지 어린이집이나 유치원을 다닌 아이에게 초등학교라는 낯선 공간과 새로운 체계에 적응하는 것은 그리 쉽지 않을 수 있다. 사람은 누구나 낯선 환경, 특히 낯선 사람을 만나면 어느 정도 불안을 느끼게 마련이다. 그중에서도 일부 아이들은 기질적으로 걱정하고 불안해하는 성향이 강하기 때문에 새로운 환경에 적응하는 데 어려움을 겪는다. 이른바 '천천히 달구어지는 사람(slow warmer)'이라고도 볼 수 있다.

아이가 초등학교 생활에 힘들어할 때 가장 중요한 부모의 역할은 아이의 힘든 마음을 이해하는 것이다. 일부러 스트레스를 받으려는 아이는 없을 터. 부모는 차분하고 면밀하게 아이의 문제를 파악한 후에 이를 실제적으로 해결할 수 있는 전략을 짜야 한다. 그러기 위해서는 아이와 좋고 따뜻하고 긍정적인 관계를 유지해야 한다. 조급한 부모는 아이를 무작정 다그치기도 하는데, 이런 행동은 문제를 해결하기는커녕 아이가 느끼는 불안과 분노를 더욱 자극한다. 그 결과 아이는 공격적인 행동과 위축된 행동이 번갈아 나타나고, 스트레스를 극복할 수 있는 기회를 오히려 박탈당한다.

선생님도 이 시기의 아이에게 매우 중요한 존재다. 좋아하고 존경할 만한 선생님을 만나는 것은 아이에게 행운이다. 미국 하버드대와 컬럼비아대의 경제학 연구팀은 20년에 걸쳐서 학생 2백50만 명을 관찰했는데, 그 결과 초·중학교 때 유능한 교사를 만난 학생은 대학 진학률이 높을뿐더러 사회생활을 할 때도 소득 수준이 높았다. 게다가 10대에 임신할 확률은 낮았다고 한다. 훌륭한 선생님 밑에서 교육받은 아이가 보다 현명하게 인생을 설계할 가능성이 높음을 입증한 연구 결과라고 할 수 있다.

학교 다니는 것 좋아?

이 시기 아이에게 무엇보다 중요한 생활 과제는 학교생활에
적응하는 것이다. 아이가 학교에 가는 것을 좋아하고 학교생활을
즐겁게 한다면, 인성과 정신 발달에 긍정적 이정표로 작용할
것이다. 그러나 학교에 다니는 것을 재미없어 하거나 싫어한다면,
아이의 삶이 행복해지기를 기대하는 것은 욕심일 수 있다. 부모가
적극적으로 대응해야 한다.

네~ 좋아요

아니~ 싫어요

좋지도 않고
싫지도 않아요

잘 모르겠어요

예상 답변 1

"네~ 좋아요"

학교에 다니는 것을 좋아한다는 아이의 답변은 부모에게 커다란 기쁨과 안도감을 안겨다준다. 1학년 아이라면 새로운 환경에 적응하는 능력이 좋음을 의미하고, 2~3학년 아이라면 현재의 학교생활에 무난히 잘 적응하고 있음을 뜻한다. 아이에게 현재 학교란 좋아하는 친구들, 선생님, 그리고 재미있는 여러 가지 활동이 있는 곳이다.

<u>응답 노트</u>　아이의 대답에 반갑게 화답한 뒤, 학교생활에 대한 질문을 한다. 학교에서 제일 즐거운 일이 무엇인지를 물어보라. 아이는 "공부하는 것이 재미있어요.", "선생님께서 칭찬을 많이 해 주시고 잘해 주세요." 등의 대답을 할 것이다. 이러한 대답은 아이가 무엇을 중요하게 생각하는지에 대한 정보를 부모에게 제공한다. 공부를 제일 중요하게 생각하는지, 선생님에게서 인정받고 싶어 하는지를 알 수 있다. 어떤 대답이든 엄마는 다 인정해 준다. 평가나 교정을 하지 말라. 그저 "그렇구나." 하고 고개를 끄덕여준다.

Good reply
"학교 다니면서 뭐가 제일 즐거워?"

"당연하지~. 학교 다니는 게 제일 쉽지!"

Bad reply

예상 답변 2

"아니~ 싫어요"

부모가 깜짝 놀라고 당혹할 수 있는 대답이다. 아이가 학교에 다니는 것을 싫어한다는 것은 스트레스를 받는 일이 있음을 의미한다. 공부가 힘들어서 그럴 수도 있고, 괴롭히는 친구가 있어서 그럴 수도 있다. 간혹 엄마에게 불만이 있어 이와 같이 대답하기도 한다. 어쨌든 그냥 지나쳐서는 절대로 안 되는 대답인 것은 분명하다.

<u>응답 노트</u>　아이의 대답에 아무리 놀랐다 해도 심하게 놀란 듯한 모습은 절대로 보이지 말자. 먼저 아이를 달래주어야 한다. 사실 학교에 다니는 것을 싫어하는 아이가 매일 학교를 갔으니 그간 얼마나 힘들었겠는가? 이제 엄마가 해결자로 나선다. 아이가 쉽게 대답할 수 있도록 "선생님이 무섭니?", "배우는 공부가 너무 어렵니?" 등 학교생활에 대해 객관식으로 질문하는 게 좋다. 아이의 대답을 들은 후 엄마가 실제로 노력하는 게 중요하다. 학교에 알리고 교사와 협력하여 문제를 해결한다.

Good reply
"학교를 싫어한다니 엄마도 속상하네. 준호도 무척 힘들겠구나. 뭐가 제일 힘들어?"

"어떻게 학교 다니는 게 싫어? 큰일이네!"

Bad reply

"좋지도 않고 싫지도 않아요" 보통 아이는 학교를 좋다고 말하지만, 예상외로 많은 아이가 이와 같이 대답한다. 어찌 보면 어른과 같은 대답이다. '좋지도 않고 싫지도 않지만 그냥 다녀야 하니까 직장을 다닌다.'는 마음과 비슷하다. 학교를 의무적으로 다녀야 하는 곳으로 생각한다는 뜻이다. 적응 능력이 크게 떨어지지 않아서 다행이지만 즐겁게 생활하지 못하는 것이 아쉽다.

응답 노트 잠시 여유를 두고 학교생활의 좋은 점과 싫은 점을 물어본다. 아이는 잠시 생각을 하고 난 후 대답할 것이다. 실제로 소아정신과에서는 면담 시간에 아이에게 연필과 종이를 주고 학교의 좋은 점과 싫은 점을 써보라고 한다. 그러면 아이가 학교를 어떻게 생각하는지 잘 알 수 있고, 무엇에서 스트레스를 받는지를 알 수 있다. 만약 아이가 "좋은 것도 하나도 없고 싫은 것도 하나도 없어요."라고 대답했다면, 아이는 깊이 생각하기 싫어하는 성향을 지니고 있다. 재촉하기보다는 천천히 아이가 생각하도록 도와준다.

Good reply "좋은 점과 싫은 점을 하나씩만 말해 볼래?"

"그런 대답이 어디 있어? 정확히 말해 봐." **Bad reply**

"잘 모르겠어요" 자신의 생각과 감정을 잘 표현하지 않는 아이다. 혹은 자신의 감정 상태를 잘 깨닫지 못할 수도 있다. 마지막 가능성은 학교에 다니는 것을 싫어하지만 부모가 실망하거나 걱정하지 않을까 염려한 나머지 '잘 모르겠다.'고 대답하는 것이다. 학교에서 집단 따돌림이나 폭력을 당하는 아이도 이와 같이 대답한다.

응답 노트 아이가 자신의 마음을 잘 들여다보거나 자신을 잘 성찰하는 것은 매우 중요하다. 이때 중요한 것은 아이가 어떠한 말을 하더라도 실망하거나 야단치지 않는다는 부모의 마음이 아이에게 전달되어야 한다는 점이다. 종종 소아정신과를 찾는 아이들에게서 "(엄마에게) 괜히 얘기했어요."라는 말을 듣는데, 여기에는 부모를 믿지 못하겠다는 생각이 담겨 있다. 엄마는 아이가 무슨 말을 하더라도 이해해 주고 도와주겠다는 마음가짐을 굳게 지닌다. 그러면 아이는 대답할 것이다. "사실은 ○○예요."라고 말이다.

Good reply "그래도 다시 한 번 잘 생각해 봐."

"잘 모르는 게 어디 있어? 학교가 싫어?" **Bad reply**

8~10세 **Q2**

선생님은 좋아?

학교에서 선생님과의 관계는 아이의 심리 상태나 학업 성취도에 상당한 영향을
미친다. 선생님이 자신을 사랑하고 관심을 쏟는다는 느낌은 아이를 행복하게
만든다. 그 결과 선생님에게 더욱 잘 보이기 위해서 노력할 것이고, 자신이
인정받는다는 사실에 뿌듯해한다. 반면 선생님을 싫어하거나, 무서워하는 아이는
학교생활이 어려울 수밖에 없다.

네~ 좋아요

아니~ 싫어요

무서워요

"네~ 좋아요"

아이에게 부모 다음으로 중요한 어른을 꼽는다면 단연 선생님일 것이다. 아이는 매해 다른 선생님을 만나고, 앞으로도 많은 선생님을 만날 것이다. 선생님과 아이의 관계는 매우 특수하다. 아이는 선생님에게서 지식과 지혜를 배우고, 여러모로 영향을 받는다. 선생님을 좋아하는 아이는 마음이 무척 풍요롭고 행복하다.

응답 노트 먼저 엄마도 기쁘다고 말한다. 자신이 좋아하는 선생님을 엄마도 좋아한다는 말 한마디는 아이의 기분을 좋게 한다. 그리고 아이가 과연 선생님의 어떠한 면모를 좋아하는지 물어본다. 이때 아이는 두 가지 타입으로 대답하게 마련인데, 하나는 "내게 칭찬을 잘해 줘요."처럼 자기중심적인 답변과 또 하나는 "선생님이 너무 웃겨요.", "선생님이 예뻐서요." 등 선생님의 특성을 좋아한다는 답변이다. 전자가 아이다운 답변이라면 후자는 이제 아이가 다른 사람을 평가하기 시작한다는 의미다.

Good reply "우리 유민이가 선생님을 좋아하는구나. 엄마도 유민이 선생님이 좋아."

"맞아. 학생은 선생님을 좋아해야 해." **Bad reply**

"아니~ 싫어요"

안타까운 대답이다. 아이는 아침부터 이른 오후까지 많은 시간을 선생님과 함께 보낸다. 그런데 같은 장소에서 오랫동안 시간을 함께 보내는 선생님이 싫다니 그 괴로움이 절로 느껴진다. 짝꿍이 싫어도 괴로운데 선생님이 싫으니 얼마나 힘들겠는가. 게다가 아이에게 담임 선생님은 단 한 명이기에 더욱 안쓰럽다.

응답 노트 선생님을 싫어하는 아이의 감정을 있는 그대로 받아들이자. "학생이 선생님을 싫어하면 안 돼."라든지 "선생님이 싫어도 어쩔 수 없어. 네가 선생님에게 맞춰야 해. 좀 노력해 봐." 등의 교훈적인 얘기는 대화에 전혀 도움이 되지 않는다. 오히려 엄마가 자신의 마음을 전혀 이해하지 않으려고 한다는 부정적인 생각을 심어줄 뿐이다. 대신 아이의 마음을 받아주면서 선생님이 싫은 이유를 하나씩 물어본다. 아이가 마음의 경계를 풀고 하나씩 이야기를 하면 이번에는 선생님을 좋아할 수 있는 방법을 아이와 함께 이야기해 보는 것이 현명하다.

Good reply "그랬구나! 그런데 어떻게 하면 선생님을 좋아할 수 있을까?"

"선생님이 싫어도 어쩔 수 없어. 네가 맞춰야 해." **Bad reply**

"무서워요"

선생님을 싫어한다는 대답과 무서워한다는 대답의 의미는 하늘과 땅 차이다. 선생님을 싫어하는 아이는 마음만 고쳐먹으면 학교생활이 즐거울 수 있지만 선생님을 무서워하는 아이는 학교생활을 즐겁게 해 나갈 수 없다. 아이의 대답과 표정을 잘 살펴본다. 실제로 무서워하는 표정을 짓는지가 아이가 어느 정도로 선생님을 무서워하는지 알 수 있는 척도다.

응답 노트 아이에게 선생님이 무서워 학교에 가기 싫은지를 물어보라. 만약 아이가 "우리 선생님은 엄청 무서워요. 그래도 저는 괜찮아요. 별로 야단맞지 않아요."라고 답한다면 다행이다. 하지만 "맞아요. 선생님이 무서워서 학교 가기 겁나요."라는 대답을 한다면 비상사태다. 이때부터는 "선생님이 심하게 야단치셨니?", "아이들에게 무섭게 대하시니?", "누가 심하게 혼이 났니?" 등 다양한 질문을 해서 상황을 파악하는 데 주력한다. 만일 아이가 주로 야단을 맞는다면, 그 원인을 먼저 살펴서 대책을 강구해야 한다. 선생님을 만나서 의논해 본다.

Good reply "선생님이 무서워? 그러면 유민이가 선생님 때문에 학교 가기 무서워?"

Bad reply "선생님이 무섭긴 뭐가 무서워. 네가 잘못했겠지~."

> 8~10세 아이가 대화에 응하지 않을 때는…

01 대화할 때 자주 칭찬한다

초등학교 저학년 자녀와 원활하게 대화를 하기 위해서 꼭 필요한 것은 '칭찬'이다. 실제로 칭찬을 하지 않아도 칭찬받는 느낌을 주면 아이의 기분이 좋아져 대화가 원활해진다.

02 몸으로 표현하는 칭찬 기술을 이용한다

아이의 머리를 쓰다듬거나, 볼을 비비거나, 엄지손가락을 추켜세우는 등 여러 가지 동작을 사용해서 아이의 자존감을 높여준다.

03 추임새를 즐겨 사용한다

대화 중간에 "잘하는구나!", "훌륭해.", "멋있다.", "좋은 생각이야" 등의 짧은 칭찬을 마치 추임새처럼 사용한다. 대화가 즐거워진다.

04 대화를 끝낸 뒤에는 한 번 더 칭찬한다

비록 완벽한 대화, 혹은 엄마 마음에 드는 충분한 대화가 아니어도 아이가 대답을 어느 정도 잘 해 주었다면 칭찬을 잊지 않는다. 엄마와 나눈 대화를 기분 좋게 끝내는 경험이야말로 이다음에 더 많은 대화를 보장한다.

오늘 학교에서 즐거웠어?

학교에서 생활도 무척 중요하다. 어떤 날은 친구와 즐겁게 대화를
나누거나 재미있게 놀아서 즐거웠을 수도 있고, 또 어떤 날은 친구와
다투거나 선생님에게 꾸지람을 들어서 기분이 좋지 않을 수도 있다.
이 시기의 아이에게 그날그날 학교생활을 점검해서 기분이 어떤지를
알아보는 것은 엄마가 해야 할 중요한 일 중 하나다.

"네~
즐거웠어요"

학교생활이 매일 즐겁다는 것은 평소 아이의 정서 상태가 안정되어 있다는 의미이다. 아이의 정서 상태가 안정되어 있음은 가정의 화목함, 부모와의 긍정적 관계, 형제자매간의 우애, 원만한 친구 관계 등이 밑바탕에 있다는 뜻이다. 이러한 것의 총합이 바로 '즐거운 학교생활'로 나타난 것이다.

응답 노트 아이가 즐거움을 유지하도록 함께 기뻐한다. 엄마가 함께 즐거워하면, 아이는 '우리 엄마는 내가 기분 좋으니까 함께 즐거워하네.'라고 생각한다. 자연스레 기분이 더욱 좋아져 만족감도 커지게 마련이다. 이때 아이에게 "오늘 특히 무엇이 즐거웠어?"라는 질문을 다시 한 번 해 보자. 아이와 기분 좋은 대화를 나누는 것도 중요하다.

Good reply
"우리 유민이가 오늘 즐거웠다니 엄마 기분도 좋아지네~."
"오늘 특히 무엇이 즐거웠어?"

"공부도 열심히 한 거지?"
"선생님한테 칭찬은 받았어?"
Bad reply

"아니~
재미없었어요"

오늘 하루만 그랬는지 아니면 매일 그러한지가 중요하다. 어느 쪽이 더 심각한지는 두말할 필요가 없다. 한편으로는 아이가 매사 부정적으로 대답하는지, 엄마의 관심을 끌고 싶어 하는지도 체크해 봐야 한다. 따라서 아이가 이와 같은 대답을 할 때는 얼굴 표정과 감정적 분위기를 잘 관찰하는 것도 중요하다.

응답 노트 아이가 부정적으로 감정을 표현할 때는 그 이유를 묻기 전에 아이의 마음을 공감하는 게 우선이다. 그런 다음에 엄마는 비로소 그 이유를 물어볼 수 있다. 만일 아이가 오늘 기분이 좋지 않을 만한 일을 경험했다면, "다음에는 그런 일 없을 거야. 내일부터는 다시 기분이 좋아질걸?"이라는 말로 아이의 기분 전환을 유도해 보자. 그러나 아이가 오랜 기간 재미없는 학교생활을 해 왔다면, "엄마가 즐겁게 학교생활을 할 수 있게끔 도와줄게. 함께 방법을 생각해 보자."라는 말을 하면서 긍정적 변화를 다짐한다.

Good reply
"무엇이 우리 유민이 기분을 망쳤을까?"
"오늘만 그랬어? 아니면 요새 계속 재미가 없니?"

"왜? 친구랑 싸웠어? 선생님한테 혼났어?"
Bad reply

"얘기하기 싫어요" 아이는 학교생활을 부정적으로 생각할 가능성이 높다. 하지만 그것을 솔직하게 말하지 못하고 얘기하기 싫다는 말로 대신하는 것이다. 특히 머릿속에 떠올리거나 입에 담기조차 싫은 일을 겪었을 때 더욱 그러하다. 또 다른 가능성으로는 아이가 피곤하고 지쳐서 생각하거나 말하기가 귀찮거나 엄마와 사이가 좋지 않아서 얘기하기 싫은 경우라고 할 수 있다.

응답 노트 아이의 마음을 존중해 주자. 아이가 얘기하기 싫다고 분명하게 말했는데도, 이를 무시하고 계속 얘기하려는 것은 옳지 않다. 그러나 마냥 얘기하지 않는 것은 부모의 직무 유기이니 한 시간 후나 저녁 식사 후에 다시 얘기를 꺼낸다. "학교에서 별로 좋지 않은 일이 있었나 보구나. 엄마에게 얘기해 줄래?"라고 진지하게 물어보자. 아이는 아까보다 다소 편안한 상태에서 얘기를 할 수 있을 것이다. "무슨 얘기를 하든지 엄마는 네 편이야. 결코 뭐라고 비난하지 않아."라는 말을 덧붙이면 더욱 바람직하다.

Good reply
"지금은 얘기하기 싫구나. 그럼 조금 있다가 다시 얘기하자."

"엄마한테 말 안 하면 어떡해? 얼른 말해 봐."
Bad reply

" . . . " 때로 '무언'은 많은 것을 전달한다. 말로 하지 않아도 아이의 눈빛, 표정, 분위기, 몸짓 등을 통해서 엄마는 이미 무엇인가를 전달받았을 수도 있다. 아이 입장에서는 '내가 굳이 자세하게 얘기하지 않아도 우리 엄마는 내 마음과 생각을 알고 있을 거야.'라는 기대감을 드러내는 중이다. 혹은 아이에게 '엄마는 과연 내가 학교생활을 어떻게 하는지 잘 알고 있을까?'라는 궁금함과 함께 엄마를 시험해 보려는 마음이 있을 수도 있다.

응답 노트 난감하다. 엄마의 질문에 아이가 아무런 대답을 하지 않는다면, 과연 어떻게 대응해야 할까? 한 번 더 질문을 할까 아니면 잠시 기다려줄까? 판단하기에 앞서 아이를 살펴보자. 비록 아무런 대답을 하지 않았어도 엄마의 눈을 바라본다면, 이는 엄마와 대화를 나누고 싶다는 뜻이다. 아이가 엄마의 눈길을 피하거나 쳐다보지 않는다면, 별로 좋지 않은 상황임을 암시하거나, 솔직하게 말하기가 두려운 것이다. 시간을 갖고 나중에 얘기하자.

Good reply
"엄마가 한번 맞혀볼게. 아, 오늘 학교에서 친구랑 싸웠구나?"

"왜 그래? 학교에서 무슨 잘못을 했어?"
Bad reply

8~10세 **Q4**

학교에서
힘든 점은 뭐야?

학교도 일종의 조직이요 사회다. 아이는 인생 초기의 작은 사회에서 좌절과
실패, 당혹, 혐오, 두려움 등 여러 가지 감정을 경험하게 된다. 아이는 자기
나름대로 극복하려고 노력하지만, 힘에 부치는 스트레스나 사건 앞에서
주저앉거나 엉엉 울기도 한다. 이때는 부모가 도와주어야 한다.

"공부가 힘들어요"

아마도 많은 아이가 이와 같이 대답할 것이다. 더 많은 아이는 "학교에서 공부하는 것은 별로 힘들지 않은데 학원 숙제를 하는 것이 더 힘들어요."라고 대답할 것이다. 학년이 점차 올라갈수록 이와 같이 대답하는 경향이 뚜렷하다. 대한민국 아이들은 공부 때문에 힘들다.

<u>응답 노트</u> 많은 엄마가 아이가 힘들어하는 부분에 공감해 주라는 조언을 받아들이고 잘 실천한다. 그러나 공부만큼은 유독 예외다. 엄마들은 불안하다. 그래서 아이에게 "너는 다른 아이에 비하면 적게 하는 편이야."라고 얘기한다. 아이가 지니고 있는 불만을 줄이기 위한 엄마 나름대로의 전략인 셈이다. 그러나 공부는 앞으로도 오랜 기간 하는 것임을 잊지 말라. 공부하기 힘들다고 하는데도 억압을 하면 아이는 그만큼 불만이 쌓여가게 된다.

"친구들 사귀는 거요"

아이들이 힘들어하는 것은 대개 공부나 친구 관계다. 물론 둘 다 잘하는 아이도 많지만, 혹시 내 아이가 친구들과 사귀는 것을 힘들어한다면 이는 매우 속상한 일이다. 이런 경우 아이에게는 자신이 친구들을 두려워하거나 사귀는 기술이 부족하거나 실제로 친구들이 잘 못해 주거나 등의 여러 가지 이유가 있다.

<u>응답 노트</u> 아이가 학년과 상관없이 항상 친구들과 사귀는 것을 힘들어한다면 다시 한번 아이의 특성을 자세하게 살펴야 한다. 만약 이번 학년에 유달리 그러하다면 실제로 아이 친구들이 어떠한지를 면밀하게 알아봐야 한다. 두 경우 모두 엄마가 특별히 관심을 기울여야 한다. 엄마가 아이에게 적절한 대응 행동과 친구를 사귀는 기술을 가르쳐주면 제일 좋다.

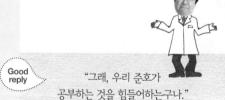

Good reply
"그래, 우리 준호가 공부하는 것을 힘들어하는구나."

"공부할 때 무엇이 힘든지 얘기해 볼까?"

"공부가 힘들어? 하기 싫은 게 아니고?" **Bad reply**

Good reply
"친구들 때문에 힘이 드는구나. 준호 마음이 속상하겠다."

"친구들과 자주 다투니?"

"왜? 친구들이 너랑 안 놀아주니?"

"친구들한테 양보 안 하는 것 아니야?"

"선생님 말씀 잘 듣는 거요"

선생님의 지도와 지시 사항을 잘 준수하는 아이는 소위 말하는 '모범생'이다. 아이는 모범생이 되려고 노력하는 과정에서 다소 힘들 수도 있다. 어릴 적을 그리워하면서 아무렇게나 말하고 행동하고 싶을지도 모른다. 하지만 그렇게 행동하면 선생님에게 야단맞을 것이 예상되고, 무엇보다도 선생님의 지시에 순응하면 자신을 귀여워하고 칭찬해 준다는 사실을 아이는 알고 있다. 스스로 말과 행동을 통제해 나가는 중이다.

응답 노트 일단 아이의 마음을 그대로 받아준 뒤, 특히 무엇이 힘든지 물어보자. 예컨대 아이는 "수업 시간에 아이들과 얘기하지 말래요. 저는 얘기하고 싶은 것 잘 못 참는데…" 등의 대답을 할 것이다. 그러면 엄마는 "그래. 맞아. 하지만 수업 시간에는 공부에만 집중하는 것을 배워야 하기 때문에 말하고 싶어도 참아야 해." 등으로 아이의 마음을 달래준다.

> **Good reply**
> "맞아. 선생님 말씀을 매일 잘 듣기는 힘들지."
>
> "선생님 말씀 중에서 어느 것이 특히 지키기 힘들지?"
>
> **Bad reply**
> "힘들어도 선생님 말씀을 잘 들어야 훌륭한 사람이 될 수 있어!"

"없어요"

정말로 힘든 점이 없다면 매우 기뻐할 만한 일이다. 아이가 학교를 잘 다니고 즐겁게 생활한다는 증거가 아니겠는가? 그러나 혹시 아이가 힘든 점이 있는데도 불구하고 어떠한 이유로 인해서 이와 같이 말한다면 더욱 걱정이다. 아이들은 종종 엄마가 걱정할까 봐, 엄마에게 야단맞을까봐 그저 힘든 것 없이 잘 지낸다고 얘기하기도 한다.

응답 노트 아이에게 긍정적인 반응을 보인다. 더불어 힘들 때는 부모에게 도와달라고 말해야 함을 알려준다. 혹시 아이의 말이 미덥지 않으면, "엄마한테 무슨 얘기를 해도 좋아. 힘든 점이 있으면 솔직하게 말해 줘."라고 말한다. 아이가 다시 한 번 "정말로 힘든 것 없어요."라고 말하면 일단은 안심이다. 그러나 가만히 있거나 뭔가 생각하는 눈치라면 아이에게 다시 한 번 질문하여 솔직한 마음을 알아보아야 한다.

> **Good reply**
> "힘든 것 없이 학교에 잘 다니니까 엄마도 너무 기쁘다."
>
> "지금은 아니어도 앞으로 힘든 점이 생기면 엄마한테 바로 말해 줄래?"
>
> **Bad reply**
> "에이~ 엄마한테는 솔직하게 말해도 돼."

☞ **Key Word 02**

친구

당신의 아이는 좋은 '친구'를 만나고 있나요?

앞 장에서 취학 전 아동에게 친구가 왜 중요한지를 언급했다. 하지만 어느 정도 성장한 이 연령에서도 친구는 여전히 중요한 키워드다. 오히려 이맘때는 어른과 유사한 친구 관계를 어느 정도 형성하는 시기이므로 더욱 중요하다 말할 수 있다. 즉 4~7세 때 친구라는 존재가 최초로 등장하여 나의 삶에 영향을 미치기 시작했다면 8-10세에는 나의 취향과 친구의 성격이 서로 어울리거나 부딪혀서 더욱 복잡다단한 어울림을 만들어내는 관계로 발전한다.

이 시기의 아이는 스스로 친구가 많다는 얘기를 자주 한다. 하기는 한 반의 아이가 모두 친구이다. 그런데 단지 친구가 많은 것 외에 중요한 과제는 '좋은 친구'를 사귀는 것이다. 아이에게 어떻게 친구를 사귀어야 하는지 얘기해 줄 수 있으면 좋겠다. 아이에게 '친구'라는 말을 들었을 때 떠오르는 생각을 종이에 적게 하라. 그러면 아이는 같이 노는 사람, 고민을 나누는 사람, 함께 시간을 많이 보내는 사람, 편안하고 좋은 사람, 나의 개인적인 것을 잘 아는 사람 등 다양한 내용을 적을 것이다. 모두 맞는 말이다. '좋은 친구'란 꼭 공부를 잘하는 친구가 아니라 마음이 착하고, 자신에게 맡겨진 일에 성실하며, 다른 사람을 위할 줄 알면서 내 마음에 쏙 드는 친구를 말한다. 서로를 위해 주면서 함께 즐거움과 어려움을 나누는 사이. 이 점을 아이에게 강조해서 일러주자.

반면에 다음과 같은 친구 관계는 바람직하지 않다. 친구를 자신의 뜻대로 행동하게 하려는 '지배형' 친구나 반대로 친구를 위해서 자신의 모든 것을 내주려고 하는 '희생형' 친구는 되지 않아야 한다. 또한 친구 간에 지나치게 이해득실을 따지는 '계산형' 친구나 항상 똑같이 나누어야 하고 동등하게 대우받아야 한다는 '평등형' 친구도 그리 썩 좋지 않다. 친구가 늘 곁에 있어야 안심하는 '의존형' 친구 또한 서로 힘들어질 수 있으므로 피하는 것이 낫다. 아이가 좋은 친구를 사귀고, 또 아이 스스로 누군가에게 좋은 친구가 된다면, 훌륭한 초등학생 시절을 보내는 것이다.

혹시 친구를 사귀는 데 너무 어려워한다면, 부모가 더욱 적극적으로 나서보자. 아이에게 친구들 사이에서 인기 있는 사람이 되기 위한 비결도 가르쳐주자. 그것은 다른 아이에게 친절하게 말하는 것이다. 비록 친한 친구가 아니더라도 누구에게나 친절하게 말하는 연습을 시켜보자. 그러면 모든 사람이 우리 아이와 친해지려고 할 것이다. 한마디로 '인기 짱'이 되는 것이다.

친구들과
사이좋게 지냈어?

학교생활의 많은 시간이 친구들과 교류하는 것으로 채워진다. 이
시기 아이들에게 학교생활은 단지 지식을 얻는 것보다 친구들과
원만하면서도 친밀한 관계를 맺는 것이 더욱 중요할 수도 있다. 협력과
선의의 경쟁, 우정과 배려, 이해와 설득 등은 친구들과 교류하면서
아이가 직접 깨닫고 터득해야 할 중요한 가치이다.

<table>
<tr><td>

예상 답변 1

"네~ 사이좋게 지냈어요"

얼마나 기쁘고도 또한 기다린 대답인가? 학교생활에서 상당히 큰 비중을 차지하는 것이 바로 친구들과의 관계인데 그 친구들과 사이좋게 지냈다고 아이가 말하면 부모로서 안도하게 된다. 만일 아이가 웃으면서 이렇게 대답한다면, 이 아이는 정말로 친구들과 잘 지내고 있음을 강력하게 표현하는 것이다.

<u>응답 노트</u> 아이의 대답에 긍정적인 반응을 보인다. 만약에 곧바로 "다행이다. 앞으로도 친구와 싸우지 말고 사이좋게 지내."라는 말을 한다면, 엄마가 그동안 아이를 잘 믿지 못했음을 드러내는 것이다. 아이는 '우리 엄마는 나를 별로 믿지 못했구나.'라는 생각에 서운함을 느낄 수 있다. 또, "정말이야? 정말로 친구들과 사이좋게 지내는 것 맞지?"라는 반응 역시 아이를 믿지 못하겠다는 태도가 드러나는 것이므로 주의해야 한다.

</td><td>

예상 답변 2

"아니요··· 싸웠어요"

무척 실망스럽고 걱정되는 대답이다. 하지만 아이가 솔직하게 답변했다는 것만으로도 감사하게 여기자. 친구들과 사이좋게 지내지 못하고 늘 다투는 아이는 자신도 속상하다. 간혹 비교적 잘 지내고 있음에도 한두 번의 다툼을 부풀려 말하는 아이들도 있다. 어떤 경우든 아이가 이와 같이 대답했을 때는 엄마에게 직접적으로 도움을 요청했다고 해석할 수 있다.

<u>응답 노트</u> 친구랑 왜 싸우느냐며 질책하는 것은 아이에게 하나도 도움이 되지 않는다. 아이가 친구들과 싸우고 싶어서 싸웠겠는가? 그보다는 아이의 속상한 마음을 그대로 받아주는 것이야말로 엄마가 보여줘야 할 반응이다. 아이의 기분을 달래준 다음에 왜 다투었는지, 누구랑 다투었는지 등의 질문으로 문제 해결을 위한 상황 파악을 하자. 물론 이 과정에서 아이를 다그치는 태도는 금물이다. 엄마가 상황을 정확하게 안 다음에 함께 어려움을 이겨나갈 방법을 찾자는 태도가 전달되어야 한다. 엄마와 아이는 연합군이 되는 셈이다.

</td></tr>
</table>

 Good reply

"친구들과 사이좋게 지낸다니
엄마도 정말 기뻐."

"정말? 다행이다. 엄마는 걱정했는데."

Bad reply
"싸운 친구는 없어? 모두 다 친해?"

Good reply

"친구들과 싸웠다고?
기분이 많이 안 좋겠구나."

"무슨 일로 다투었어?"

"친구랑 싸우면 어떻게 해.
사이좋게 지내야지!" **Bad reply**

"친구가 괴롭혔어요"

'아니, 우리 귀한 자식을 누가 감히 괴롭혀?'라는 생각에 화가 치밀어 오를 것이다. 아이가 이와 같이 대답했을 때는 몇 가지 의미를 가정해야 한다. 하나는 실제로 아이가 친구들에게 집단 괴롭힘을 당하고 있거나, 친구 한 명이 지속적으로 아이를 괴롭히고 있을 가능성이다. 또 다른 하나는 친구가 장난을 치거나 다소 거친 언행을 하는 것을 괴롭힘으로 확대 해석하는 것이다. 마지막 가능성은 엄마의 관심을 끌고 동정을 받고 싶은 마음이 강할 때이다.

<u>응답 노트</u> 아이의 심리적 어려움을 공감해 주자. 엄마의 "속상하다."는 말 한마디가 아이에게 친구의 괴롭힘으로 인한 심리적 어려움을 상회하는 심리적 이득을 줄 것이다. 그런 다음에 객관적 상황을 알아보려는 엄마의 노력이 중요하다. 친구와의 트러블을 확인한 뒤에는 "그래서 어떻게 행동했지?"라는 질문으로 아이가 어떻게 대응했는지도 알아보아야 한다. 마지막으로 아이를 안심시키고, 엄마가 지원군이 되어 도와줄 것임을 일러주자.

Good reply

"친구들이 괴롭힌다니 엄마가 무척 속상하다."

"어떻게 괴롭혔는지 차근차근 엄마에게 말해 볼래?"

"누구야? 누가 우리 아들을 괴롭혀?"

Bad reply

"친구들이 안 놀아줘요"

안타까운 대답이다. 자신은 친구들과 놀고 싶은데 친구들이 잘 상대해 주지 않는다는 말이다. 이 시기의 아이는 자신의 문제를 성찰하는 능력이 부족하다. 따라서 친구들이 놀아주지 않는다는 사실 자체에 대한 서운함, 분노, 불안, 좌절 등의 감정을 경험한다. 친구들이 자신과 놀아주지 않는 이유를 잘 이해하지 못하는 시기다.

<u>응답 노트</u> 공감하는 모습을 빼놓지 말자. 그런 다음에야 여러 질문을 통해 아이가 처한 상황을 이해할 수 있다. 그 이후 반드시 엄마가 대안을 제시해야 한다. "내일 친구를 집으로 초대해 봐. 엄마가 맛있는 간식도 준비해 놓을게."라고 제안한다. 한편으로는 "엄마가 학교 선생님과 만나서 어떻게 된 일인지 알아보고 친구들과 사이좋게 놀게끔 해줄게."라는 해법이 필요할 수도 있다. 아이가 느끼는 무력감이나 절망감이 예상외로 심할 때에는 엄마가 직접 나설 수밖에 없기 때문이다.

Good reply

"친구들이 놀아주지 않는다니 준호 마음이 슬프겠다!"

"준호 생각에는 친구들이 왜 놀아주지 않는 것 같아?"

"친구 모두가 너랑 안 놀아줘?"

Bad reply

제일 좋아하는
친구는 누구야?

학교생활을 하면서 아이는 단짝 친구가 생기기 시작한다. 편안하게 대화를 할
수 있고 관심 사항이 비슷한 친구를 제일 좋아할 것이다. 그러나 단순히 옆집에
산다거나 두 해 연속 같은 반이 되어서 등의 이유로도 그 친구를 제일 좋아하기도
한다. 자주 보고 접하다 보면 아무래도 친해지게 마련이다.

제일 좋은 친구는
OO, OO, OO
그리고 OO요

없어요

OO가 제일 좋은데
그 애는 나를 제일
좋아하지 않아요

OO가
제일 좋아요

"○○가 제일 좋아요"

아이가 기다렸다는 듯이 말하는 친구의 이름은 이미 엄마가 여러 번 들어봤을 것이다. 집에서도 그 친구에 관한 얘기를 많이 했으리라. 하지만 잠시 생각한 다음에 말하는 친구라면 아마도 여러 명 중에서 한 명을 고르느라 시간을 지체했을 것이다. 아이가 좋아하는 친구가 많다는 또 다른 힌트다.

응답 노트 아이가 얘기하는 친구에 대해 긍정적인 표현을 해 준다. 자신이 좋아하는 친구를 엄마도 반기며 좋아한다는 사실에 아이 기분이 나아질 것이다. "○○가 단짝 친구구나."라고 확인해 본다. 아이가 "맞아요. ○○는 둘도 없는 단짝 친구예요."라고 대답하면 틀림없는 단짝 친구요, "지금은 ○○가 제일 좋아요."라고 대답하면 단짝 친구 후보 중 한 명이며, "다른 친구들도 다 좋아요. ○○, ○○, ○○와도 친해요."라고 대답하면 단짝 친구라기보다는 친한 친구 여러 명이 그룹을 형성하고 있음을 뜻한다.

Good reply
"엄마도 ○○가 좋아."

Bad reply
"그래? 엄마는 ○○보다 ○○가 더 좋던데?"

"제일 좋은 친구는 ○○, ○○, ○○ 그리고 ○○요"

실제로 아이는 원만하고 폭넓은 또래 관계를 형성하고 있을 것이다. 그러나 그들 중에서도 이름을 말하는 순서는 중요하다. 가장 먼저 말하는 친구를 제일 좋아하리라. 혹시 너무나도 많은 친구 이름을 줄줄이 나열한다면, 이는 아이가 친구들을 무척 좋아하기는 하지만 특별하게 더 깊고 관계가 친밀한 친구는 오히려 없을 가능성도 높다.

응답 노트 제일 좋은 친구로 여러 명을 꼽는 아이는 또래 관계를 긍정적으로 해석하고 있다. 대인 관계에서 긍정적인 표상이 형성되면 어른이 되어서도 빛을 발하여 삶을 행복하고 풍성하게 만든다. 바꾸어 말하면 엄마와 안정적 애착 관계가 잘 형성되었음을 의미하기도 한다. 엄마에게서 시작된 최초의 대인 관계 맺기가 친구들로 확장되기 때문이다. 덤으로 가볍게 그중 어떤 친구가 제일 좋은지 물어봐도 좋다.

Good reply
"제일 좋은 친구가 무척 많구나. 준호는 친구들을 정말 좋아하나 보다."

Bad reply
"그 친구들이랑 모두 친해? 정말?"

예상 답변 3

"없어요" 제일 좋아하는 친구가 없다는 대답은 엄마를 슬프게 한다. 아이가 또래 관계를 잘 맺지 못하고 있음을 의미하기 때문이다. 한편으로는 엄마에게 안타까움을 안겨다주기도 한다. 그 역시 아이가 또래에 별로 관심이 없거나, 건조한 또래 관계를 맺고 있음을 뜻하기 때문이다.

응답 노트 너무 슬퍼하거나 안타까워하지는 말자. 이제부터 문제를 해결해 나가면 된다. 아이에게 화를 내거나, 아이를 한심하게 생각하지도 말자. 시간을 갖고 아이에게 생각할 수 있는 기회를 다시 한 번 준다. "그래도 ○○가 좀 좋아요."라는 대답을 하면 다소 안도할 수 있다. 그러나 "없어요."라는 대답을 다시 하면, 이제부터 엄마의 반응이 더욱 중요해진다. 아이에게 친구의 의미를 다시금 새겨주어야 한다.

Good reply
"그래도 누가 좋은지 다시 한 번 생각해 볼까?"
"준호 마음속으로 누구에게 말을 걸고 싶은지 생각해 봐."

Bad reply
"어떻게 좋아하는 친구가 한 명도 없어?"
"친구들이 모두 너를 싫어해?"

예상 답변 4

"○○가 제일 좋은데 그 애는 나를 제일 좋아하지 않아요" 아이의 짝사랑은 그리 드문 일이 아니다. 아이가 좋아하는 친구는 아마도 다른 친구들도 좋아하는 아이일 것이다. 따라서 자기가 기대하는 만큼 그 아이와 많은 시간을 어울릴 수 없을뿐더러 그 아이에게 특별한 대우를 받지 못하기 때문에 자신을 좋아하지 않는다고 생각한다.

응답 노트 부모로서 현명하게 반응하기 어려운 대답이다. 그 친구에게 더 잘해 주라고 얘기하자니 왠지 우리 아이를 낮추는 것 같아서 자존심이 조금 상하기도 하고, 그렇다고 그 친구를 비난하자니 괜히 멀쩡한 남의 집 귀한 아이를 트집 잡는 것 같아 미안하기도 하다. 이럴 때는 그저 아이의 마음을 헤아려준 다음에 해결책을 모색하거나, 현실을 인정하는 것 외에 뾰쪽한 방법이 없다. 어느 쪽이 더 옳은지 판단하는 일은 엄마의 몫이다. 중요한 점은 아이에게 맞는 반응을 하는 것이다.

Good reply
"우리 준호가 그래서 서운했구나.
○○와 더 친해지려면 어떻게 해야 하는지
엄마와 함께 생각해 보자."

Bad reply

"너만 혼자 ○○를 좋아하는 거야?
그러면 너도 다른 친구를 좋아해~."

싫은 친구도 있어?

아이에게 좋은 친구가 생기듯, 싫은 친구도 얼마든지 생길 수 있다.
학교생활을 하다 보면 마음에 들지 않는 친구를 피하기 어렵고,
부딪치면서 살아갈 수밖에 없다. 어른이야 싫은 친구를 보지
않거나 만나지 않으면 그만이지만, 아이는 원하지 않더라도 싫은
친구와 한 교실에서 수업을 받아야 하는 상황에 놓일 수밖에 없다.

"○○요"

싫은 친구가 얼마든지 생길 수 있다. 중요한 것은 그 친구가 얼마만큼 싫은가이다. 그 친구 때문에 학교를 가기 싫어할 정도라면 문제는 심각하다. 하지만 그저 오늘 하루 자신에게 기분 나쁘게 대했기 때문에 싫다고 느낀 정도라면 가벼운 문제다. 일시적으로 싫은지, 지속적으로 싫은지를 알아야 한다. 어느 쪽이 더 문제인지는 자명하다.

<u>응답 노트</u> "친구를 싫어하면 안 돼."라는 말은 하지 말자. 아이가 좋은 마음으로만 가득하기를 바라는 엄마의 심정은 이해하지만, 어른도 싫어하는 사람이 항상 있기에 아이가 천사라는 환상에서 이제 벗어나야 한다. "쉿! ○○를 싫어한다고 아무한테도 얘기하지 마."라는 반응도 과도하다. 좋고 싫음은 매우 자연스러운 감정이다. 인정해 주자. 다만 싫어하는 이유를 파악하여 부모가 도와줄 수 있는지가 중요하다. "○○이 못생겨서 싫어요."라고 말하는 아이에게 "외모로 그 사람을 좋아할지 싫어할지 결정하는 것은 좋지 않아."라는 훈육의 말을 해 줄 수 있기 때문이다.

Good
reply

"우리 준호가 ○○를 싫어하네?
엄마는 그 이유를 알고 싶어."

"친구를 싫어하면 안 돼.
모두 친하게 지내야지!"

Bad
reply

"없어요"

싫은 친구가 없다는 것은 참으로 다행스러운 일이다. 자신의 눈에 거슬리는 친구가 없는 것으로 볼 때 너그러운 마음씨의 소유자요, 자신을 나쁘게 대하는 친구가 없는 것으로 볼 때 인기 만점의 아이요, 실제로 문제 행동을 일으키는 친구가 없는 것으로 볼 때 아이가 속한 학급은 분위기 최고의 학급 중 하나다. 다만 마음속으로는 싫은 친구가 있지만, 겉으로 없다고 할 때에는 문제라고 할 수 있다.

<u>응답 노트</u> 엄마의 격려는 아이의 기분을 좋게 할 뿐만 아니라 친구 관계의 중요성을 다시 한 번 느끼게 할 수 있다. 친구들을 항상 좋아하는 아이는 대인 관계에서 긍정적인 표상(또는 이미지)을 지니고 있고, 다른 사람을 신뢰할 수 있다. 그러나 언젠가는 실망과 배신을 경험할 수도 있다. 그때를 대비하여 다음과 같은 조언을 덧붙이자. "앞으로 싫은 친구가 눈앞에 나타날 수도 있어. 싫어하는 친구가 생기면 그 이유를 생각해서 그 친구를 사귈지 아닐지를 잘 판단해."

Good
reply

"준호가 모든 친구와 사이좋게 지내는구나.
싫은 친구가 없다니 다행이다."

"마음속에는 싫은 친구가 있지?"

Bad
reply

"○○, ○○, ○○가 제일 싫어요"

싫은 친구를 여러 명 말하는 것은 아이의 마음속에 친구에 대한 부정적인 생각이 가득함을 뜻한다. 친구들이 있기에 학교생활이 즐거운 것이 아니라 싫은 친구들 때문에 학교생활을 포함한 일상생활이 즐겁지 않을 수 있다. 여러 명의 싫은 친구 중에서 누구 이름을 제일 먼저 말하는지도 주목한다. 또한 그 친구들이 집단으로 아이를 괴롭히고 있을 가능성도 염두에 둔다.

<u>응답 노트</u> 아이의 속상한 마음을 달래준다. 한편으로는 그래도 싫지 않은 친구가 누구인지를 물어 분위기 반전을 시도해 본다. 이와 같은 질문에 친구의 이름을 말하면 다소 안심이지만, 좋은 친구는 하나도 없다는 식으로 또래 관계를 부정적으로 생각하는 대답이 이어지면 문제는 심각하다. 그렇다면 친구들이 싫은 이유를 하나씩 구체적으로 들어봐야 한다. 아이가 처한 또래 관계 상황을 정확하게 파악하려는 노력이 매우 중요하다. "그 친구들이 혹시 괴롭히지는 않니?"라는 질문도 빼놓지 않는다.

Good reply

"○○, ○○, ○○가 싫구나. 싫은 친구가 많아서 준호의 기분이 좋지 않겠네?"

"싫지 않은 친구는 누가 있어?"

"그렇게 많은 친구가 싫어? 좋아하는 친구는 한 명도 없어?" Bad reply

"잘 모르겠어요"

자신의 속마음을 숨기고 있을 수도 있고, 정말로 잘 모를 수도 있다. 전자의 경우 친구들을 싫어하는 마음 자체를 스스로 부정하고 있음인데 이는 엄마의 영향 때문일 수 있다. 친구와 사이좋게 지내라는 엄마의 말을 충실하게 따르는 착한 아이가 되고 싶기 때문이다. 정말로 잘 모른다는 것은 친구들에 대해서 그다지 다양한 감정을 느끼지 못하는 그야말로 피상적인 또래 관계에 머물고 있음을 뜻한다.

<u>응답 노트</u> 아이는 잘 모르겠다고 말할 수 있는 자유와 권리가 있다. 부모의 권위를 내세우며 솔직한 대답을 기대하는 것 자체가 아이를 억압하는 양육 행동일 수 있다. 그러니 부정적인 반응보다는 아이에게 천천히 다시 생각해 보기를 권한다. 혹시 아이가 엄마의 눈을 피하면서 대답하거나 긴장한 표정으로 얘기하는 것이 느껴지면, 아이를 도와줘야겠다는 마음가짐으로 진지하게 질문한다. "싫은 친구를 엄마에게 말해도 돼. 혹시 괴롭히는 친구가 있니?" 엄마가 자신을 다그치는 것이 아니라 도와주려 한다는 느낌을 갖게 되면, 아이는 솔직하게 자신의 이야기를 털어놓는다.

Good reply

"한 번 더 잘 생각해 봐."

"준호 마음을 스스로 잘 살펴봐."

"너 엄마 질문에 대답하기 싫구나!" Bad reply

괴롭히는 친구가 있어?

싫은 친구의 존재보다 더욱 심각하고 걱정되는 상황이 바로 괴롭히는
친구의 존재다. 힘이 세거나 거친 아이들이 우리 아이를 괴롭힌다고
생각하면, 부모로서 화가 치밀고 무척 속이 상한다. 중요한 것은 많은
부모가 아이가 누군가에게 괴롭힘을 당한다는 사실을 잘 모르거나 뒤늦게
안다는 점이다. 따라서 이 질문을 반드시 기억해서 꼭 물어보자.

"○○가 괴롭혀요"

가볍지 않게 받아들이는 마음 자세가 중요하다. 비록 다른 아이가 장난삼아 던지는 말과 행동이라 하더라도 우리 아이는 '괴롭힘'으로 느낄 수 있기 때문이다. 이 시기의 아이는 상대방의 의도를 잘 알아채지 못한다. 남자아이가 좋아서 하는 짓궂은 행동을 괴롭힘으로 받아들이는 여자아이가 많은 것도 그런 이유다. 따라서 아이가 이름을 말하는 친구의 성별도 중요하다. 이성이 아닌 동성이라면 더욱 심각할 가능성이 높다.

응답 노트 아이에게 자신이 괴롭힘을 당한다는 사실에 엄마가 많이 놀란다는 메시지를 전달하는 것은 중요하다. 화를 내는 것은 아이의 마음을 더욱 무겁게 만들거나 더 불안하게 만들고, 죄책감을 유발할 수 있기에 자제한다. 아이의 이야기를 잘 듣다 보면 괴롭힘의 정도나 의미를 어느 정도 알아차릴 수 있다. 만일 상황이 심각하다고 판단되면, 하루 이틀 내로 학교를 찾아가야 한다. 그러나 아이가 다소 과민하게 받아들인다고 느껴지면, 그 아이를 직접 살펴보거나, 다른 아이들의 말을 들어보는 노력을 해야 한다.

Good reply "○○는 어떤 아이지? ○○가 준호를 어떻게 괴롭혔는지 자세하게 말해 줘."

Bad reply "○○가 괴롭혔어? 너는 그냥 당하기만 했니?"

"있지만, 누군지 말 못해요"

두 가지 의미가 숨겨져 있다. 엄마에게 더 많은 관심을 끌려는 의도이거나, 괴롭히는 친구의 보복이 두려워서다. 괴롭히는 친구의 보복을 두려워함은 다시 말해서 엄마가 자신의 문제를 해결하지 못할 것이라고 생각하기 때문이다. 아마 전에도 비슷한 경험을 했지만 엄마가 해결해 주지 못했거나, 그 친구가 무척 세서 아무도 건드리지 못한다고 느껴서일 것이다.

응답 노트 엄마가 어떻게 도와줄지를 미리 얘기해 준다. "선생님을 만나서 얘기할게.", "엄마가 그 아이 엄마를 만나볼게.", "아빠한테 얘기해서 도와 달라고 할까?" 등 몇 가지 방법을 제시한다. 아이는 엄마의 진정성을 확인한 다음에야 얘기를 꺼낼 것이다. 괴롭힘이 지속적이거나, 폭력적이거나, 집단적이라면 반드시 부모가 개입해야 한다. 아이끼리의 문제인데 엄마인 내가 나서면 괜히 일만 커지지 않을까 하는 노파심에 시기를 놓치면 더욱 우려되는 상황을 맞닥뜨릴 수 있다.

Good reply "누구와 어떤 일이 있었는지 엄마에게 자세하게 말해 줄래?"

Bad reply "누군지 말해 봐. 엄마가 가만두지 않을게."

"없어요" 괴롭히는 친구가 없다는 것은 다행스럽고도 당연한 대답이다. 친구들 간에 서로 괴롭히지 않고 괴롭힘을 당하지도 않는 것이 이 시기 아이들의 일반적인 교우 관계다. 비록 학교 폭력이나 집단 따돌림이 점차 난폭해지고 연령이 낮아진다 하더라도 아직 이 시기의 아이들은 순수하다.

 일단은 안도감을 표현한다. 하지만 정말 괴롭히는 친구가 없는지 한 번 더 확인해 보자. 그렇다고 대답하면 당부의 말을 잊지 말자. "혼자서 속으로 끙끙 앓는 것보다는 엄마에게 힘든 점을 얘기하는 것이 좋아."라고도 말해 준다. 마지막으로 "물론 우리 ○○도 다른 아이들을 괴롭히지 않지? 친구들을 때리거나 괴롭히는 것은 나쁜 짓이야."라는 일반적인 훈육의 말을 덧붙인다.

Good reply "괴롭히는 친구가 생기면 언제든지 솔직하게 엄마에게 얘기해 줘."

"너도 친구를 괴롭히지 마." **Bad reply**

"애들은 절대로 나를 괴롭히지 못해요" 이런 아이는 대개 두 가지 경우 중 하나다. 예전에는 비록 괴롭힘을 당했거나 괴롭힘의 조짐이 있었지만, 이제 자신의 힘이 강해져서 절대로 다른 사람이 자신을 괴롭히지 못한다는 일종의 자기 선언이요, 또 다른 하나는 자신의 힘이 무척 세기 때문에 아무도 자신을 괴롭히지 못한다는, 즉 오히려 자신이 어떤 아이를 지금 괴롭히고 있음을 암시하는 것이다.

응답 노트 앞의 두 가지 가능성을 염두에 두고 다음 질문을 해 본다. 예전에 혹시 괴롭히는 아이가 있었는지, 반대로 친구를 괴롭힌 적은 없는지 말이다. 혹시 아이가 현재 다른 친구들을 괴롭힌다면 곧바로 중단시켜야 한다. "다른 친구들을 괴롭히는 것은 친구의 몸과 마음을 아프게 하는 나쁜 행동이야."라고 일러준다. "다른 친구들보다 힘이 세다고 더 잘난 것이 아니야. 힘이 약한 친구들을 보호해 주는 것이 더 훌륭해."라는 교훈적인 말을 들려주는 것은 부모의 중요한 책무다.

Good reply "친구의 몸과 마음을 아프게 하는 것은 굉장히 나쁜 행동이야. 그치?"

"혹시 네가 다른 친구들을 괴롭히는 것 아니야?"

☞ **Key Word 03**

불안

당신의 아이는 무엇에 '불안'해하나요?

'불안'이란 누구나 경험하는 감정이다. 인생에서 중요한 시험을 앞두었거나 선택의 기로에서 한 가지를 결정해야 하는 순간에 불안을 느끼지 않은 사람이 있을까? 그러나 불안은 가급적 느끼지 않는 것이 더 좋다. 특히 8~10세 아이의 정서 상태가 불안이라는 부정적 감정으로 가득하다면 이는 매우 심각하고도 중대한 문제라고 할 수 있다. 예컨대 엄마와 떨어지는데 대한 분리불안이 있는 아이는 학교 가는 것을 거부하거나, 수업 중에도 엄마가 어디로 가지 않을까 걱정하는 바람에 제대로 수업을 받을 수 없다.

아이가 분리불안을 느낄 때는 가장 먼저 엄마가 질적으로 그리고 양적으로 충분하게 양육하는지를 살펴봐야 한다. 여기서 더 중요한 것은 질적 양육이다. 아무리 오랜 시간 엄마가 아이를 돌본다고 해도 분리불안은 생길 수 있다. 가령 엄마가 아이에게 서로 떨어져 지낼 수도 있다는 의미의 위협적인 발언("너 그러면 엄마는 너를 키우지 않고 집에서 나갈 거야.", "너 집에서 쫓아낼 거야." 등)을 자주 한다든지 감정 기복이 심하여 일관적이지 않은 양육 태도를 보일 때 그러하다. 엄마가 언제 화를 낼지, 언제 기분이 좋아질지 예측할 수 없으므로 늘 엄마 곁을 맴돌면서 엄마의 표정이나 행동을 관찰하려고 한다. 따라서 이럴 때에는 엄마의 양육 행동을 개선해야 한다.

반대로 엄마가 질적으로 훌륭하게 양육하는 데도 불구하고 절대적인 시간이 부족해도 문제다. 직장 생활을 하거나 자영업 등에 종사하는 엄마가 이에 해당한다. 이럴 때는 가능한 한 출퇴근 시간을 일정하게 하여 아이가 엄마와 떨어지는 시간과 만나는 시간의 규칙성(혹은 주기성)을 깨닫게 하고, 떨어질 때도 엄마가 아이와 충분한 시간을 마주 보고 얘기해야 한다.

한편, 사람에 대한 불안도 있다. 이것은 대개 낯선 사람을 만날 때 느끼는 불안이다. 아이에게 억지로 낯선 이웃에게 인사하라고 시키는 것은 오히려 좋지 않다. 이런 낯섦은 아이를 말로 안심시키고 자연스럽게 자주 접하다 보면 점차 없어질 것이다. 동물에 대한 불안은 책이나 장난감을 이용하면 된다. 개나 고양이, 맹수, 공룡 등의 모양을 한 작은 장난감을 사주어서 아이가 제 맘대로 조작하게끔 하면, 아이는 그 동물에 대한 불안을 이겨낼 것이다. 천둥과 번개 등의 자연 현상을 무서워하는 아이도 있다. 그럴 때는 엄마가 꼭 안아주면서 무서운 소리가 났지만 실제 아무 일도 일어나지 않았다는 점을 알려주면서 안심시켜야 한다. 병원에 대한 공포도 다루기가 힘들다. 왜냐하면 실제로 아이는 병원에서 아프던 경험이나 기억이 있기 때문이다. 병원에 갈 때 아이가 좋아하는 것을 가져가는 것도 방법이다.

만약 아이가 환경적 요인이 없는데도 불안 증상을 보이거나 그로 인해 일상생활을 제대로 하지 못한다고 느낀다면 소아정신과 전문의와 상담을 해야 한다.

걱정되는 것
있어?

아이가 자라나면서 점차 걱정거리가 생겨난다. 당연한 현상이다.
어른만큼이야 걱정할 거리가 많지 않겠지만, 아이 역시 행복하고
편안하게 살아가는 데 걸림돌이 생길 수 있다는 사실을 깨닫는다.
그것이 마음에 크게 자리를 잡으면 곧 걱정거리가 되는 것이다.

공부요

선생님이
뭐라 하는 거요

엄마 아빠한테
야단맞는 거요

친구들이 놀아주지
않는 거요

예상 답변 1

"공부요" 벌써부터 공부가 걱정이라니 듣는 부모는 한숨이 절로 나올 수도 있다. 하지만 아이의 대답을 의미심장하게 받아들여야 한다. 혹시 엄마인 내가 공부를 지나치게 강조하지는 않는지 반성해 보자. 많은 엄마가 취학 전에는 전인 교육을 지향하다가 취학 후 돌변하여 오로지 공부만을 강조한다. 아이는 혼란스럽다. 예전의 엄마가 아니다. 갑작스러운 환경 변화는 아이가 심하게 스트레스를 받는 요인이다.

응답 노트 아이의 SOS에 돕겠다는 반응을 먼저 한다. 공부에 대한 심리적 부담감을 줄여주자는 뜻이다. 공부를 못하거나 안 하면 엄마의 화난 표정과 목소리가 뒤를 잇는다는 아이의 고정관념을 무너뜨려야 한다. 공부할 분량을 줄여주기보다는 공부를 못하거나 안 하더라도 질책이나 핀잔 등을 하지 않겠다고 마음먹는 편이 낫다. 혹시 아이가 공부를 너무 어려워한다면 공부하는 내용을 조정하는 것은 물론이고 분량도 줄여준다. 지금 당장 극기 훈련식의 공부는 별로 의미가 없다. 지금은 공부와 친해지는 것이 제일 중요한 시기다.

Good reply "우리 유민이가 공부를 걱정하고 있었어? 엄마가 유민이 걱정을 줄여줄게."

Bad reply "벌써 공부가 어려우면 어떻게 하지?"

예상 답변 2

"선생님이 뭐라 하는 거요" 선생님에게 지적을 받거나 야단맞는 것을 걱정함은 이 시기의 아이에게서 보이는 당연한 모습이다. 그래서 선생님에게 야단맞지 않으려고, 더 나아가서 잘 보이려고 노력한다. 만일 선생님이 지적해도 전혀 개의치 않거나, 걱정이 아닌 분노의 대상으로 여기는 아이라면 그것이 곧 문제다.

응답 노트 먼저 선생님께 지적을 받은 적이 있는지를 묻고, 아이의 대답을 기다린다. 만약 아이가 "그렇다."라고 하면 현재의 걱정하는 모습이 당연하다는 이야기를 해 준다. 그러나 아이가 "아니요."라고 대답하면, 지금처럼만 잘하면 지적받지 않을 거라고 아이를 안심시킨다. 혹시 지적을 받더라도 학생이라면 누구에게나 생길 수 있는 일임을 알려준다. 지적을 자주 받는 친구보다 옆에서 지켜보는 아이가 더 걱정이 많다면, 아이의 불안 성향이 높다는 의미이므로 세심하게 관찰해야 한다.

Good reply "우리 유민이가 선생님께 전에 지적을 받은 적이 있니?"

Bad reply "네가 잘못하니까 선생님이 뭐라 하시지!"

"엄마
아빠한테
야단맞는 거요"

엄마와 아빠 앞에서 이와 같이 솔직하게 대답할 수 있음을 고마워하라. 그렇지 않으면 부모는 결코 모른다. 부모는 '내가 그 정도 야단치는 것을 설마 걱정하겠어?'라는 생각을 한다. 혹은 부모에게 야단맞는 것을 무서워하고 걱정해야 아이를 제대로 키울 수 있다며 안도하는 부모도 있다. 하지만 너무 심하게 걱정하거나 제1순위 걱정이라면 때로는 생각보다 아이가 많이 힘들 수도 있음을 반드시 염두에 둬야 한다.

응답 노트 만일 "네가 올바르게 행동하면 엄마 아빠에게 야단맞을 일이 없어. 그러니 걱정하지 마."라는 말을 한다면, 아이는 아마도 속으로 '저는 엄마 아빠의 기대를 늘 충족시킬 자신이 없어요. 그러니 앞으로도 계속 야단맞을 것 같아요.'라고 생각할 공산이 크다. 부모에게 야단맞는 것을 걱정하고 두려워하는 것은 당연하지만, 그것이 마음속에 늘 도사리고 있다면 별로 바람직하지 않다. 따라서 야단을 치기보다는 칭찬하는 횟수를 늘려야 한다. 아이의 걱정을 덜어주는 것이 부모의 역할이 아니겠는가?

Good reply
"우리 유민이가 엄마 아빠에게 야단맞는 것을 걱정하고 있구나. 엄마는 그걸 몰랐네!"

"네가 잘하면 엄마랑 아빠가 왜 야단을 치겠니?"
Bad reply

"친구들이 놀아주지
않는 거요"

친구들이 놀아주지 않는 상황은 아이에게 여러 가지 부정적 감정을 유발한다. 놀람, 당혹스러움, 수치심, 분노, 좌절, 우울 등이 그것이다. 그러면서 동시에 느끼는 감정이 바로 불안과 걱정이다. '내일도 친구들이 나와 놀아주지 않겠지?'라는 부정적인 생각을 하는 아이에게 '예기 불안(anticipatory anxiety 미래의 상황에 불안을 느끼는 것)'이 엄습한다.

응답 노트 아이의 마음을 이해해 준 뒤, 아이의 고민이 해결될 수 있도록 엄마가 돕겠다는 말을 전한다. 아이에게 희망을 안겨주는 일이다. "친구들이 좋아하는 놀이와 ○○가 좋아하는 놀이가 서로 다를 수 있어.", "친구들은 ○○가 뭐라고 말할 때 피하지?", "여러 친구 중에서 제일 착한 아이가 누굴까?" 등의 의견과 질문을 제시하면서 아이와 대화를 이어나가자. "그깟 친구들 신경 쓰지 마! 놀아주지 않으면 너 혼자 놀아!"라고 말해 줄 수 없는 노릇이다.

Good reply
"우리 유민이가 친구들 때문에 마음이 불편하구나. 엄마랑 친구들과 노는 방법을 생각해 보자."

"친구들이 왜 놀아주지 않는지 잘 생각해 봐."
Bad reply

8~10세 **Q10**

언제 마음이 불안해?

불안이라는 느낌은 인간이라면 누구나 인생의 모든 시기에 경험하는 감정이다.
다만 휩싸이지 않기에 비교적 안정된 감정을 유지할 수 있다. 그러나 약간의
불안은 사는 데 발전적 자극제로 작용하기도 한다. 시험을 앞두고도 전혀
불안해하지 않는 아이는 공부를 아예 하지 않을 것이다. 하지만 조금이라도 불안을
느끼는 아이는 불안감을 잠재우기 위해서라도 열심히 공부하게 마련이다.

숙제가
남았을 때요

엄마가 게임
못하게 할 때요

친구가 놀리고
괴롭힐 때요

없어요

"숙제가 남았을 때요"

아이는 지금 엄마(또는 선생님)에게 야단맞을까봐 불안하다. 혹은 더 성숙한 아이는 자신의 책임을 다하지 못했다는 생각에 불안을 느끼기도 한다. 도덕적 책임을 다하지 못해 느끼는 불안과 죄책감은 사실 매우 필요하다. 단지 즐거움과 쾌락만을 위하여 행동하는 시기에서 벗어났음을 뜻하기도 한다.

<u>응답 노트</u> 어른도 자신이 해야 할 일을 제대로 하지 못했을 때 마음 한구석이 꺼림칙하고 불안하지 않은가? 그러니 아이의 불안한 마음을 어루만져주기에 앞서서 이만큼 컸다는 사실에 기특함을 느끼기 바란다. 더불어 엄마도 그런 경험이 있다는 사실을 아이에게 말해 준다. 아이가 느끼는 불안에 타당성을 부여함과 동시에 그것이 아이 혼자만의 문제가 아닌 일반적인 문제라는 점을 얘기하는 것이다. "엄마한테 야단맞아서가 아니라 스스로 마음이 편하지 않기 때문에 불안한 것이야."라는 말로 아이의 책임감을 북돋는 것도 유용하다. "그러니까 숙제는 항상 먼저 해 놓아야 해."라는 말은 나중에 해 줘도 된다.

Good reply "숙제를 하지 않으면 당연히 불안하지."

"그러니까 숙제부터
미리미리 해 놓았어야지." Bad reply

"엄마가 게임 못하게 할 때요"

엄마의 게임 제한 조치를 두려워하고 있다. 혹은 자신이 현재 게임을 너무 많이 한다거나 엄마와 한 약속을 지키지 못해 그 벌칙으로 게임 금지를 예상하고 있다. 아이가 이 말을 했다는 것으로 미루어보건대 게임은 아이에게 무척 중요하다는 점과 게임을 금지하는 것은 아이를 통제하는 데 상당히 효과적인 수단임을 알 수 있다.

<u>응답 노트</u> 일단 아이가 느끼는 불안을 인정해 준다. "뭐 그런 것을 불안해하니? 그 정도로 게임이 좋아? 한심하다." 등의 비난 섞인 말을 삼간다. 아이는 솔직하게 대답을 함과 동시에 자신의 이러한 마음을 엄마가 알아주기를 바라고 있다. 따라서 앞으로 게임 금지를 남용하려는 기회로 삼지 말라. 그보다는 좋아하는 게임을 계속하기 위해서 자신에게 주어진 과제를 잘 수행해야 함을 일러주는 계기로 삼는다. 게임을 못하게 하는 것이 아니라 조절하게끔 하는 것이라며 용어도 수정해 준다.

Good reply "준호가 가장 불안해하는 것이 게임 못하게
하는 것이었어?"

"숙제부터 다 하고 하면 되잖아!" Bad reply

예상 답변 3

"친구가 놀리고 괴롭힐 때요"

친구가 놀리고 괴롭혔을 때 아이가 느낀 감정을 상상해 보라. 부모는 억장이 무너지고 분통이 터지는 심정일 것이다. 아이가 얼마나 힘들었으면 이와 같은 대답을 할까? 누구보다도 행복하고 어느 때보다도 즐거운 시기임을 감안할 때 친구의 놀림이나 괴롭힘은 아이의 정서 발달에 치명적인 영향을 줄 수 있다.

<u>응답 노트</u> 위로와 공감. 그리고 이해의 말을 한다. 하지만 절대로 흥분하면 안 된다. 엄마가 심하게 흥분하여 화를 내거나 감정을 주체하지 못하면 오히려 아이가 더 힘들어한다. 그보다는 아이에게 메시지를 전한다. "앞으로 다른 친구들이 괴롭히지 않게끔 선생님에게 얘기할게. 정말 힘들고 괴로우면 엄마와 함께 학교에 가자."라는 말을 해 준다. 아이가 느끼는 불안함을 잠재우는 것은 결국 달라진 친구들의 모습이겠지만, 그 전에 먼저 엄마가 아이를 안심시키는 말과 행동을 해야 한다.

예상 답변 4

"없어요"

아이가 자신을 불안하게 만드는 것이 없다고 말하니 이 얼마나 다행스럽고 행복한 일인가? 아이가 이 말을 할 때의 표정과 말투도 관찰해 보자. 아이가 씩씩하게 대답하면 정말로 자신감이 넘치는 생활을 하는 것이다. 한참 생각한 다음에 없다고 얘기해도 좋다. 아이가 신중하게 생각한 다음에 내린 결정이기 때문이다.

<u>응답 노트</u> 축하해 준다. 그러나 불안이라는 감정은 살다 보면 누구나 일시적으로 느끼는 것이다. 불안의 속성, 그리고 불가피함을 미리 설명해 주어야 한다. "앞으로 마음이 불안할 때가 올 수 있어. 그때는 꼭 엄마에게 얘기해 줄래? 불안한 마음은 말하고 나면 신기하게도 줄어드니까." 아이가 고개를 끄덕이면 다행이다. 하지만 아이가 "저는 앞으로도 절대로 불안하지 않아요."라고 항변한다면? "정말 그러기를 바라. 하지만 불안을 느낀다고 해서 못난 사람은 아니야. 착한 사람이 오히려 불안을 잘 느낀단다."라고 대답해서 불안이라는 감정에 대한 거부감을 줄여준다.

Good reply
"이제부터 준호가 불안하지 않게 엄마가 도와줄게."

Bad reply
"너는 왜 친구들이 그럴 때까지 가만히 있었니?"

Good reply
"마음이 불안하지 않다니 참 다행이다. 엄마도 정말 기쁘네."

Bad reply
"사람은 누구나 불안을 느끼게 되어 있어. 너도 곧 느끼게 될 거야."

무서운 것 있어?

불안보다 강렬하고 자극적인 감정은 공포나 두려움이다. 아이들은
나름대로 무서워하는 것이 있게 마련이다. 대상은 무척 다양하다.
살아 있는 생물일 수도 있고, 활동일 수도 있으며, 장소일 수도
있다. 객관적으로 무서울 수 있는 대상에 두려움을 느끼면
상관없지만, 별로 무섭지 않은 것을 두려워한다면 부모가 세심한
관찰과 특별한 지도를 해야 한다.

없어요

사람들 앞에서
발표하는 거요

아빠가 혼내고
때리는 거요

엄마가
야단치는 거요

예상 답변 1

"없어요" 무서운 것이 없다는 대답은 가장 많이 나올 수 있는 반응이다. 대개 취학 전 아이는 어둠, 기계, 소음, 자연 현상, 해충, 맹수 등 다양한 사물에 공포심을 갖고 있으나 취학 후에는 그러한 것들이 별로 무섭지 않다는 것을 경험을 통해서 알게 된다. 불안 성향이 높은 아이들은 아직 '귀신'이나 '괴물'이 무섭다고 얘기한다.

응답 노트 아이가 자라서 더욱 씩씩해졌다고 칭찬해 줘라. "맞아. 어릴 적에 천둥이 치면 무서워서 엄마 품으로 파고들었는데, 지금은 그렇지 않잖아? 천둥은 그저 자연 현상이라는 것을 알게 되었지?" 등의 부연 설명을 해 주는 것도 바람직하다. 사실 아이도 이미 알고 있겠지만, 엄마가 아이 마음이 변화하는 과정을 대신 설명해 줌으로써 아이는 자신의 마음이 커진 것을 확인할 수 있다. 혹시 이 과정에서 "아직도 외계인은 조금 무서워요."라고 아이가 말한다면, "그래. 엄마도 처음 보면 무서울 것 같아."라는 대답으로 아이를 다시 안심시키자.

Good reply "그렇지? 우리 유민이가 이제 무서운 것이 없어졌구나."

"정말? 진짜 무서운 게 하나도 없어? 천둥 번개 무서워했잖아." Bad reply

예상 답변 2

"사람들 앞에서 발표하는 거요" 그렇다. 이러한 대답을 하는 아이가 꽤 많다. 이른바 '발표 불안'을 아이는 경험한 것이다. 취학 전 아이보다 취학 후 아이에게서 발표 불안이 더 도드라진다. 예전에는 별로 의식하지 않은 다른 사람의 눈길 그리고 평가 때문이다. 한 번 긴장했거나 떤 경험이 발표하는 순간마다 떠올라 아이를 두렵게 만든다. 어떤 경우에는 성인이 되어서도 지속된다.

응답 노트 언제나 그렇듯이 아이의 힘든 마음을 알아주고 위로의 말을 해 주는 것이 첫 번째 해야 할 일이다. 엄마 역시 그런 적이 있다는 말로 아이에게 동지 의식을 심어주고, 해결 방법을 알려줘 아이의 희망을 자극한다. 아이에게는 발표에 임할 때 갖추어야 할 마음가짐에 대해서 얘기해 준다. "다른 사람들이 앞에 있다고 생각한 다음에 혼자 얘기하는 연습을 여러 번 하는 방법도 있어." 실제적인 행동 지침을 알려준다.

Good reply "엄마도 예전에는 그랬어. 다른 사람들 앞에서 발표하는 것은 정말 어려워."
"하지만 무서워하지 않을 수 있는 방법이 있단다."

"그게 무서워? 다른 친구들도 다 하는데 뭘." Bad reply

193

"아빠가 혼내고 때리는 거요" 아빠가 권위적일수록 아이가 이렇게 대답할 확률이 높다. 간혹 폭력적이거나 심지어 학대 수준으로 체벌하는 아빠도 있을 것이다. 만일 그러하다면 아빠가 반성하고 바뀌어야 한다. 맞는 것을 두려워하지 않는 아이가 어디 있으랴. 아이는 지금 아빠에게 느끼는 공포와 두려움을 얘기함과 동시에 적개심, 분노, 복수심 등의 감정을 마음 깊숙한 곳에 숨겨놓고 있다.

응답 노트 아이가 동질감을 느낄 수 있는 반응이 절대적으로 중요하다. "아빠가 때릴 만하니까 때린 것이야. 네가 맞을 짓을 하지 않으면 아빠도 안 때려."라는 합리화는 별로 아이의 가슴에 다가오지 않을뿐더러 폭력을 은연중에 정당화한다는 점에서 비교육적이다. 만일 아빠의 체벌이나 폭력적인 훈육이 위험 수준이라면, "엄마가 이제 때리지 말라고 아빠에게 말씀드릴게.", "엄마가 지켜주지 못해서 미안해."라는 반응을 보여라. 그것만으로도 아빠에 대한 적개심, 엄마에 대한 서운함, 자신에 대한 무력감 등이 조금은 줄어들 것이다.

Good reply "아빠가 무서웠구나. 엄마가 이제 때리지 말라고 아빠에게 말씀드릴게."

Bad reply "아빠도 그럴 만하니까 그런 거지. 그러니까 아빠 말씀 잘 들어."

"엄마가 야단치는 거요" 엄마가 야단을 치는 정도가 위험 수위를 넘어섰다는 의미다. 많은 아이가 엄마에게 꾸중을 듣는 것을 싫어할 수 있지만, 무섭다고 느끼는 것은 심상치 않다. 대개 엄마가 야단을 칠 때 체벌을 하거나 손으로 직접 때린 경우나 심하게 화를 내거나 소리를 지르면서 야단을 친 경우에 아이는 이와 같은 반응을 보인다.

응답 노트 아이가 느끼는 주관적 감정을 받아들이고, 엄마의 잘못을 솔직하게 인정하고 사과하며, 앞으로 바뀌겠다고 약속한다. 어떤 엄마는 고개를 갸우뚱하면서 '내가 그렇게까지 심하게 야단치지 않았는데…'라고 생각할 수도 있겠다. 아이의 주관적 느낌, 엄마의 주관적 느낌, 그리고 객관적 상황이 서로 충돌하는 것이다. 하지만 진실을 밝히는 데 치중하기보다는 아이의 주관적 감정에 초점을 맞추는 것이 현명한 육아라고 할 수 있다.

Good reply "엄마가 유민이를 심하게 야단쳤구나." "미안해. 앞으로 무섭게 대하지 않을게."

Bad reply "엄마가 언제 그렇게 화를 냈다고 그래?"

○8~10세 Q12

혹시 시험 성적이
걱정돼?

이 시기의 아이는 시험이나 평가를 경험하기 시작한다. 아마 학창 시절 내내
이어질 것이고, 많은 경우 회사에 들어간 다음에도 마찬가지일 것이다. 시험
성적은 수치화되게 마련이다. 자신의 능력이 수치로 표현된다는 냉엄한 현실을
직시하면서 아이는 기대에 못 미치는 자신의 능력에 좌절하거나, 자신의 높은
성적을 계속 유지해야 한다는 압박감에 스트레스를 받을 수 있다.

"걱정 안 해요, 열심히 하면 되죠"

이 시기 아이답지 않게 의젓한 대답이다. 어른스러움이 묻어나오기도 한다. 실제로 어른들에게 똑같은 질문을 했을 때 이와 같이 대답하는 사람은 대단히 현실적인 성향이 강하고, 심리적으로도 비교적 안정되어 있다. 따라서 이러한 대답을 하는 아이는 별로 걱정하지 않아도 된다.

<u>응답 노트</u> 아이의 대답에 힘을 실어준다. 정말 기특하다는 감탄의 말을 해 줘도 좋다. 아이가 우쭐해도 상관없다. 더 나아가서 "그렇게 생각하니까 엄마의 걱정도 다 사라지는걸?"이라는 말도 덧붙인다. 스스로 안심하는 방법을 알고, 불필요한 걱정을 줄이며, 현실적 대안을 찾는 사람은 주변의 가까운 사람에게도 긍정적인 영향을 준다는 사실을 새삼 확인시키는 말이다.

Good reply

"그래, 맞아. 걱정할 시간에
공부를 더 하는 것이 낫지!"

"그런데 준호는 어떻게
이렇게 기특한 생각을 했지?"

"그러면 이번에 100점 맞겠네?" **Bad reply**

"조금 걱정돼요~"

보통 아이들이 흔히 하는 대답이다. 초등학교 저학년의 경우 아이보다는 부모가 시험 성적에 더 신경 쓰게 마련이지만, 종종 공부에 욕심이 있거나 승부욕이 있는 아이는 시험 점수에 무척 신경을 쓴다. 부모를 기쁘게 해 주지 못할까봐, 칭찬을 받지 못할까봐 걱정하는 아이도 있다. 하지만 부모에게 야단맞을까봐 시험 성적을 걱정하는 아이는 불행하다.

<u>응답 노트</u> 아이의 걱정이 비정상적이 아님을 일러준다. 대신 아이가 심하게 걱정하지 않게끔 조절해 준다. "혹시 걱정하는 이유를 말해 줄 수 있니?"라는 질문도 해 보자. 아이가 시험을 대하는 태도를 잘 알 수 있는 계기가 될 수 있다. "항상 100점 맞고 싶어요.", "제가 제일 공부 잘하니까요.", "엄마가 야단치시잖아요.", "시험을 잘 봐야 선생님이 칭찬해 주세요." 등의 대답을 통해서 아이의 마음을 가늠해 볼 수 있다.

Good reply "누구나 시험 성적을 걱정해."

"성적을 걱정하니까 시험을 잘 보려고
노력하는 거야."

"걱정만 하면 뭘 해~. 열심히 해야지!"

Bad reply

예상 답변 3

"하나도 걱정 안 돼요"

과연 정말로 그러할까? 정말로 그러하다면 아이가 굉장히 낙천적이어서 평소 불안 수준이 제로(zero)에 가까움을 의미한다. 혹은 시험 성적을 전혀 신경 쓰지 않고, 공부의 중요성을 깨닫지 못하며, 그 결과 공부에는 담을 쌓은 아이다. 하지만 마음속으로는 걱정을 하면서도 겉으로는 그렇지 않은 척하는 아이도 꽤 많이 있다. 아이의 속마음과 대답의 의미를 알아내는 것은 엄마 몫이다.

<u>응답 노트</u> 아이의 대범함을 지지하는 표현을 해 준다. 그러나 공부를 게을리하려는 태도가 느껴지면, 아이의 잘못된 태도를 지적한다. 혹시 아이가 속마음과 다르게 표현하는 것으로 보이면, "걱정한다고 엄마에게 솔직히 말해도 괜찮아."라고 말해 준다. "시험 성적을 걱정하는 것은 당연해. 누구나 그래."라는 말로 아이가 느끼는 감정이 틀리지 않았음을 확인시킨다. 자신의 감정을 있는 그대로 솔직하게 표현하는 것은 매우 중요하다는 것도 얘기해 준다.

Good reply

"하나도 걱정하지 않아? 그래, 걱정하지 않으면서 열심히 시험 공부를 하면 제일 좋아."

"시험이 내일모레인데 어떻게 걱정이 하나도 안 돼?"

Bad reply

예상 답변 4

"네, 시험 못 보면 엄마한테 혼나요"

이 시기의 아이가 흔하게 하는 대답이다. 날로 과열되어가는 대한민국의 경쟁적 분위기가 초등학교 저학년에까지 내려왔다. 배후에는 물론 부모가 있다. 어려서부터 남들보다 시험을 잘 보게 하고, 남들보다 좋은 경험을 시키려고 안달복달하는 엄마가 있기에 아이는 점점 더 불안해한다.

<u>응답 노트</u> 아이의 마음을 다시 한 번 그대로 받아준다. 그 이후 아이가 힘들어하는 부분을 엄마가 진심으로 사과한다. 아이가 시험 공부를 제대로 하지 않을 때는 꾸짖어야 하지만 시험 결과를 갖고서 꾸짖는 것은 바람직하지 않다. 과정을 칭찬하는 것이 중요하듯이 결과보다는 과정을 꾸짖는 것이 중요하다. "엄마의 칭찬과 꾸중보다도 스스로 기쁨을 느끼기 위해서 시험 공부를 열심히 하면 좋겠다."라는 말도 덧붙인다.

Good reply

"엄마가 야단치는 것 때문에 걱정돼?"

"엄마가 너무 심하게 야단을 쳤나 보다. 앞으론 심하게 야단치지 않을게."

"그러니까 더욱 노력해서 시험을 잘 보면 되잖아."

Bad reply

Key Word 04

재능

당신의 아이에게는 어떤 '재능'이 있나요?

재능은 이 시기의 자녀를 둔 부모들의 관심 키워드다. 도대체 우리 아이는 무엇에 재능이 있지? 우리 아이의 재능을 발견하고 키우려면 어떻게 해야 하지? 많은 부모가 갖고 있는 궁금증이자 고민 사항이다. 어릴 적에 남보다 일찍 영어 단어를 외우는 모습에 탄복하고, 축구공을 다루는 기술에 신동 축구 선수라 감복했건만, 아이의 재능은 시간이 흐르면서 비슷하게 묻혀가게 마련이다. 아이가 커갈수록 점차 천재성은 발현하지 않고, 그저 평범하거나 조금 나은 정도라는 것을 깨달아가는 때이기도 하다. 그러나 실망하고 좌절하지 말라. 아이의 재능은 분명히 어딘가에 숨어 있거나 덜 발휘될 뿐이다. 이제부터 열심히 찾으면 된다.

엄마가 중요하게 기억해야 할 것은 다른 아이와 비교하지 않아야 한다는 것이다. 다른 아이와 능력을 비교하기 시작하면 아이의 자존심이 상할뿐더러 엄마 역시 속이 상하고 마음이 조급해지기 쉽다. 다양한 경험을 할 수 있게 해 주면서 자연스레 아이의 관심 사항, 좋아하는 활동, 능력의 정도 등을 파악해야 한다. 그중에서 특히 아이가 흥미를 보이는 분야가 있다면, 그것을 자주 그리고 많이 해 보게 하는 것은 무척 중요하다. 이러한 측면은 아이의 재능을 단지 발견하는 것을 넘어서서 더욱 뛰어나게 발휘하게 하는 효과도 있다.

아이의 재능이 사실 어느 정도 타고나는 부분이 있겠지만, 부모가 어떻게 키우는가에 따라서 재능이 사라지기도 하고 극대화되어 좋은 결실을 맺기도 한다. 아이의 재능을 극대화하기 위해서는 몇 가지 조건이 필요하다. 첫째, 부모와 자녀의 궁합이 중요하다. 부부간에 궁합이 맞아야 잘 산다는 속설이 있듯이 부모와 자녀 간에도 궁합이 잘 맞아야 효과적인 양육을 기대할 수 있다. 뛰어난 재능으로 갈채를 받는 사람과 그의 부모 간에는 누구보다도 친밀한 감정이 흐르고 있을 것이다. 둘째, 자녀를 존중하는 것이다. 자녀를 독립적인 개체로 인정한 후 자녀의 생각과 감정을 존중하자. 즉 자녀의 입장을 무시하고 부모가 일방적으로 몰아붙여서 특정한 분야에 몰입시키지 않는다. 누가 시켜서가 아닌 스스로 열심히 해서 이루어낸 성과는 더 단단하고 크다. 그 뿌리는 다름 아닌 자녀를 존중하는 부모의 마음이다. 셋째, 실패를 비난하지 않는다. 예컨대 아무리 세계 최고의 선수라고 할지라도 그 자리에 오르기까지 실패와 좌절이 없었겠는가. 실패를 통해서 더 큰 성공으로 한 발자국 내디딜 수 있는 힘, 그것은 바로 부모의 자애로움이다. 넷째, 끝없이 도전할 수 있도록 자극해야 한다. 올림픽 메달리스트들은 세계 챔피언이 되기 전에 이미 국내 챔피언이었다. 그 전에는 더 작은 지역의 챔피언이었을 것이다. 그러나 그것에 만족하지 않고 더 큰 성취를 향해서 계속 도전하고 노력했기에 올림픽 금메달을 목에 걸 수 있었다. 그것은 단지 선수 개개인의 강한 승부욕이 빚어낸 결과라고 보기 어렵다. 부모의 자극과 암시가 분명하게 있었을 것이다. 그들의 성공을 타산지석으로 삼아서 재능의 발견과 싹틈, 그리고 개화라는 열매를 맺어보자.

요즘 관심
가는 것이 뭐야?

아이가 좋아하는 것과 잘하는 것이 점차 확연해진다. 그러나 아직 속단하지
말라. 아이는 앞으로도 계속 발달하면서 변화할 것이다. 이 시기의 중요한
발달 과제 중 하나가 학습이다. 여기에서 말하는 학습은 결코 공부만을
의미하는 것이 아니라 여러 가지 활동, 생각, 대인 관계, 창의성 등을
터득하고 배워나가는 과정을 말한다. 학습의 기본 요건은 관심과 흥미다.
결국 아이의 관심 사항을 잘 파악하는 것이 가장 중요할 때다.

"그림 그리는 거요"

아이가 그린 그림을 보고서 누군가 "야. 잘 그리네."라는 칭찬과 감탄의 말을 했을 것이다. 아이는 그 장면을 기억하고 있다. 따라서 '나는 그림을 잘 그리는 아이구나.'라고 깨달았을 것이다. 자신이 잘하는 것에 관심을 기울이는 것은 너무나도 당연하다. 그림을 썩 잘 그리지는 못하지만, 속상할 때 그림을 그리면서 푼 경험이 있는 아이도 이와 같이 대답할 수 있다.

<u>응답 노트</u>　아이의 생각에 동조한다. 실제로 엄마는 이미 느꼈을 것이다. 아이가 쉬는 시간이나 빈 시간에 그림이나 낙서를 많이 해왔다면, 이는 필시 그림을 좋아한다는 뜻이다. 만화를 그리는 아이도 있고, 제법 회화처럼 기교와 색감을 뽐내면서 그리는 아이도 있다. 어느 쪽이든 상관없다. 그림은 아이의 정서를 풍부하게 만든다. 사실 음악도 그러하다. 노래를 부르거나 악기를 연주하거나. 음악을 감상하는 활동 모두 아이의 마음 발달에 도움을 준다. 즐거운 마음으로 마음껏 추가 질문을 하라. 아이와 끊임없이 대화가 이어질 것이다.

"공부요~ 특히 ○○가 좋아요"

대부분의 부모가 기대하는 대답일 것이다. 공부를 잘하는 것과 좋아하는 것은 다르다. 공부를 좋아하고 늘 관심을 가지는 아이는 공부를 잘할 수밖에 없다. 혹시 지금은 기대에 못 미친다고 할지라도 언젠가는 빛을 발할 것이다. 그러나 만약 아이가 본심과 다르게 그저 부모를 기쁘게 하기 위해서 하는 말이라면. 그 마음이 그다지 오래가지는 못할 것이다.

<u>응답 노트</u>　아이를 격려하고 앞으로도 차근차근 공부하라고 조언해 준다. 간혹 저학년 무렵 과도한 자신감을 갖다가 학년이 바뀌어 갑자기 어려워진 내용에 급속도로 흥미를 잃어버리는 경우도 발생하기 때문이다. "○○과목 다음으로 재미있는 건 뭐야?" 다소 부모의 욕심이 들어가 있는 질문이긴 하지만, 아이의 관심 영역을 확장하는 데 도움이 된다. 혹시 아이가 "하지만 ○○과목은 너무 싫어요."라고 극단적으로 대답한다면, "어떻게 하면 ○○과목 공부를 조금 더 좋아할 수 있을지 엄마와 함께 생각해 보자."라는 말을 해 준다.

"맞아, 우리 유민이는 그림에 관심이 많아."

"그림을 더 배우고 싶니?"

Good reply

"그래? 엄마는 요즘 보드 게임을 좋아하는 줄 알았는데?"

Bad reply

Good reply

"앞으로도 공부를 재미있게 해. 혹시 어려운 부분이 나와도 하나하나 차근차근 공부해 나가면 괜찮아."

"다른 과목도 중요하니까 그것도 열심히 해야 해."

"컴퓨터 게임이 좋아요"

그럴 줄 알았다는 엄마가 많을 것이다. 컴퓨터와 인터넷, 더 나아가서 휴대전화도 일컫는 이른바 '미디어' 때문에 많은 학부모가 골치를 앓고 있다. 아이가 이와 같은 대답을 한다면, 엄마는 안테나를 높게 세우고 이제부터 아이를 잘 관찰하고 감독해야 한다.

<u>응답 노트</u> 아이를 비난하는 것은 일시적 효과만 있을 뿐이다. 그러니 "너는 왜 하필 쓸데없는 컴퓨터 게임에만 관심을 갖고 그래?"라는 말이 입 밖으로 나오려고 해도 참는다. 더군다나 관심 사항을 솔직하게 대답했는데 비난하는 것도 문제가 있다. 아이에게 생각하게끔 하고 관심의 폭을 넓히거나, 관심의 대상을 전환하게끔 유도하는 것이 엄마의 역할이다. 비난보다는 왜 공부가 중요한지, 컴퓨터 게임을 하는 시간을 제한해야 하는지를 설명해 줘야 한다. 화내거나 비난하는 것보다 여러 번 설명하는 것이 훨씬 유용한 방법이다.

"우리 유민이는 컴퓨터 게임을 제일
좋아하는구나. 엄마도 알고 있어."

"그런데 컴퓨터 게임을 너무 많이 하다 보면
공부하기가 점점 더 싫어져."

"왜 컴퓨터 게임에만 관심을 갖니?
세상에 재밌는 게 얼마나 많은데."

"별로 없어요"

컴퓨터 게임이나 축구, 노는 것 등에 관심이 있다는 것보다 걱정스러운 대답이라고 할 수 있다. 무관심, 무감동, 의욕 없음, 동기 부족 등은 우울한 상태에 있는 아이에게서 흔히 발견되는 현상이나 증상이다. 이제 초등학교 2학년인 아이가 관심 있는 것이 별로 없다고 얘기하는 것은 이미 마음이 많이 아프거나 지쳐 있다는 뜻이다.

<u>응답 노트</u> 아이의 무관심에 대한 엄마의 걱정과 우려를 표현해 준다. 그런 다음에 아이에게 관심의 정의를 설명해 주고, 스스로 다시 생각해 볼 것을 권유한다. 아이가 다시 생각해 본 후에 "아! 그럼 저는 축구에 관심 있어요."라고 말하면 참으로 다행이다. 그러나 여전히 "그래도 하나도 없어요."라고 말한다면 아이의 감정 상태를 잘 살펴봐야 한다. "요새 마음이 즐겁지 않니?", "다 귀찮게 느껴지니?" 등의 질문을 다시 한 번 해 보자. 아이가 그렇다고 대답하면 전문의를 찾아 도움을 받아보자. 심한 경우 '소아 우울증'일 가능성도 있기 때문이다.

"관심 있는 것이 별로 없다니
엄마 마음이 안타깝다."

"다시 한 번 생각해 볼래?"

"엄마랑 말하기 싫어? 무슨 대답이 그래?"

배우고 싶은 것 있어?

아이가 라디오에서 들려오는 피아노나 바이올린 소리를 좋아한다면,
악기를 배우게 하자. 그림을 좋아하거나 무엇인가 그리려고 한다면,
미술을 배우게 하자. 하지만 직접 아이에게 무엇을 배우고 싶은지
물어보는 과정을 생략해서는 안 된다. 아이가 동의해야 한다.

"태권도요" 초등학교 저학년 남자아이의 대답이라면 아주 자연스럽다. 이 시기 남자아이들은 태권도와 축구 등 운동을 좋아하게 마련이다. 행여 딸아이가 이렇게 답했다 하더라도 걱정하지 마시라. 요새는 여자아이들 중에도 태권도를 좋아하는 아이가 꽤 있다. 여하튼 태권도이든 바둑이든 바이올린이든 간에 무엇인가 배우려는 마음은 정말 대견하고도 고맙다.

응답 노트 이미 아이의 학원 스케줄이 포화 상태라면 조정을 해서라도 태권도를 배우는 시간을 넣어야 한다. 아이는 자신이 원하는 것을 배울 때 잠재 능력을 극대화할 수 있다. 엄마가 억지로 배우게 하는 피아노 학원에서는 실력 향상이 더딘 반면에 스스로 배우려고 하는 태권도에서만큼은 기량이 일취월장할 것이다. "태권도가 재미있을 것 같아?", "태권도가 멋있어 보이니?" 등의 간단한 질문과 함께 왜 배우고 싶은지 아이의 심리적 동기도 묻는다.

Good reply "그래? 알았어. 그런데 태권도가 왜 배우고 싶어?"

"또 얼마나 배우려고. 금세 하기 싫어할 거잖아." **Bad reply**

"공부 잘하는 거요" 공부에 욕심이 많은 아이다. 대개 승부욕이 강하거나 경쟁심이 있는 아이는 이와 같이 대답한다. 공부를 잘하는 것이 곧 친구들을 비롯하여 선생님, 부모, 다른 부모에게 인정받는 것임을 이미 알았다는 뜻이다. 어른으로 치자면 명예욕이나 권력욕과도 유사하다. 공부를 잘하는 학생이라는 칭호가 선사하는 기쁨을 더욱 누리려는 것 아니겠는가? 물론 공부를 잘 못해서 평소 속상하고 자존심이 상한 아이도 이와 같은 대답을 할 수 있다.

응답 노트 아이의 마음을 긍정적인 것으로 치켜세우는 반응을 보이자. 그러나 한편으로는 궁금하지 않은가? 공부를 잘하고 싶은 마음이야 대부분 있겠지만, 무엇을 배우고 싶으냐는 질문에 아이가 이와 같이 대답했다는 것이 의문이다. 아이가 공부를 더 잘하고 싶어 하는 이유에 대해 또다시 질문을 해 보자. 아이가 중요하게 여기는 것은 자신의 생각이겠지만, 역시 그 뿌리는 대부분 부모에게서 비롯된다. 부모가 은연중에 아이에게 최고의 공부 기술자가 되기를 바라지는 않았는지 한 번 반성해 볼 일이다.

Good reply "공부를 더 잘하고 싶니? 어떤 과목을 더 배우고 싶어?"

"그래. 공부를 잘해야 나중에 성공할 수 있어." **Bad reply**

"다 배우고 싶어요"

우와! 정말 욕심이 많은 아이다. 공부는 물론이려니와 무엇이든지 알고 싶고, 잘하고 싶고, 배우고 싶은 아이는 지적 호기심이 강하거나 심리적인 에너지가 넘치는 상태라고 말할 수 있다. 엄마는 기쁘면서도 한편으로는 걱정될 수도 있다. 이와 같이 배움에 대한 열망과 의욕이 넘치니 대견하지만, 혹시 너무 욕심이 앞선 나머지 나중에 좌절하지 않을까 우려하는 마음이 들 것이다.

응답 노트 아이의 열정과 에너지를 인정해 줌과 동시에 현실적인 접근 방법을 일러준다. "무엇을 배우고 싶은지 하나씩 얘기해 봐."라는 질문을 다시 한 번 해 보자. 아이가 몇 가지를 나열할 것이다. 그러면 다음과 같은 질문이 반드시 이어진다. "그 중에서도 가장 배우고 싶은 것을 골라봐." 모든 일에는 우선순위가 있듯이 배우려는 대상도 우선순위를 정해 놓아야 한다. 물론 동시에 배울 수 있는 것도 있다. 아이의 일상 시간, 경제적 여건, 흥미와 소질의 정도, 접근성 등을 종합적으로 고려해서 결정하자.

Good reply

"그래? 한꺼번에 다 배울 수는 없고, 제일 배우고 싶은 것부터 하나씩 해 보자."

"딱 하나만 골라. 엄마 돈 없어!"

Bad reply

"없어요"

의욕과 열정이 매우 부족한 아이라고 할 수 있다. 혹은 이미 너무 많이 배우는 중이라 지쳐 있는 아이일 수도 있다. 그것은 엄마가 잘 알고 있을 것이다. 의욕과 열정이 부족한 아이가 된 데는 그동안 성취와 배움의 기쁨을 거의 경험하지 못했기 때문이다. 또한 하루 종일 이것저것 배우느라 마음껏 놀 시간이 부족한 아이라면, 이제 무엇인가를 더 배운다는 것은 지긋지긋할 뿐이고 그저 쉬고 싶은 마음뿐이라고 할 수 있다.

응답 노트 절대로 다그쳐서는 안 된다. 아이가 그냥 이대로가 좋다거나, 노는 것이 제일 좋다는 식의 대답을 하면 조금이라도 관심이 있는 것을 찾아 배워보자고 권한다. 엄마가 도와주겠다는 약속은 필수다. 억지로 지금 당장 무엇인가를 배우게 하는 것보다는 왜 배워야 하는지를 다시 한 번 강조하는 정도면 충분하다. 만일 이미 여러 가지를 충분하게 배우는 아이라면, "맞아. 시간이 부족하겠구나. 혹시 그만 배우고 싶은 것은 없니?"라는 역발상적인 질문을 해 보자.

Good reply

"지금 당장 대답하지 않아도 돼. 엄마도 한번 찾아볼게."

"넌 어떻게 욕심이 하나도 없니?"

Bad reply

자신 있는 것이 뭐야?

이 시기의 아이는 점차 자신이 무엇을 잘하는지, 무엇을 못하는지 깨닫기 시작한다. "저는 노래를 잘하지만, 그림을 잘 그리지 못해요."라는 말을 하기 시작한다. 여기에는 객관적인 평가도 중요하지만, 더 중요한 것은 부모를 비롯한 주변 어른들의 태도와 관심이다. 즉 "너는 노래를 정말 잘 부르는구나!"라는 말 한마디가 아이를 미래의 가수로 만들기도 한다.

영어요

빨리 먹는 거요

다요~ 다 잘해요

없어요

예상 답변 1

"영어요"

아이가 영어 단어를 잘 외우거나 발음이 좋기에 이미 부모나 주변 어른들에게 칭찬을 받은 적이 있을 것이다. 영어를 잘한다고 자신 있게 얘기하는 아이를 바라보는 엄마는 마음이 뿌듯할 수밖에 없다. 혹시 객관적으로 볼 때 아이가 그다지 잘하지 못한다고 할지라도 그냥 내버려두어야 한다. 아이는 최소한 영어를 재미있어 한다는 의미이기 때문이다. 재미있어 하는 과목은 언젠가는 잘하게 되어 있다.

<u>응답 노트</u> 아이의 자신감을 확인시키고 유지해 준다. 엄마는 단지 아이가 영어를 잘하는 데에만 관심을 두지 말고 좋아한다는 사실에 더욱 주의를 기울여야 한다. 영어를 계속 잘하기는 어려울 수 있지만, 계속 좋아하기는 쉬울 것이다. 그리고 "넌 아직 멀었어. 너보다 잘하는 아이가 얼마나 많은데…"라는 말은 삼가자. 아이에게 너무 가혹하지 않은가? 이 시기의 아이는 실제보다 자신을 과대 포장하는 경향이 있다. 발달학적으로 매우 자연스러운 모습이다. 좌절과 실패는 나중에 얼마든지 경험하기 때문에 미리 좌절시킬 필요는 전혀 없다.

> **Good reply**
> "맞아, 우리 유민이는 영어를 잘하고 또 좋아해."

> **Bad reply**
> "엄마 생각에는 아직 멀었는데? 영어 잘하는 친구들은 정말 많아."

예상 답변 2

"빨리 먹는 거요"

특정한 과목이나 활동 영역이 아니라 일상생활의 사소한 행동을 일컫는 것이다. 어떤 아이들은 이 질문에 옷을 빨리 입거나 샤워를 빨리 하기 등을 말하기도 한다. 이 시기의 아이가 꽤 흔하게 하는 대답들이다. 아이는 자신이 잘한다고 생각하여 자랑스러워한다. 만일 예전에 빨리 먹는 아이의 모습에 부모가 놀란 적이 있다면 아이는 우쭐한 기분에 매번 빨리 먹으려고 할 것이다.

<u>응답 노트</u> 아이가 자신감을 가지는 부분은 무엇이든지 인정한다. 물론 "싸움을 잘해요." 등 폭력적인 것은 칭찬하지 않아도 된다. 이제부터 아이가 자신감을 가지는 부분이 얼마나 필요한지를 따져야 한다. 더불어 더욱 잘하고 싶은 것이 있는지도 묻는다. 아이가 대답하지 못하고 주저한다면, "빨리 책을 읽는 것은 어떨까?", "빨리 달리는 것은 잘 못할 것 같아?" 등으로 아이의 도전 의식을 자극해 보자. 아이 스스로 '맞아. 나는 무엇이든지 빨리 할 수 있어.'라는 생각을 지닌다면 대성공이다.

> **Good reply**
> "맞아, 우리 유민이는 밥을 정말 빨리 먹더라."
> "자신감을 가질 만한 것을 하나 더 찾아볼까?"

> **Bad reply**
> "밥을 빨리 먹는 게 자랑이야? 그러다가 체해."

"다요~ 다 잘해요"

자신감이 가득한 이 시기 아이의 특성을 보인다. 따라서 아이는 자신이 세상에서 제일 잘났고 대단한 사람이라는 믿음을 지닌다. 그것은 결코 과대망상이 아니다. 실제로 부모나 선생님은 초등학교 저학년 아이들에게 많은 칭찬을 한다. 아이의 지식과 생활 기술도 눈부시게 발전한다. 아이는 자신감을 먹고 자존감으로 발전시킨다. 그것이 무엇이든 배우고 익히려는 동기를 유발할 것이다.

<u>응답 노트</u> 굳이 "하지만 너는 글을 쓸 때 맞춤법을 잘 틀려."라는 말을 해서 아이의 사기를 꺾지 말라. 대신에 앞으로도 노력해 더욱 잘하라는 말을 해 준다. 아이는 한술 더 떠서 "그럼요. 저도 잘 알고 있어요."라고 말하기도 한다. 그럴 때는 "칭찬할 거리가 하나 더 생겼네."라고 대답하면 된다. 그러나 혹시 아이가 "저는 천재예요. 연습하지 않아도 다 잘해요."라는 말을 한다면, 이쯤에서 무모하게 팽창하는 넘치는 자신감을 저지하는 것이 좋겠다. "천재보다는 노력하는 사람이 더 훌륭해. 그리고 노력하는 사람은 결국 천재보다 잘해."라고 교훈을 심어주자.

Good reply
"맞아. 우리 유민이는 무엇이든지 다 잘해. 앞으로도 노력해서 더 잘하면 좋겠다."

"네가 못하는 게 하나도 없어? 엄마가 보기엔 많은데?" **Bad reply**

"없어요"

심리적으로 위축되어 있는 아이이다. 자신 있는 것이 한두 가지는 있어야 정상인데, 자신 있는 것이 하나도 없다고 하니 이 얼마나 안타까운 일인가? 칭찬을 충분히 받지 못했거나, 야단을 많이 맞은 경험이 있을 것이다. 아직 겸손의 미덕으로 해석하기에는 무척 이른 시기다.

<u>응답 노트</u> 지금 당장은 잘하지 못할지라도 흥미를 갖고서 계속하다 보면 자신감이 생기기 마련이다. 자신감을 너무 거창하게 생각하지 않아도 된다. 자신이 하고 싶거나 한 번 더 하고 싶은 활동이 자신감을 가질 수 있는 것들이다. 조금씩 실력이 나아지는 것도 자신감을 키우는 데 큰 도움이 된다. 아이에게 무작정 자신감을 가지라고 조언하는 것보다는 먼저 작은 성취감을 맛보게 해 준다. 따라서 아이의 과제 수준을 크게 낮추는 것도 유용하다. 성취 후에 점차 단계를 올려나가자.

"자신 있는 것이 하나도 없니?" **Good reply**
"꼭 잘하는 것이 아니어도 좋아하는 것을 계속하다 보면 자신감이 생겨."

"어떻게 하나. 잘하는 게 하나도 없다니 큰일이네."
 Bad reply

208

잘하고
싶은 것은 뭐야?

아이에게 동경하는 대상이 생겨나고, 멋진 활동이나 사람이 눈에 들어오기도
한다. 축구를 좋아하는 아이가 잉글랜드 프리미어 리그에서 활약하는
우리나라 선수가 골을 넣는 장면을 보았다면 축구를 잘하고 싶은 열망을
지니게 될 것이다. 그리고 자신은 그렇게 될 수 있으리라 쉽게 믿는다. 현실의
높은 벽을 실감하기에는 무척 어린 나이이기에 잘하고 싶은 것을 꿈꾸는
것만으로 마냥 즐거운 시기적 특권을 마음껏 누리는 시기다.

공부요

축구요

아빠만큼
OO 잘하고
싶어요

없어요

"공부요" 대개 부모의 영향에서 기인한다. 공부를 잘해야 훌륭한 학생이 되고, 나중에 성공하는 사람이 되며, 그래야 평생 행복해진다는 식의 얘기를 아이에게 많이 들려줬을 것이다. 부모의 바람대로 공부를 잘해서 자신도 잘 되고 부모도 기쁘게 해 드리고 싶은 아이의 마음은 일종의 효심이다.

응답 노트 공부의 중요성을 새삼 확인시킨다. 아이의 속마음을 의심하여 "너, 정말 그렇게 생각해?"라고 말하거나, 아이의 행동을 올바로 심어주려는 목적으로 "하지만 넌 말로만 공부를 중요하게 생각해. 실제로는 공부를 별로 열심히 하지 않아."라는 말을 삼간다. 오히려 공부 외에 잘하고 싶은 다른 것은 없는지 질문을 해서 아이의 관심 영역을 확대시키자. 공부를 지나치게 강조하다 보면 때로는 아이에게 반감을 불러일으킬 수도 있다.

Good reply
"우리 준호가 공부를 잘하고 싶구나. 그래, 공부를 잘하면 참 좋지."

"말로만 그러면 뭐해. 열심히 노력해야지."
Bad reply

"축구요" 이 시기에 남자아이들의 로망은 훌륭한 축구 선수가 되는 것이다. 그러려면 지금보다 훨씬 뛰어난 축구 실력을 갖춰야 하기에 축구를 더 열심히 하고 싶고, 더 잘 배우고 싶으며, 그 결과 축구를 잘하고 싶은 마음이 저절로 생겨난다. 아이가 실제로 축구를 잘하든 못하든 별로 중요하지 않다. 지금 아이의 눈에 호날두나 메시 선수가 세상에서 제일 멋있어 보인다는 사실이 중요할 뿐이다.

응답 노트 아이가 꿈을 마음껏 키워나가게 해 주는 것은 중요하다. "네 실력으론 어림도 없어.", "너, 훌륭한 축구 선수가 되는 것이 얼마나 어려운지 알아?" 등의 말을 들려줄 필요는 전혀 없다. "노래를 정말 잘하고 싶어요. 가수가 될래요."라고 말하는 아이에게도 마찬가지의 반응을 해 준다. 나중에 정말 아이가 축구 선수나 가수가 되면 지금 이 순간이 밑거름이 된 것이고, 그렇지 않다고 해도 아이는 행복하던 어릴 적 꿈으로 기억할 것이다.

Good reply
"우리 준호가 축구를 정말 잘하고 싶구나. 훌륭한 축구 선수가 되고 싶어?"

"이다음에 ○○○ 선수처럼 훌륭한 축구 선수가 되고 싶니?"

"축구를 잘하려면 더 노력해야 해. 그 정도로는 선수가 될 수 없어."
Bad reply

"*아빠만큼 OO를 잘하고 싶어요*"

아빠를 경쟁자로 생각하는 것도 이 시기에 종종 느끼는 감정이다. 아빠를 세상에서 제일 훌륭한 사람으로 여기면서 닮고 싶어 하는 것이다. 특히 아들은 더욱 그러하다. 딸도 이와 같이 대답하곤 한다. 수영장에서 아빠가 수영하는 모습을 한 번 지켜본 자녀의 반응은 한마디로 대단하다는 것이다. 따라서 가끔씩은 새로운 무엇인가를 하는 부모의 모습을 보여주어야 한다.

응답 노트 아이에게 자신감을 심어줌과 동시에 발전시키려는 마음을 북돋운다. 아이를 은근슬쩍 치켜세우자. 그런 다음에 "열심히 연습해서 아빠를 이기면 대단할 텐데."라는 말로 아이의 도전 의식을 자극해 보자. 아이는 그러한 날이 머지않아서 올 것이라는 믿음을 지니고서 열심히 아빠와 겨룰 것이다. 물론 아빠는 결국 져줘야 한다. 그리고 아빠가 다시 노력하는 모습을 보여준 다음에 아이에게 다시 이기면 그야말로 선의의 경쟁을 펼칠 수 있다.

Good reply "조금 더 노력하면 아빠만큼 잘하게 될 거야. 지금도 거의 아빠만큼 잘해."

Bad reply "아빠는 어른이고 너는 아이인데 비교가 안 되지."

"*없어요*"

경쟁심이나 욕심이 별로 없는 아이다. 이와 같은 태도를 보이는 아이의 부모는 걱정이 많게 마련이다. "도대체 우리 아이는 욕심이 하나도 없어요. 공부를 못해도 전혀 창피하게 생각하지도 않아요. 큰일이에요." 필자가 진료실에서 종종 듣는 말이다. 그렇다면 아이는 왜 경쟁심과 욕심이 없을까? 가장 중요한 이유는 '부정적인 미래 예측'이다. 즉 자신은 아무리 노력해도 결국 남들보다 잘할 수 없을 것이라고 미리 단정 짓기 때문이다.

응답 노트 다시 한 번 질문해 보자. 아마 아이는 "없어요"라고 재차 대답할 것이다. 이때 엄마는 아이를 한심하다고 생각하거나 비난해서는 안 된다. 오히려 아이를 안타깝고 가엾게 여기는 마음으로 위로의 말을 전하며 다독여주어야 한다. 그런 다음에 도전 의식을 자극하고 아이를 격려해 준다. 잘하는 것이 꼭 공부가 아니어도 되고, 남들과 비교할 필요도 전혀 없음을 상기시킨다. 중요한 것은 아이 스스로 즐길 수 있는 것을 찾는 일이다.

Good reply "우리 준호가 자신감이 많이 떨어졌구나. 사람은 누구나 한 가지 정도는 잘하고 싶게 마련인데."

Bad reply "어떻게 그런 생각을 하지? 네가 그렇게 생각하니까 실제로 잘하는 게 없는 거야."

☞ **Key Word 05**

용기

당신의 아이는 '용기'가 있나요?

용기란 무엇인가? 나에게 주어진 상황을 겁내지 않고 마주칠 수 있는 마음가짐이다. 이제 겨우 8~10세의 아이에게 용기를 기대하는 것이 다소 무리가 아닐까 생각할 수 있다. 그러나 꼭 그렇지 않다. 용기를 경험하고 키우기 시작하는 시기는 바로 이 즈음이다. 예를 들어 엄마한테 야단맞을 것을 알면서도 자신의 잘못을 솔직하게 인정하는 행동은 바로 용기의 대표적인 예다. 또한 힘 센 친구가 괴롭힐 때 "그러지 마."라고 말하는 것도 용기다. 자전거를 넘어지지 않고 탈 수 있을 때까지 계속해서 도전하는 것, 전혀 먹어보지 않은 새로운 음식을 엄마의 권유에 먹어보는 것, 힘들어 보이는 등산을 아빠와 함께 도전해 보는 것 등이 모두 용기를 키우고 터득하는 것이다.

용기 외에도 이 시기 아이들이 조금씩 알아나가고 배워야 할 가치는 여러 가지가 있다. 먼저 '배려'를 꼽을 수 있다. 늦게 들어오는 아빠를 위해 현관에 불을 켜두는 것, 친구들과 놀 때 동생도 끼워주는 것 등이 배려다. 이러한 배려하는 마음은 어릴 때부터 습관처럼 몸에 배어야 한다. 아이는 원래 자기중심적이다. 하지만 부모와 정서적 교류를 하면서 차츰 배려하는 마음을 지니게 된다. 따라서 아이에게 배려하는 마음을 가르치려면 먼저 충분히 아이를 배려해 주는 자세가 중요하다. 배려는 배려를 받아본 사람만이 베풀 수 있기 때문이다. '사랑'도 마찬가지다. 사랑을 듬뿍 받고 자란 아이는 받은 사랑을 그대로 나눌 수 있는 넉넉한 마음을 지니게

된다. 아이에게 너로 인해 엄마, 아빠가 얼마나 행복한지 그리고 네가 얼마나 소중한 존재인
지를 수시로 표현한다. 그 밖에 8~10세 때 반드시 알아두어야 할 가치는 아래와 같다.

● **자신감** 자신에 대한 당당함이다. 칭찬과 격려를 많이 해 주
고, 평소 아이 스스로 결정하고 행동할 수 있는 기회를 주자.

● **책임감** 내 화분에 물을 꼬박꼬박 주는 것, 내가 갖고 논 장
난감은 스스로 정리하는 것, 약속한 것을 꼭 지키는 것 등 책
임감을 재미있게 배울 수 있는 기회를 자주 만들어보자.

● **협동** 엄마와 이불을 마주 잡고 함께 먼지를 터는 것, 동생
과 방 청소를 같이 하는 것 모두가 협동이다. 생활 속에서 형
제자매가 힘을 합쳐 더 좋은 결과를 낼 수 있는 놀이를 즐겨
보자.

● **친절** 기본은 다른 사람을 배려하는 마음과 태도다. 부모
가 친절하며 예의 바른 모습을 보여주는 것이 매우 중요하다.

● **인내** 아이에게 인내란 큰 고통이다. 하지만 퍼즐 맞추기,
도미노 등을 하면서 인내하면 더 좋은 결과를 얻을 수 있다
는 것을 알려주자.

● **관용** 관용이란 나와 다름, 혹은 다른 사람의 실수를 인정
해 주는 것이다. 관용을 배우기 위해서는 다른 사람의 입장
에 서보는 것이 중요하다. 역할 놀이를 자주 즐기는 것도 도
움이 된다.

● **정직** '용기'와 이웃사촌이다. 정직한 아이는 누구에게나
물러섬 없이 당당하다. 하지만 거짓말 또한 자라나는 아이에
겐 통과 의례라 할 수 있다.

● **감사** 평소 고마운 주변 사람에게 마음을 전달하는 감사의
편지를 써보는 시간을 갖자. 아이는 '감사'라는 가치를 더 쉽
게 이해할 것이다.

● **겸손** 겸손한 아이로 키우고 싶다면 아이가 잘한 일이라고
하더라도 그에 합당한 칭찬을 해야 한다. 단, 과장되거나 감
정적으로 과도한 칭찬은 금물이다.

마음이 힘들면
무얼 할까?

자신의 힘든 마음을 어떠한 방법으로 푼다는 것은 사실 어른에게도
쉽지 않은 일이다. 아이들도 과연 나름대로 스트레스를 푸는
방법을 터득하고 있을까? 아마 그럴 것이다. 부모나 친구들에게서
그 방법을 모방해서 터득하기도 하고, 책에서 터득하기도 하며,
자신의 짧은 인생 경험을 통해서 터득하기도 한다. 중요한 것은
그것이 파괴적인가 아닌가의 문제다.

*"그냥...
참아요"*

가장 쉽고도 어려운 방법이다. 즉 참는다는 것은 가장 쉽게 생각하고 실천할 수 있는 반면에 지속적으로 그리고 성공적으로 실천하기에는 무척 어렵다는 양면성이 있다. 아이 역시 힘든 마음을 풀 수 있는 방법을 잘 모르기에 그냥 참는다고만 말할 것이다. 그래도 이와 같이 말하는 아이는 대개 심성이 착하다. 자신만 참으면 된다는 식의 희생적인 마음가짐을 지니고 있다.

응답 노트 아이의 의견을 인정한다. 하지만 여기에서 끝나면 절대로 안 된다. 무조건 참는 것만이 능사가 아니기 때문이다. 참는 것을 지나치게 강조하는 것 역시 일종의 억압이기 때문에 아이는 결국 언젠가는 폭발하게 된다. 따라서 "만약 참는 것이 어려울 때는 어떻게 하면 좋을까?"라는 질문으로 아이의 생각을 물어본다. "화를 내요."라고 대답한다면, "어떻게?"라는 질문을 다시 해 본다. 물건을 부수거나 남을 때린다는 대답을 한다면, 파괴적인 방법이 아닌 건설적이고 허용할 수 있는 방법을 일러주는 것이 부모의 역할이다.

Good reply "우리 유민이는 잘 참는구나. 만약 참는 것이 어려울 때는 어떻게 하면 좋을까?"

"착하네~. 지금처럼 앞으로도 잘 참아야 해." **Bad reply**

*"엄마에게
얘기해요"*

매우 좋은 방법이다. 아이가 이와 같이 대답을 한다면, 엄마와의 애착 관계가 안정적이면서도 긍정적이라고 말할 수 있다. 엄마에게 너무 의존하는 것이 아니냐는 우려를 하는 부모도 있겠지만 초등학교 저학년 아이가 스스로 힘든 마음을 해결하도록 바라는 것 자체가 무리다. 자신의 힘든 마음을 가까운 사람에게 얘기해서 풀 수 있는 방법을 터득함은 아이의 인생에서 큰 축복이다.

응답 노트 고민을 안고 혼자서 가슴앓이를 하는 아이의 모습은 상상하기조차 싫을 것이다. 집단 따돌림이나 학교 폭력으로 피해를 입은 아이의 경우 자신의 힘든 처지를 부모에게 뒤늦게 얘기해서 일이 더욱 커지곤 한다. 중요한 것은 아이가 고민을 엄마에게 얘기해서 해결되는 경험을 하는 것이다. 얘기해 봤자 아무런 소용이 없고 오히려 괜히 얘기했다고 판단되면, 아이는 점점 더 얘기를 꺼내놓지 않을 것이기 때문이다. 친한 친구나 선생님 모두 힘들 때 친구가 되어줄 수 있다는 얘기도 덧붙인다.

Good reply "맞아. 유민이는 엄마에게 잘 얘기하지? 그렇게 얘기하면 힘든 마음도 많이 풀려."

"엄마한테 얘기해도 엄마가 모두 해결해 줄 수는 없어." **Bad reply**

"물건을 던져요"

용납해서는 안 되는 방법이다. 하지만 아이는 이미 이와 같은 방법으로 스트레스나 자신의 화난 감정을 풀어왔다. 혹은 주변 어른들이 물건을 던지거나 욕설을 하는 등 파괴적인 방법을 사용하는 것을 봐왔을 것이다. 지금 이 시기에 교정해 줘야 한다.

응답 노트 물건을 던지는 것이 힘든 마음을 푸는 것이 아니라 그냥 표현하는 것일 뿐임을 설명해 준다. 대신 대안도 함께 제시해 줘야 한다. "그럼 화가 났을 때 어떻게 해요?"라는 아이의 반문을 예상하자. "말로 마음을 표현해야 해. '지금 나는 슬퍼요. 또는 화가 났어요.'라고 말해 봐. 그런 다음에는 자신이 좋아하는 것을 하면 돼." 아이가 "그래도 화가 안 풀려요."라고 말하면, "그러면 시간이 지나가기를 기다리는 수밖에 없어. 그럴 때 잠깐 혼자 있으면 더 잘 풀려."라고 대답해 준다.

Good reply
"지금 내가 화났다고 얘기하면 돼. 물건을 던지면 상대방도 화가 나거든."

Bad reply
"물건을 던지면 어떻게 하니? 누가 다치면 어쩔려고 그래?"

"그런 적 없어요"

아무리 어린아이라고 할지라도 마음이 힘든 적이 없다는 말이 믿어지는가? 아이는 자신의 부정적인 감정을 억누르고 있을 가능성이 높다. 자신의 마음이 힘들어서는 안 된다는 전제를 하고 있다. '엄마가 힘들게 키워주니까 나는 그러면 안 돼' 식의 어른 같은 마음가짐은 칭찬할 거리가 아니라 오히려 걱정거리다.

응답 노트 아이의 대답에 동의하면서 혹시 모를 슬픔이나 불안한 순간이 있었는지 한 번 더 물어본다. 아이가 "엄마에게 얘기해도 돼요?"라는 질문을 하면, 반갑게 "그럼. 언제든지."라는 말을 해 준다. 혹시 아이가 "정말 없었어요."라고 말하면 그대로 인정해 준다. 아이는 가장 최근의 상황만을 기억하는 것이다. 현재 만족스러운 생활을 하고, 즐거운 정서 상태를 유지한다면 사실 큰 문제는 없다. 따라서 "앞으로도 혹시 마음이 힘들어지면 엄마에게 얘기해 줘."라는 말로 마무리 짓는다.

Good reply
"즐겁게 잘 지내는 것도 좋지만, 힘든 마음을 솔직하게 인정하는 것도 용기야."

Bad reply
"매일 행복하다니 엄마도 행복해! 앞으로도 쭉 그러면 좋겠다."

누구를
제일 닮고 싶어?

부모와 동일화하는 시기를 지나면서 아이는 이제 다양한 어른을
접하게 된다. 현존하는 인물일 수도 있고, 역사 속의 인물일 수도
있다. 처음에는 왕이나 황제, 혹은 장군처럼 힘세고 강한 대상을
숭배하다가 점차 인류를 위해서 커다란 공헌을 한 과학자, 문학가,
예술가, 정치인, 성직자 등으로 존경하는 사람의 범위를 확대해
나간다.

이순신 장군요

악마요

그런 사람
없어요

세종대왕요

217

"세종대왕요"

세종대왕은 왕이면서 백성을 사랑하고 현명한 정치를 했으며 한글을 만든 분이다. 강한 권력과 부드러움, 훌륭한 인격, 그리고 창조성을 모두 갖춘 위인이기에 아이들이 존경하는 것은 너무나도 당연하다. 공부를 잘하면서도 훌륭한 인격을 갖춘 사람으로 자라나려는 아이의 바람이 그대로 드러난다.

<u>응답 노트</u> 일단 세종대왕에 대한 긍정적인 코멘트를 해 준다. 세종대왕을 왜 존경하는지 추가 질문을 통해 아이가 특히 중요하게 여기는 덕목을 알 수 있다. 한글 발명을 먼저 말하는 아이는 창의성을 중요하게 여기고, 백성 사랑과 어진 정치를 말하는 아이는 배려와 사랑 등을 중요하게 여김을 알 수 있다. 그 이후 가족 각자가 위대하게 여기는 사람 얘기를 나누는 것도 무척 유용하다. 이를 통해 평소 모르던 집안 분위기를 재점검할 수도 있다.

"이순신 장군요"

세종대왕과 더불어서 우리 역사상 가장 존경받는 인물이 이순신 장군이다. 아이는 이순신 장군의 애국심과 뛰어난 전투 능력에 감동받았을 것이다. 군인으로서 나라를 위해 목숨을 바쳐 싸운 것, 자신의 출세가 아닌 진정으로 나라를 위한 헌신, 뛰어난 전략과 해전 능력을 갖춘 최고 사령관 등은 아이에게 가장 훌륭한 모범이 된다.

<u>응답 노트</u> 아이가 만일 "을지문덕 장군, 광개토태왕, 강감찬 장군, 김유신 장군도 존경해요."라는 말을 한다면, 멋진 군인을 동경하는 마음이 드러나는 것이다. 대개 남자아이가 많이 해당한다. 물론 이순신 장군을 왜 좋아하는지를 물어 아이가 중요하게 여기는 덕목을 확인해 보아야 한다. "적은 수의 거북선으로 많은 일본 군함을 무찔렀어요."라고 말하는 아이는 뛰어난 능력을 중요하게 여기고, "다리가 부러졌는데도 무과 시험을 계속 봤어요."라고 말하는 아이는 불굴의 도전 정신과 강인한 인내력을 중요하게 여김을 알 수 있다.

Good reply "세종대왕은 정말 위대한 분이시지. 엄마도 세종대왕을 무척 존경해."

"세종대왕을 존경하는 이유는 무엇이지?"

"그렇게 공부를 안 해서 세종대왕 같은 위인이 될 수 있겠어?" **Bad reply**

Good reply "엄마와 아빠도 이순신 장군을 존경해. 우리나라 사람이라면 다 그럴 거야."

"이순신 장군을 존경하는 이유를 말해 줄래?"

"위인도 많은데 왜 하필 이순신 장군이야?"

예상 답변 3

"악마요"

아이가 이와 같은 엉뚱한 대답을 하면 부모는 대개 당황하게 마련이다. 아이는 장난삼아 이와 같이 말할 수도 있고, 약간 비뚤어지고 심사가 꼬여 이처럼 말하기도 한다. 히틀러, 스탈린, 빈 라덴, 후세인, 카다피, 마오쩌둥, 김일성 등 독재자나 테러리스트를 말하기도 한다. 이러한 아이는 남들을 무섭게 만들고 벌벌 떨게 하는 '강함'에 매료되는 것이다. 뒤집어 말하면 자신은 약하기 때문에 아무도 건드릴 수 없는 악한 인물이 되고 싶다는 얘기다.

<u>응답 노트</u> 너무 놀라지는 말라. 아이의 생각이 비상식적임을 일깨워준다. 그다음에 악마를 왜 존경하는지를 묻는 질문이 무척 중요하다. 아이의 현재 심리 상태를 알 수 있는 단서를 얻을 수 있기 때문이다. "악마는 힘이 세잖아요." 하고 답한다면 세상에 대한 피해 의식과 강해지고픈 심리를 드러낸다. "아무도 좋아하지 않으니까."라는 대답은 특별함을 추구하려는 마음과 주변 세계에 대한 이질감을 드러낸다. "악마요? 귀엽잖아요."라는 대답은 세상에서 자신이 최고라는 자기애적 성향이 강한 아이로서 존경할 만한 사람은 아무도 없으니 그냥 아무나 말했다는 뜻이다.

 Good reply
"악마는 존경받을 만한 대상이 아닌데?"
"악마를 존경하는 이유를 말해 볼래?"

"뭐라고? 악마를 닮고 싶다는 게 말이 돼?" **Bad reply**

예상 답변 4

"그런 사람 없어요"

냉소적인 아이라고 할 수 있다. 비록 어린 나이지만 어른들을 비롯해서 옛날 사람들, 이른바 위인들의 실제 모습에 의구심을 품을 수도 있다. 아니면 역사상 위대한 인물들이나 현존하는 영웅들을 별로 대단하지 않게 여기는 것이다. 이러한 아이는 신화를 부정한다. 단군 신화를 듣고서 "어떻게 곰이 사람이 돼요? 말도 안 돼요."라고 말할 것이다.

<u>응답 노트</u> 일단 아이의 대답을 인정해 준다. 하지만 존경하는 인물을 마음속에 두고 있으면 아이의 인격 발달에 도움이 되지 결코 부정적인 영향을 미치지 않는다. 누군가를 닮고 싶어 하는 마음이 있어야 스스로 발전하고 통제하는 능력이 길러지기 때문이다. "엄마는 아직도 헬렌 켈러를 존경해. 그리고 요새는 스티브 잡스도 존경하고…"라는 말로 물꼬를 튼다. "누군가를 존경하는 것은 중요해. 좋은 마음이야. 그러니 너도 존경할 만한 사람을 다시 한 번 잘 생각해 봐."라고 제안해 본다.

 Good reply
"그래? 준호는 아무도 존경하지 않나 보네?"
"누군가를 존경하는 것은 좋은 마음이야."

"닮고 싶은 사람이 한 명도 없어? 그러니까 위인전 좀 읽어." **Bad reply**

누구 도움을
받고 싶어?

용기의 범주에 포함되는 덕목 중 하나가 도움을 청하는 능력이다.
자존심만을 내세워서 몰라도 아는 척하고, 배우는 것을 창피하게
여기며, 자신의 한계와 실수를 인정하지 않는 사람은 사실 알고 보면
겁쟁이다. 아이들도 남의 도움이 필요할 때 주저 없이 청할 수 있는
용기를 지녀야 한다. 단, 그것이 지나쳐서 의존적이어서는 안 된다.

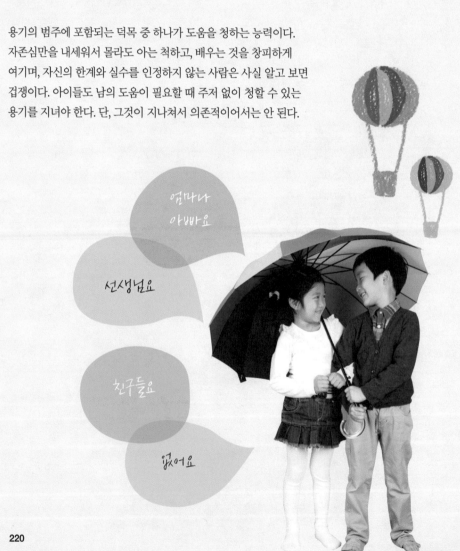

엄마나
아빠요

선생님요

친구들요

없어요

예상 답변 1

"엄마나 아빠요" 가장 일반적인 대답이다. 이 시기의 아이에게 가장 든든한 버팀목은 역시 엄마와 아빠다. 그중에서도 역시 엄마가 아이의 최고 조력자라고 할 수 있다. 대개 "엄마요."라고 대답할 것이다. 간혹 "아빠요."라고 말하는 아이가 있다면, 아빠가 가족 내에서 최고 인기 스타임을 알 수 있다.

응답 노트 긍정적인 반응이 중요하다. 혹시 이 틈을 타서 "그런데도 너는 왜 엄마 말을 잘 안 듣지?"라는 말을 하지 말자. 아이는 엄마가 자꾸 말을 돌리고 자신에게 유리한 말만 하려 한다는 인상을 받을 것이다. 언제든 도움을 청하면 기꺼이 돕겠다며 웃으면서 말해 준다. "무엇을 도와줄까?"라고 단도직입적으로 물어도 좋다. 엄마의 직접적인 질문에 아이는 반갑게 필요한 도움을 말할 것이다. 만약 지금 당장 도움이 필요치 않다면 나중에라도 꼭 얘기해 달라고 말한다.

Good reply
"엄마나 아빠에게 언제든 도움을 청해. 기꺼이 도와줄게."

Bad reply
"그러면서 왜 그렇게 엄마랑 아빠 말을 안 들어?"

예상 답변 2

"선생님요" 선생님이라는 답변도 그리 나쁘지 않다. 선생님에 대한 이미지가 '자신을 통제하고 지적하며 야단을 치는 사람'이 아니라 '자신을 가르치고 올바른 길로 이끌어주며 필요할 때 도와주는 사람'으로 형성되어 있음을 뜻한다. 엄마, 아빠라고 말하지 않아서 다소 섭섭할 수 있겠으나 아이는 더 넓은 세상으로 향하고 있다는 뜻이다.

응답 노트 아이의 의견에 대해 긍정적인 반응과 해석을 해 준다. 그런 다음에 선생님께 무슨 도움을 받고 싶은지 구체적으로 물어본다. "수학을 더 잘하는 거요.", "발표를 멋있게 하는 거요." 등 여러 가지 대답이 쏟아져 나올 수 있다. 누군가에게 도움을 받으려는 것은 결코 모자라거나 나쁜 마음이 아니다. 오히려 혼자서 해결하려고 하고 누군가의 도움을 받는 것을 자신의 부족함으로 연결하는 마음가짐이 더 안타깝고 위험하다.

Good reply
"우리 준호가 선생님을 좋아하고 존경하는구나. 그러니까 도움을 청하고 싶은 거야."

"그래? 그럼 선생님 말씀 늘 잘 듣겠네?"
Bad reply

"친구들요" 사실 이 시기의 아이가 이와 같이 대답하는 것은 극히 예외적이다. 대부분의 아이들이 사춘기부터 부모보다 오히려 친구들을 자신의 고민을 털어놓거나, 도움을 주고받는 상대로 여기는 경향이 뚜렷하다. 초등학교 저학년 아이의 우정 수준은 즐거움을 공유하는 것이 대부분이고, 도움을 주고받는 식의 배려와 서로 조언을 해 주기에는 아직 미숙하다.

응답 노트 뭔가 교훈이 담긴 말을 해 주는 것도 좋다. 아이는 이미 친구들에 대해서 긍정적인 이미지를 형성하고 있음이 확인된 셈이다. "엄마나 아빠도 너를 도와주는 사람이야."라는 말을 해 준다. 아이가 "아, 맞아요. 엄마와 아빠도 있어요."라고 제법 의젓한 반응을 보일 것이다. "그래. 너를 도와주는 사람은 선생님도 계시지."라는 말로 아이 주변에는 도움을 줄 수 있는 사람이 많이 있음을 환기하자.

Good reply
"우리 준호가 친구들과 정말 잘 지내는구나."
"맞아! 친구들에게 도움도 받고 또 도와주고 하는 것이 참 좋아. 그런 것이 우정이야."

Bad reply
"엄마, 아빠보다 친구들을 더 원해?"
"그래도 힘들 때는 엄마, 아빠부터 찾아야 해."

"없어요" 아이는 지금 자신을 도와줄 만한 사람이 아무도 없다고 느끼고 있다. 정말 그렇게 생각하고 느낀다면, 아이가 얼마나 외롭겠는가? 이렇게 된 데에는 부모의 책임이 크다. 한편으로는 자신이 너무 잘 지낸다고 생각해서 도움을 받지 않아도 된다고 생각하는 아이도 이와 같이 대답한다. 다행이기는 하지만 그래도 뭔가 아쉽다.

응답 노트 아이에게 혼자가 아님을 깨닫게 한다. 나를 도와줄 수 있는 사람이 아무도 없다고 느끼는 아이는 대개 자신을 아무도 사랑하지 않는다고 여긴다. 그것이 아님을 일깨워주는 것은 따뜻한 사랑과 관심밖에 없다. 현재 잘 지내기 때문에 도움을 받지 않아도 된다고 말하는 아이에게는 다음과 같이 말해 준다. "지금은 네가 즐겁게 만족하면서 잘 지내지만, 앞으로 혹시 그렇지 않을 때는 엄마나 아빠한테 도움을 요청해. 알았지?"

Good reply
"우리 준호가 너무 외로웠구나."
"준호를 도와줄 수 있는 사람이 정말 많아."

Bad reply

"너는 친한 친구가 한 명도 없니?"

앞으로 어떻게 될까?

미래를 긍정적으로 예측하는지, 부정적으로 예측하는지의 문제다.
이 시기의 아이들 대부분은 근거 없는 낙관주의 성향이 있다.
모든 것이 잘되고 잘 풀릴 것이라는 믿음이야말로 오늘을 즐겁게
보낼 수 있는 원동력이 아니겠는가. 그러나 일부 아이는 자신의 미래를
암울하게 점치기도 한다. 아이답지 않은 비관론적 철학자다.

"잘될 거예요"

미래를 긍정적으로 예측하는 마음가짐은 아이의 정신 건강에 분명히 이롭게 작용한다. 상담 도중 "저는 나중에 정말 훌륭한 사람이 될 거예요. 과학자도 되고, 요리사도 되고, 선생님도 되고 축구 선수도 할 거예요."라고 자신만만한 표정을 지으면서 말하는 초등학교 1학년 아이의 얼굴이 생각난다. 정말 아이의 바람대로 그 모든 것을 다 이루면 좋겠다는 생각이 부모에게는 저절로 들 것이다.

<u>응답 노트</u> 아이의 낙관주의를 인정한다. 잘되기를 바라는 마음이 가득하고, 또한 그렇게 되리라는 예상을 할 때 실제로 이루어질 가능성이 높다. 자기 암시 효과라고도 하고 피그말리온 효과라고도 한다. 그런데 만약 엄마가 "잘되기는 뭐가 잘되니? 만날 이렇게 놀고 게임만 하는데 잘될 리가 없어."라는 입바른 소리를 한다면? 아이는 화를 내거나 금세 풀이 죽을 수도 있다. 아이가 엄마의 말에 자극받아 지금부터 갑자기 성실하고 노력하는 모범생으로 바뀔 가능성은 별로 없기에 이러한 말을 해서는 안 된다.

Good reply

"그럼? 우리 준호는 앞으로 무엇을 해도 다 잘될 것이야."

"매일 이렇게 놀기만 하는데 정말 잘될까?" **Bad reply**

"우리 가족이 행복하게 살 거예요"

자신뿐만 아니라 부모를 포함한 가족 전체의 미래를 행복한 삶으로 예측하는 아이는 분명히 긍정적인 마음가짐과 더불어서 가족에 대한 애정이 크다고 말할 수 있다. 자기만 생각할 것 같은 아이가 항상 가족을 함께 생각한다니 아이의 마음이 무척 대견하다고 느낄 것이다.

<u>응답 노트</u> 아이의 긍정적인 예측을 칭찬해 주자. 그러면서 우리 가족이 행복하기 위한 조건을 질문해 보자. 가령 "아빠는 앞으로 어떻게 되는 것이 행복하고, 엄마는 어떻게 되는 것이 행복할까?"라고 질문을 해 본다. 아이가 "아빠는 술 그만 드시고 건강하게 오래 사는 것이고, 엄마는 이제 집안일 그만 하시고 편하게 여행 다니는 거요.", "우리 가족이 함께 살면서 맛있는 것도 먹으러 다니고 즐겁게 놀러 다니는 거요." 등의 대답을 할 때 엄마는 마치 실제로 그러한 일이 눈앞에서 벌어진 것처럼 황홀함을 느낄 것이다.

"우리 가족이 행복하게 사는 것은 어떤 모습일까?" **Good reply**

"그래. 네가 가족 모두 행복해질 수 있도록 해 줘."
Bad reply

예상 답변 3

"미래에는 잘 못될 것 같아요"

미래를 부정적으로 예측하는 아이는 우울한 경향이 있거나 걱정을 많이 하는 특성을 지니고 있다. 우울한 아이는 미래뿐만 아니라 과거와 현재도 부정적으로 해석하는 반면에 불안한 아이는 부정적인 결론이 실제로 일어나지 않을까 걱정하는 경향이 있다.

응답 노트 먼저 아이의 대답이 부정적임을 깨닫게 한다. 즉 아이가 부정적으로 생각하고 있음을 알려준다. 앞으로는 잘될 것이며, 왜 그런 생각을 하게 됐는지를 질문한다. 부모가 먼저 아이의 부정적인 말을 긍정적인 말로 바꿔줘서 아이에게 본보기를 보여주거나, 안심시키는 의미가 있다. 그런 다음에 아이가 그와 같이 생각하는 이유를 알아본다. "그냥 왠지 그런 생각이 들어요."라고 대답하는 아이에게는 "매사 부정적인 생각보다는 긍정적인 생각을 하려고 노력해야 해."라는 말로 아이의 사고 패턴을 바꿔준다.

> **Good reply**
> "우리 준호는 미래를 나쁘게 생각하는구나?"
>
> "하지만 앞으로 잘될 거야~. 그런데 왜 잘 못될 것이라고 생각하지?"

> "그렇게 나쁘게 생각하니까 결과가 안 좋은 거야."
> **Bad reply**

예상 답변 4

"몰라요"

미래에 대해서 생각하기 싫어하거나, 솔직하게 대답하기를 꺼려하는 아이라고 볼 수 있다. 미래를 두려워하거나, 자신감이 없기에 앞으로 잘할 수 있으리라고 용기를 내지 못한다. 혹은 부모의 반응이 부담스러워서 솔직하지 못한 아이는 용기를 북돋아주어야 한다.

응답 노트 아이에게 다시 한 번 생각하도록 권유한다. "잘 안될 것 같아서 생각하기 싫어요."라고 말하는 아이에게는 어떻게 대답해줘야 할까? 아이가 막연하게 부정적인 결론을 걱정하는 것으로 판단되면, "우리 함께 좋은 결말을 한번 상상해 보자."라는 말로 생각을 변화시킨다. 솔직하게 말할 용기가 없는 아이에게는 "네 생각을 솔직하게 말하는 것이 중요해. 엄마가 야단치거나 뭐라고 하지 않을게."라는 말을 해 준다.

> **Good reply**
> "앞으로 어떻게 될지를 생각해 보는 것도 필요해."
>
> "모른다고만 하지 말고 다시 한 번 생각해 봐."

> "너도 모르면 네 미래를 누가 알겠니?"
> **Bad reply**

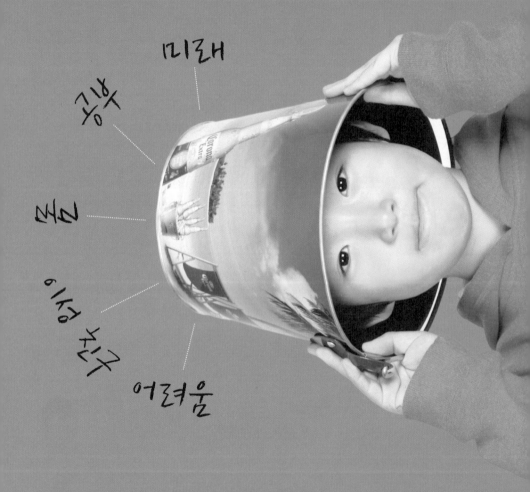

미래

공상

착각

고정 관념

어려움

PART 4

11~13세

이 시기 아이는 신체적 변화만큼 심리적 변화도 크게 겪는다.
후기 아동기에서 초기 사춘기로의 변화를 겪는 아이는 하루가
다르게 사고의 폭도 넓어진다. 신뢰와 애착이 밑바탕이 되어
있지 않으면 자칫 험난한 사춘기를 맞이할 수 있기에 부모가
보다 섬세하게 관리해야 할 때다.

11~13세 아이의 **심리 키워드**

명예찬 박정서

후기 아동기에서 초기 사춘기로의 진입!

11~13세는 후기 아동기와 초기 청소년기가 서로 겹치는 시기로, 사춘기에 진입하는 단계라고 할 수 있다. 이 시기의 아이는 과연 어떠한 모습을 보일까? 제일 먼저 신체적 변화가 나타난다. 남자아이는 키가 크기 시작하면서 예전의 앳된 모습이 점차 사라진다. 대다수 엄마들이 "이제 징그러워졌어요."라고 표현하기도 한다. 여자아이역시 가슴이 나오고 엉덩이가 커지면서 소녀의 모습으로 탈바꿈한다.

몸의 변화가 가장 두드러지고 큰 변화임에는 틀림없지만, 그에 못지않게 심리적변화 또한 대단하다. 어린이와 청소년의 중간 지점을 지나면서 아이는 본격적으로 정체성에 대한 혼란, 자신의 능력과 지위에 대한 의문, 기존 가치관과 새로운 가치관의 충돌 등을 경험한다. 성별에 따른 심리적 변화도 신체적 변화만큼이나 크다. 그로인해 사춘기로 진입하는 자녀를 둔 부모는 성별에 따라 어떻게 키워야 할지 고민하게 마련이다.

후기 아동기의 발달 과제

미래 꿈은 현실을 이겨내는 힘이자 삶을 풍요롭게 만드는 윤활유다.
공부 공부에 재미를 느끼는 것이 핵심이다.
몸 이 무렵 아이에게 몸은 '자기'의 표상이다.
이성 친구 서서히 이차 성징이 나타난다.
어려움 각종 스트레스가 늘어나면서 마음의 어려움도 많아진다.

너무 다른 특징을 지닌 초기 사춘기의 남아와 여아

먼저 남자아이의 모습을 살펴보자. 남자아이는 자신과 타인의 관계를 새롭게 정립한다. 대개 성향, 취미, 사고방식이 비슷한 아이들끼리 또래 그룹을 형성하는데 그룹 내에서 서열이 매겨지는 경우가 많고, 친구들끼리는 무조건 신뢰하는 경향이 있다. 감정을 억누르는가 하면 거칠고 과격한 행동을 하기도 한다. 모두 남성 호르몬인 '테스토스테론(또는 안드로겐)'의 분비 때문이다. 여자아이보다 성적 욕구도 훨씬 강하고, 남들과 경쟁하려는 욕망도 강하다. 공부, 게임, 운동 등 또래가 중요하게 여기는 일이나 가치를 추구한다.

반면 여자아이는 친구 관계에 매우 민감하다. 여자아이들의 친구 관계는 친밀감, 배려, 질투 등 다양한 감정이 뒤섞여 형성된다. 따라서 그룹을 형성한 친구들 간에도 반목이 일어난다. 자신이 주체로 인정받기를 원하기 때문에 가정과 학교에서 자신의 생각이 무시된다고 느껴질 때, 쏘아붙이거나 신경질적인 말투 등 반항적인 표현이 많아진다. 특히 사랑과 존중을 받고 싶어 하는 욕구는 여자아이에게서 훨씬 강렬하게 나타난다. 여자아이는 갑작스러운 신체 변화를 감추고 싶어 하는 등 비밀도 많아지고, 감수성도 예민해진다. 감성적이고, 상대방의 기분을 알아차려 배려하는 반면, 감정에 휘둘려 마음의 병을 얻기도 한다. '슬픔'에 약한 것이다. 이 시기에는 시각 정보를 처리하는 '후두엽'의 기능이 발달해 화려한 아이돌 스타에 열광할 때이기도 하다.

이렇듯 11~13세의 아이를 대할 때는 반드시 성별에 따른 차이를 고려해야 한다. 더불어 아이의 특성을 이해한다면, 부모는 사춘기에 진입하는 아이의 가장 든든한 조력자가 될 수 있을 것이다.

☞ **Key Word 01**

미래

당신의 아이는 어떤 '미래'를 꿈꾸고 있나요?

꿈은 아이의 삶을 풍요롭게 만드는 윤활유와 같은 요소다. 아이는 힘들 때마다 꿈을 이루는 상상을 하면서 현실의 괴로움을 잊고 미래를 꿈꾼다. 그뿐만 아니라 꿈을 이루기 위해서 노력과 정성을 기울인다. 세계적으로 성공을 거둔 사람들은 하나같이 이 시기에 자신의 꿈을 설정하고 끊임없는 노력을 기울여서 결국 현재의 자리에 올라가 있다. 대부분의 아이들도 꿈을 꾸고 산다. 이다음에 내가 무엇을 할까? 그리고 어떤 삶을 살아갈까? 각자 나름대로 의미 있는 꿈을 꾸게 된다. 그러나 의외로 현재는 물론, 꿈 즉 자신의 미래도 철저하게 부정적으로 보는 아이도 적지 않다.

필자는 여러 가지 부정적 자세 중에서 미래에 대한 부정적 태도가 가장 나쁘다고 생각한다. 과거에 대한 부정적 시각이나 자신을 둘러싼 주변 환경에 대한 부정적 시각은 누군가의 설득이나 깨우침으로 어느 정도 교정할 수 있지만, 미래에 대한 부정적 시각은 곧 자기 자신에 대한 부정적 태도로 이어지기 때문이다.

아이가 미래를 예측하는 데 '낙관주의'를 보이면 참으로 다행이다. 낙관주의를 보이는 아이는 실제로 성취도가 높고, 즐거운 감정 상태를 유지한다. 왜냐하면 낙관주의 자체가 긍정적인 생각과 태도, 감정을 지니고 있음을 의미하기 때문이다. 현재에 어려움이 닥치더라도 미래에는 좋아지겠지라는 믿음과 예측을 하기 때문에 낙담하거나 좌절하지 않고 버텨나간다. 결국 이러한 태도는 성공과 행복으로 이어질 것이다. 하버드대 경제사학자 데이비드 랜

즈 교수는 "세상에서는 주로 낙관주의자들이 승리하는데, 그것은 그들이 항상 옳기 때문이 아니라 긍정적이기 때문이다. 그들은 잘못되었을 때조차도 긍정적이다. 이러한 태도는 성취, 향상 그리고 성공의 길로 연결된다. 교육을 받고 시야가 열려 있는 낙관주의는 그 대가를 얻는 것이다."라고 말했다. 아이가 낙관주의를 받아들이게끔 부모가 세심한 노력과 시도를 해야 한다.

만약 당신의 아이가 미래를 꿈꾸지 않는다면, 무엇보다 아이의 마음부터 헤아려야 한다. 아이가 가장 하고 싶어 하는 게 무엇일까? 하고 싶은 마음이야말로 꿈꾸는 데 가장 중요한 것이기 때문이다. 그리고 그 밑바닥에는 반드시 재미나 흥미의 요소가 있어야 한다. 노래 부르고 기타 치는 것이 좋은 아이는 자연스럽게 음악에 관하여 많은 꿈을 지니게 되고, 또 혼자서 열심히 컴퓨터에 몰입하는 아이는 당연히 컴퓨터에 연관된 꿈을 꾼다.

꿈이 무엇인가라는 부모의 질문에 "그냥 평범하게 살고 싶어요."라고 대답하는 아이가 있다면, "그것도 좋은 꿈이지. 평범함이란 참 좋고 편안한 거란다."라고 응답해 주자. 아이는 자신의 능력이나 관심의 범위 안에서 꿈을 꾸는 것이지 공부를 어느 수준으로 하기 때문에 그것에 적합한 꿈을 지녀야 하는 것이 절대 아니다. 때로는 평범해지려는 삶 자체가 꿈이 될수도 있다. 꿈이란 결코 거창하고 대단한 것이 아닌 우리가 행복해지기 위해서 하고 싶은 일이어야 한다는 것을, 우린 알고 있지 않은가. 부모의 입맛에 맞는 꿈이 아니라 진정으로 아이가 행복해지는 꿈 말이다.

미래에 꿈꾸는 직업이 뭐야?

이 시기에 아이는 비로소 직업의 존재와 의미를 어렴풋이 알게 된다. 여기에는 부모도 한몫한다. 부모가 바라는 직업을 자녀에게 말하기 시작하고, 학교에서는 미래에 원하는 직업 등을 작성해 오라고 과제를 내준다. 정신발달학적 측면에서 본다면 직업을 희망하고 선택하는 것은 중기나 후기 청소년기에 해도 충분하다. 다만 우리 사회의 경쟁적 분위기가 어느 틈엔가 고민하는 시기를 앞당긴 셈이다.

남을 도와주는 사람요

아직 못 정했어요

의사 (또는 판사, 검사…)요

몰라요

없어요

예상 답변 1

"**의사**
(또는 판사,
검사…)요"

대한민국의 많은 부모가 현실적으로 바라는 모습이기도 하다. 그러나 문제는 과연 그 대답이 아이의 생각에서 나왔는가 하는 것이다. 아이가 어릴 때부터 부모가 속칭 '사회적으로 잘나가는' 직업을 강조하지는 않았는지 점검해 보자. 지금은 아이가 꿈꾸는 이유가 순수해야 할 시기다. 그래야 그 꿈을 이루었을 때에도 순수한 동기와 투철한 직업 의식을 지니고 있을 수 있다.

응답 노트　아이를 응원하면서 한편으로는 아이의 생각을 들어보는 것이 바람직하다. 왜 의사가, 판사가 되고 싶은지를 물어봐야 한다. "아픈 사람들을 고쳐주는 것이 보람되고 좋아 보여요.", "억울한 사람을 도와주고 죄를 지은 사람을 법으로 심판하는 것이 중요하니까요." 등의 대답을 하면 합격이다. 혹시 "돈을 잘 벌고 사람들이 부러워하니까요."라는 대답을 한다면, "그것은 덜 중요한 이유야. 다시 이유를 잘 생각해 봐. 돈을 잘 벌고 싶으면 다른 길도 얼마든지 있어."라는 설명으로 아이에게 올바른 방향을 제시해 준다.

Good reply
"우리 예찬이가 의사가 되고 싶구나?
그런데 왜 의사가 되고 싶지?"

Bad reply
"역시 우리 아들은 달라! 엄마 소원 풀어주겠네."

예상 답변 2

"**남을 도와주는**
사람요"

구체적인 직업 한 가지가 아닌 직업의 특성을 말하고 있다. 이와 같이 말한다면 정말로 훌륭한 아이다. 성숙하고 착하며 똑똑하다고 말할 수 있다. 앞으로는 현실적으로도 남을 도와주는 직업이 각광받을 것이기 때문이다. 자기의 이득만을 추구하는 사람은 성공하기 어렵다.

응답 노트　아이를 칭찬하라. 그런 다음에 보다 구체적인 질문을 해 보자. 그런 직업에 어떤 것이 있을지 아이와 의견을 나눠본다. 사회복지사, 소방관, 경찰, 군인, 공무원, 성직자, 교사, 의사, 변호사…. 또 그중에서 어떤 일을 하고 싶은지도 묻는다. 아이의 답변이 구체적이라면 엄마도 거들자. "그래, 사실 남을 도와줄 수 있는 직업이 생각보다 많다. 지금 마음을 잊지 말고 열심히 노력해서 꿈을 이루어 봐."

Good reply
"우리 예찬이가 정말로 훌륭한 생각을 하고 있네.
어떤 직업이 있을까?"

Bad reply
"그건 꿈이 아니지. 어떤 직업을 갖고 싶어?"

"아직 못 정했어요"

아이의 꿈은 수없이 바뀔 수 있다. 얼마 전까지만 해도 축구 선수가 되겠다더니 프로 게이머에 이어 사업가를 희망 직업으로 꼽는다. 그러다 이제는 미래에 하고 싶은 직업을 아직 못 정했다고 말한다. 실제로 많은 아이가 이와 같은 과정을 겪는다. 한마디로 현실을 깨달아가기 시작했음을 의미한다.

응답 노트 아직 정하지 못했을 뿐 아이는 마음속으로는 이것저것 생각하고 있을 터. 이럴 때에는 선생님, 과학자 등 과거 아이가 말한 미래의 꿈을 하나씩 꺼내 아이에게 상기시킨다. 아이가 짜증을 내면서 "그건 다 옛날 얘기잖아요. 지금은 다 소용 없어요."라는 반응을 보이면 아이는 과거에 꾸던 꿈을 포기했거나, 너무 어렵게 느끼고 있음을 의미한다. 그러나 만일 "그것도 생각하고 있고요. 다른 것들도 어떨까 생각하고 있어요."라는 대답을 하면, 안심하며 걱정을 내려놓기 바란다.

Good reply "얼마 전까지만 해도 선생님이 되고 싶다고 말했잖아. 그리고 아주 어릴 적에는 과학자가 되고 싶다고 한 것도 기억나니?"

Bad reply "어릴 때는 선생님이랑 과학자가 되겠다더니 그새 꿈이 사라졌어?"

"몰라요" or "없어요"

벌써부터 이와 같은 대답을 하는 것은 별로 바람직하지 않은 모습이다. 자신이 되고자 하는 것은 전부 다 이루기 어렵다고 느낄 가능성도 있으며, 지금은 놀거나 그냥 공부하기에 바빠서 미래의 직업 따위를 고민하느라 골머리를 앓기 싫다는 뜻이기도 하다. 어쨌든 아이가 엄마의 질문에 귀찮아하는 모습도 보인다면 다소 심각한 문제라고도 여길 수 있다.

응답 노트 아이를 비난하거나 자극하지 말자. 대신 한 번 더 천천히 생각해 보자고 권유한다. "엄마 생각에는 나중에 회사원이 되면 좋겠는데…", "전에는 선생님이 된다고 했는데 이제는 바뀌었니?" 등의 말을 하는 것은 도움이 되지 않는다. 아이는 자신에게 물어보지도 않고 엄마가 미래의 직업을 단정 짓는다고 여기거나, 엄마가 노골적으로 무엇이 되라고 강요하는 것처럼 느낄 수 있기 때문이다. 중요한 것은 아이 스스로 생각해 보게 만드는 것이다.

Good reply "잘 모르겠어? 천천히 생각해 봐. 꿈은 얼마든지 바뀔 수 있으니까."

Bad reply "그래? 엄마 생각에는 나중에 의사가 되면 좋겠어."

어떤 사람이 되고 싶어?

직업을 벗어나 더 넓은 개념인 꿈을 묻는 질문이다. 부모를 비롯한 많은 어른은
이다음에 무엇이 되고 싶은가라는 질문을 많이 한다. 그러나 이제부터는
'어떤 사람'이 되고 싶은가라는 질문을 꼭 해 주기를 바란다. 직업은 그 사람을
설명하는 데 일부분일 뿐이다. 성격, 가치관, 기호, 성향, 취미, 특성 등 한 사람을
설명하는 키워드가 얼마나 많은가?

"돈 잘 버는 사람요"

오 마이 갓! 아이는 벌써부터 지극히 현실적인 생각을 하고 있음을 알 수 있다. 속물근성이라고 비난하지 말라. 아이의 이와 같은 대답은 부모, 더 나아가 우리 사회의 영향이라고 해석할 수 있다. 그러나 자본주의에서는 역시 돈이 최고라는 식의 가치관은 위험하다.

응답 노트 아이의 대답을 틀렸다. 맞았다고 곧바로 판단하는 것보다는 그렇게 생각하는 이유와 목적을 들어보는 것이 타당하다. 또한 돈을 많이 벌어 무엇을 할지도 꼭 물어본다. 아이가 "하고 싶은 것 다 하고 사고 싶은 것도 다 살래요." 식의 대답을 한다면, 아이는 욕구 충족을 중요하게 여기고 있음을 알 수 있다. 또는 "남들이 다 부러워하잖아요." 식의 대답을 한다면, 아이는 다른 사람의 평가와 인정에 민감하다고 볼 수 있다. 아이의 그러한 마음가짐을 결코 나무라지 말자. 대신에 "돈을 잘 버는 것 말고 그렇게 할 수 있는 방법은 없을까?" 등의 질문으로 아이와 계속해서 대화를 나누어 보기를 바란다.

"우리 정서는 돈을 잘 벌고 싶구나!"
"돈을 잘 벌어서 무엇을 하고 싶지?"

"돈이 세상의 전부가 아니야.
다시 생각해 봐."

Good reply

Bad reply

"유명한 사람요"

아이는 다른 사람들에게 대접받기를 원하고 있다. 두 가지 가능성이 있다. 하나는 아이가 경쟁적인 성향을 지닌 것이고, 또 다른 하나는 현재 아이가 주변 사람들에게 긍정적인 평가를 갈구하고 있음이다. 남이 알아주기를 바라는 마음의 뿌리에는 부모가 나를 좀 제대로 알아주고 인정해 주기를 바라는 심리가 있다.

응답 노트 남들에게 인정받고 싶은 욕구는 사실 누구에게나 다 있다. 아이도 마찬가지다. 다른 사람들에게 칭찬받고 싶고 긍정적인 반응을 얻고 싶은 것이다. 따라서 아이의 마음을 제대로 헤아리면서 바람직한 방향으로 발전시키는 것이 부모의 몫이다. 남들보다 많이 가지거나 우월해지는 것만이 능사가 아니라 다른 사람들에게 신뢰를 얻는 것이 중요하다고 말해 주자. 그러기 위해서는 남들을 알아주는 것이 먼저다. 따라서 "다른 사람들한테 잘해 주면 그 사람들이 너를 좋아하게 될 것이야."라는 교훈을 가르쳐주자.

Good reply

"우리 정서는 유명한 사람이 되어서
다른 사람들에게 존경받고 싶어?"

"유명한 게 중요한 게 아니야.
네 만족이 중요해."

Bad reply

예상 답변 3

"행복한 사람요"

자신의 감정을 잘 표현하고 감정의 영역을 중요하게 여기는 아이다. 무슨 직업을 원한다거나 무엇을 가지고 싶다는 식의 성취 지향적인 아이와는 대조되는 대답이라고 할 수 있다. 사실 부모가 자녀에게 바라는 것이야말로 행복한 삶 아니겠는가? 행복은 성공을 담보로 하는 것이라고 생각하는 부모와 아이가 꽤 많은데 꼭 그런가는 정말 의문이다. 오히려 행복을 느끼는 삶 그 자체가 곧 성공과 동의어가 아닐까?

응답 노트 행복한 사람이 되는 것은 아이와 엄마의 공통적인 희망 사항이라고 할 수 있다. 아이가 생각하는 '행복'의 의미가 과연 무엇인지 궁금하지 않은가? 하고 싶은 것을 다 하는 것이라고 생각할 수도 있고, 좋아하는 분야에서 성공하는 것일 수도 있으며, 다른 사람들을 위해 봉사하는 것일 수도 있기 때문이다. 혹은 가족 간의 화목이나 친구들과의 우애를 강조할 수도 있다. 무엇이든지 좋다. 아이가 행복을 느낄 수 있는 요인을 알아내어 부모로서 도와줄 수 있기에 상관없다.

Good reply
"그래. 엄마도 바라는 바야. 그런데 행복해지려면 무엇이 필요할까?"

"행복해지려면 너도 열심히 노력해야 해."
Bad reply

예상 답변 4

"잘 모르겠어요"

아이는 자신의 꿈을 갖고 있지 않다. 혹은 무엇이 중요하고 어떠한 삶을 원하는지 잘 모른다고도 할 수 있다. 깊이 생각하기를 싫어하거나, 정말로 자신이 어떠한 사람이 되기를 원하는지 잘 모르거나, 역할 모델로 삼을 만한 사람이 없거나, 무기력한 심리 상태에 빠져 있을 가능성이 있다.

응답 노트 아이에게 '가치'를 이해시켜야 한다. 아이의 꿈과 미래에서 가장 중요하게 고려해야 할 점은 바로 '가치'이기 때문이다. 과연 사랑, 우정, 행복, 건강, 성공, 인정, 봉사 중 아이에게 가장 중요한 가치는 무엇일까? 아마 부모가 중요하게 여기는 가치와 일치할 가능성이 높지만, 의외로 전혀 예상하지 못한 가치를 얘기할 수도 있다. 엄마로서는 아이가 무엇을 중요하게 여기는지 알 수 있는 좋은 기회다.

Good reply
"어렵게 생각할 필요 없어. 정서가 제일 중요하게 여기는 게 뭔지 생각해 봐."

"나이가 몇 살인데 그것도 몰라?"
Bad reply

어른이 되면 무얼 하고 있을까?

이 시기의 아이는 종종 자신이 어른이 되어서 무엇을 하고 있을지 상상에 빠진다. 현실 도피적인 의미도 있고 미래 지향적인 의미도 있다. 전혀 미래를 생각하지 않는 아이도 있다. 미래가 되면 막연하게 어른이 되어 있을 것이라는 정도의 생각뿐이다. 따라서 이와 같은 질문을 통해서 자신의 미래를 어떻게 예상하는지 알아보는 것이 중요하다. 대답의 내용을 통해서 아이의 마음을 많이 알 수 있기 때문이다.

행복하고 재미있게 잘 살고 싶어요

돈 벌고 자식 키우느라 힘들 것 같아요

실컷 놀고 있을 것 같아요

어른 되기 싫어요

예상 답변 1

"행복하고 재미있게 잘 살고 싶어요"

보통 아이라면 이와 같이 대답할 것으로 기대할 수 있다. 정신적으로 건강하다는 뜻이다. 미래에 대한 긍정적인 예측과 낙관적인 마음가짐은 이 시기 아이의 특권이다. 부모를 비롯한 어른들이 얼마나 힘들게 돈을 벌고 가정생활을 꾸려나가는지 잘 모른다. 굳이 알게 하지 않아도 된다. 시간이 지나면서 저절로 깨닫게 된다.

응답 노트 혹시 아이의 말을 기회로 삼아서 "그렇게 되기 위해서는 지금 당장 놀고 싶은 마음을 참고 열심히 공부해야 해."라고 말하지는 말자. 과거 우리의 선생님이나 부모가 자주 사용한 레퍼토리이다. 하지만 지금은 공부의 중요성을 다른 식으로 강조해서 아이 스스로 받아들이는 것이 마땅하다. 그렇지 않으면 시간이 지나서 거짓 협박이라고 생각하거나, 공부에 대한 심리적 압박감 때문에 "나중에 행복하지 않아도 좋으니 지금 행복할래요."라고 주장할 가능성이 높다.

 Good reply　"어른이 되어서도 그렇고 지금도 그럴 수 있으면 좋겠다."

"그러려면 지금부터 공부 열심히 해야 해." **Bad reply**

예상 답변 2

"돈 벌고 자식 키우느라 힘들 것 같아요"

아직 나이가 어린 자녀가 이와 같이 대답한다면, 이 말을 듣는 부모의 심정이 어떨까? 혹시 부모의 현재 모습을 보는 아이의 판단일까? 한마디로 부모는 착잡하다. 아이는 현실의 삶, 특히 어른들의 모습을 지켜보고서 지레 겁먹었을 가능성이 높다. 혹은 부모처럼 되는 것을 자신 없어 할 수도 있다.

응답 노트 먼저 아이에게 엄마, 아빠가 그렇게 보이는지를 물어본다. 아이가 혹시 그렇다고 대답하면, "그렇지 않다."라고 확실히 얘기해 주어야 한다. 여전히 아이가 안심하지 못한다면 "어른이 되면 다 하게 되어 있어. 어려서 그렇게 생각하는 것뿐이야."라고 설명해 주자. 혹시 예전에 부모가 아이에게 "너 키우느라고 얼마나 힘든지 알아? 돈 벌기도 정말 어려워." 식의 말을 하지는 않았는지도 떠올려보자. 자신이 부모의 짐처럼 느껴지는 아이는 벌써부터 독신주의나 딩크족을 계획하고 있을지 모른다.

 Good reply　"어른이 고생하는 것처럼 보였구나. 엄마와 아빠도 그렇다고 생각하니?"

"그래 어른이 되면 사는 게 힘들긴 해." **Bad reply**

"실컷 놀고 있을 것 같아요"

현재 생활에 스트레스를 받고 있는 것이 분명하다. 노는 시간이 부족하거나, 공부하기를 싫어하는 아이다. 보통 아이들처럼 어른이 되면 지금의 생활과 다르게 공부, 숙제, 시험 등이 없을 것이라고 생각하고 있다. 다만 어른은 어른대로 그리고 아이는 아이대로 주어진 일이나 해야 할 책임이 다르다는 것을 잘 아는지 모르는지의 차이다 .

응답 노트 아이가 현재 느끼는 학습 스트레스가 어느 정도인지를 아는 것이 중요하다. 다양한 질문을 통해 그 대안도 제시해 보자. "다니는 학원을 줄여볼까?", "주말에 함께 놀러갈까?" 등의 말로 아이의 기분을 풀어주자. 하지만 교훈이 담긴 말을 완전히 배제할 수는 없다. "어른이 되면 공부 대신에 일을 하지. 엄마도 어릴 적에는 그렇게 생각했어. 사람은 누구나 일을 하는데, 학생은 일이 곧 공부야." 라고 말해 주면 아이가 받아들이기 쉽다 .

Good reply
"우리 정서가 빨리 어른이 되고 싶구나?"
"공부하는 것이 재미없고 힘들어?"

Bad reply
"공부를 하면 얼마나 한다고 만날 노는 타령이야."

"어른 되기 싫어요"

어른이 되기 싫다는 말은 지금 이대로가 좋다는 의미일 수도 있고, 아이 눈에 비친 어른의 모습이 부정적이라는 의미일 수도 있다. 지금 현재 생활에 충분하게 만족하는 아이는 일반적으로 미래 역시 긍정적으로 예측하지만, 간혹 자신의 현재 행복이 어른이 되어 끝날지도 모른다고 불안해하는 아이도 있다. 벌써부터 '피터 팬 증후군'(성년이 되어도 어른의 사회에 잘 적응하지 못하는 아이 같은 어른을 일컬음)에 빠진 어른이 될 조짐이 보인다.

응답 노트 처음부터 곧바로 "왜 어른이 되기 싫은데?", "결국 어른이 될 수밖에 없어."라는 말로 아이를 밀어붙이지는 말자. 오히려 현재 무엇이 그렇게 재미있는지 물어보는 것이 낫다. 질문을 통해서 아이가 누리는 어린이의 특권을 알아보자. 그러나 만일 아이가 지금도 별로 재미있지 않다고 하면 문제는 조금 심각해진다. 지금도 별로 행복하지 않지만, 어른이 되면 더욱 행복해지지 않을 것 같다는 의미이므로 우울한 기분이 깔려 있는지 잘 살펴보아야 한다. 소아기 우울증을 앓는 아이도 꽤 많기 때문이다.

Good reply
"지금 너무 재미있고 행복하구나?
어린이라서 좋은 것이 뭐야?"

Bad reply
"누구나 나이를 먹으면 어른이 될 수밖에 없어."

어른이 되면 아이를 어떻게 키우고 싶어?

너무 앞서나간 질문일 수도 있다. 아이가 나중에 부모 입장에 설 때 과연 어떻게 말하고 행동할지는 어디까지나 현재의 관점이 반영된 결과다. 이 질문을 통해서 아이가 부모에게 바라는 것이 무엇인지 알 수 있다. '내가 만일 부모라면?'의 가정이기 때문이다.

아이를 낳지 않을 거예요

야단치고 때리면서 키울 거예요

야단치지 않고 잘해 줄 거예요

아이가 원하는 걸 다 들어줄 거예요

"야단치지 않고 잘해 줄 거예요"

야단을 치지 않겠다는 내용에 주목하자. 사실이 어떻든지 간에 아이는 현재 야단을 치는 부모에게 많은 영향을 받고 있음을 드러내는 것이다. 부모가 "그렇게까지 야단치지 않는다."라고 항변해도 아이의 주관적인 지각이나 느낌을 무시할 수는 없다. 질문을 하기 바로 직전에 야단을 친 경우만 예외로 할 수 있다.

<u>응답 노트</u> 아이의 바람을 이해해 주는 게 먼저다. '이제부터라도 덜 야단치겠다.'라는 메시지를 아이에게 주어야 한다. 아이는 자신의 바람이 자연스럽게 전달되었음을 확인하고 부모와의 대화에 만족할 것이다. 그러나 엄마가 "내가 언제 야단을 많이 쳤다고 그러니?"라고 다그치면, 아이는 괜히 말을 꺼냈다고 후회하면서 부모와의 대화를 점차 기피할 것이다. 만일 아이가 고개를 내저으면 엄마를 무서워할 가능성이 높다. 엄마를 무서워하는 아이는 무섭다고도 잘 표현하지 못할 수가 있기 때문이다.

"야단치고 때리면서 키울 거예요"

엄청난 적대감과 분노의 표현이라고 말할 수 있다. 이와 같이 말하는 아이의 부모는 대개 권위적이거나 억압적이다. 야단을 무척 많이 쳤거나 아이를 때리기도 했을 것이다. 자신이 부모가 되어서 야단을 치지 않겠다는 아이보다 야단을 치고 때리겠다는 아이가 더 무섭다. 아이 입장에서는 복수를 다짐하는 의미라고 할 수 있다. 부모에게 직접 복수하는 것이 아닌 자신의 아이에게 간접적으로 분풀이하는 복수인 셈이다.

<u>응답 노트</u> 윗물이 맑아야 아랫물이 맑다. 부모가 모범을 보여야 자식이 올바른 행동을 한다. 부모 스스로 깊이 반성하고 변화를 다짐해야 한다. 혹시 부모가 아이를 심하게 야단치거나 때리지 않았는데도 아이가 그렇게 대답한다면, 아이는 무엇인가 다른 일로 인하여 화가 잔뜩 나 있는 상태다. 친구 관계나 학교생활을 면밀하게 관찰해 봐야 한다.

"이제부터 엄마와 아빠도 심하게 야단치거나 때리지 않을 테니 정서도 나중에 부모가 되면 아이를 때리지 말자."

"애를 왜 때려? 너도 때린다고 말 듣지 않잖아." Bad reply

"우리 정서가 야단을 많이 맞는다고 생각하는구나. 그러니?"

"엄마가 언제 야단을 많이 쳤다고 그래?" Bad reply

예상 답변 3

"아이를 낳지 않을 거예요"

혹시 "무자식이 상팔자다.", "자식 낳아서 내가 이 고생이로구나." 같은 말을 아이 앞에서 한 적이 있는가? 아이는 자신을 부모에게 부담이나 어려움을 안겨주는 존재로 생각할 가능성이 높다. 혹은 자신이 말썽꾸러기인 것을 잘 알고 있기에 자신을 닮은 자식을 낳을 것이라는 막연한 두려움이 있을 수도 있다. 어느 쪽이든지 간에 좋지 않은 대답이다. 아이에게 자식, 자녀, 어린이 등과 같은 단어는 이미 부정적 의미로 새겨져 있기 때문이다.

응답 노트　아이에게 부모가 얼마나 사랑하는지를 반드시 확인해 주어야 한다. 비록 때로는 자녀를 비난하고, 야단치며, 미워하는 것 같은 표정을 지어도 부모의 가슴 밑바닥에는 애정과 사랑의 감정이 흐르고 있음을 부정할 수는 없다. '잘나든 못나든 그 자체로 소중하고 사랑스러운 존재다.'라는 메시지를 전달하자. 아이가 잘 모르는 것 같으면 자꾸 가르쳐줘야 한다. "네가 결혼해 아이를 낳으면 엄마에게 손자나 손녀가 생기는 거네? 정말 귀엽겠다."라는 말도 덧붙이자.

> "엄마와 아빠에게 정서가 얼마나 소중한 존재인데…." **Good reply**

> "어른들이 하는 말을 따라 하면 못써." **Bad reply**

예상 답변 4

"아이가 원하는 걸 다 들어줄 거예요"

맙소사! 아이는 그동안 욕구 불만 상태에 있었단 말인가? 인정하기 싫고 어렵겠지만 사실일 것이다. 아이의 답변 속에 숨은 뜻은 '그동안 우리 엄마나 아빠는 제 요구나 주장을 너무 들어주지 않았어요. 자식 노릇하기 힘들었다고요!' 이다. 더 나아가서 다음과 같은 뜻도 전달하고 있다. '이제라도 제발 제 말 좀 잘 들어주고, 제게 지금보다 잘해 주세요.' 객관적인 진실보다는 아이의 주관적인 지각이 중요하므로 분명히 새겨들어야 한다.

응답 노트　아이의 대답을 먼저 인정해 준 다음에 엄마가 하고 싶은 말을 해 준다. 그 이후 다음과 같은 질문 겸 다짐의 말을 하라. "그동안 엄마가 네 바람을 잘 들어주지 않았니? 이제부터 엄마가 더 많이 네 말을 들어줄게." 아이가 안심하고 기뻐하는 눈치라면 매우 다행이고, 믿지 못하겠다는 눈치라면 정말로 엄마가 먼저 변화해야 한다.

> "맞아! 아이가 원하는 것을 잘 들어주면 돼. 하지만 잘못된 요구도 들어주는 것은 아니겠지?" **Good reply**

> "원하는 걸 다 들어주는 부모는 없어." **Bad reply**

👉 **Key Word 02**

당신의 아이는 '공부'를 좋아하나요?

드디어 '공부'라는 키워드가 등장했다. 이제 본격적으로 공부가 중요해지는 시기다. 공부를 잘해서 성공한 사람들은 대부분 이 시기부터 두각을 나타낸다. 물론 일부 사람들은 십대 중후반이나 심지어 이십대에 이르러서 뒤늦은 각성과 노력으로 공부를 잘했다지만 어디까지나 극소수이다. 왜냐하면 공부를 잘하기 위해서는 열정과 습관이 중요한데, 이러한 열정과 습관의 초석이 다져지는 시기가 바로 이 즈음이기 때문이다.

그러나 부모의 기대와는 다르게 아이는 공부를 즐거워하지 않는다. 공부를 지겨워하거나 어려워하는 것은 이 시기의 아이가 흔히 보이는 모습이다. 따라서 "공부를 지겨워하면 어떻게 하니? 그런 마음을 지녀서는 안 돼." 등의 원론적인 부모의 말은 전혀 도움이 되지 않는다. 오히려 부모는 기다렸다는 듯이, 예상했다는 듯이 다음과 같이 말해 주기를 권한다. "누구나 공부를 지겨워할 때가 있어. 엄마 아빠도 어릴 적엔 그랬고, 공부를 잘하는 아이들도 마찬가지야." 아이에게 자신의 현재 심정이나 생각이 비교적 큰 잘못이 아니고, 부모가 이를 받아주는 느낌을 전달하는 것이 중요하다. 그런 다음에 함께 공부에 흥미를 느낄 방안을 찾아 나선다. 잠시 휴식을 하게 해서 지겨운 감정을 즉시 풀어주는 단기적 방법이 있고, 좋아하는 과목 위주로 공부 시간을 변경하거나 시험 성적이나 과목 점수에 대한 부담감을 줄여주는 중·장기적 방법도 있다.

만일 아이의 시험 성적이 떨어졌다면? 시험 성적이 떨어졌을 때 가장 먼저 아이가 기분이 어떠한지를 살펴야 한다. "네 기분은 어떠니?"라고 물어본다. 이때 절대로 다그치거나 야단치는 분위기를 만들어서는 안 된다. 그러한 경우 많은 아이가 거짓으로 "아무렇지도 않아요."라고 말하면서 시험 성적의 의미 자체를 축소하려고 하거나, "너무 슬퍼요."라고 과장해 말하면서 엄마의 꾸중을 피하려고 한다. "기분 괜찮아요. 오히려 좋아요."라는 대답으로 반항심을 표현하는 아이도 있다. 따라서 엄마가 아이를 이해해 주고, 문제를 해결하게끔 도와주려는 마음을 지니고 있음을 아이에게 잘 전달해야 한다. 대개 아이가 솔직한 감정을 말하게 되면, "기분이 안 좋아요."라고 대답할 것이다. 이때 엄마는 아이의 마음에 공감해 준 뒤, 시험 성적을 올릴 수 있는 방법을 함께 찾아 나서자. 실제로 아이가 먼저 생각하게끔 한 다음에 엄마의 의견을 더하는 식으로 대화하다 보면, 어느새 시험 성적 저하로 인한 무거운 분위기가 미래에 대한 희망과 기대를 갖는 밝은 분위기로 바뀔 것이다.

공부하기 싫을 때 아이는 이 핑계 저 핑계를 대면서 공부에 대한 불평을 늘어놓거나, 부모에게 질문이나 요구를 지나치게 많이 할 수 있다. 예컨대 "어느 대학교가 더 좋아요?", "수학이 더 중요해요? 영어가 더 중요해요?" 등의 질문을 계속 하고, "엄마, 간식은 이따 빵으로 해 주세요.", "방이 너무 더워서 공부가 안돼요." 등의 요구를 한다. 결국 엄마는 최대한 응대하다가 나중에는 화를 내면서 "이제 그만해라."라고 소리를 지르게 된다. 그렇게 되기 전에 엄마는 아이의 이와 같은 행동에 제동을 걸어야 한다. 미리 규칙을 만들어 아이가 공부를 시작하기 전에 말해 주고 공부 시간이 끝나면 엄마가 가급적 아이의 요구를 들어준다. 그러나 아이가 무리한 요구를 한다고 판단되면, 반드시 이유를 설명해 주면서 거절한다.

공부하는 것이
힘들어?

공부라는 단어는 이 시기부터 아이에게 가장 많이 들리는 단어가
될 것이다. 부모도 공부, 선생님도 공부, 나도 공부, 친구들도 공부
얘기를 계속할 수밖에 없다. 이러한 공부를 아이가 힘들다고
느끼거나 혐오스럽게 받아들인다면 아이의 생활은 괴로움과
불행의 연속이다.

예상 답변 1

"아니요~ 힘들지 않아요"

정말로? 그럴 수도 있고 아닐 수도 있다. 만일 아이의 말이 사실이라면. 아이는 공부를 참 재미있게 하거나. 성취 욕구가 강하거나. 공부에 대한 욕심이 많은 것이다. 그러나 마음속으로는 공부가 힘들고 어려워서 싫어하지만 엄마가 원하는 대답을 들려주기 위해서 거짓말을 한다면 문제다. 자존심이 세어 그렇다면 그나마 다행이지만, 엄마를 두려워해서 이와 같이 말한다면 걱정되는 아이다.

<u>응답 노트</u>　많은 부모가 아이가 이와 같은 대답을 해 주기를 바란다. 그러나 아이의 속마음이 별로 그렇지 않을 것으로 짐작되면. "힘들면 힘들다고 얘기하는 것이 좋아. 엄마가 뭐라고 하지 않을게. 공부가 너무 힘들면 좀 쉬면서 해도 돼."라고 말해 준다. 만일 엄마가 아이의 속마음을 전혀 눈치 채지 못하면 "그래. 공부를 힘들어해서는 안 된다."라는 이상론적인 말을 할 것이고, 그로 인해 아이의 감정을 한 번 더 억압하는 셈이 된다.

"다행이다. 혹시라도 힘들면 솔직하게 엄마한테 얘기해 줘." **Good reply**

Bad reply "맞아. 공부를 힘들어하면 안 돼."

예상 답변 2

"네~ 어렵고 힘들어요"

그렇다. 사실 이와 같은 아이의 대답이 오히려 안심이 된다. 왜냐하면 아이는 적어도 자신의 감정을 억제하거나 왜곡하거나 부인하지 않기 때문이다. 솔직하게 힘들고 어렵다는 말을 할 수 있어야 나중에 병이 안 된다. 아이의 공부에 대한 태도와 감정을 수시로 확인하는 것은 매우 중요하다. 공부를 1~2년만 하는 것이 아니라 적어도 10년 정도는 할 것이기 때문이다.

<u>응답 노트</u>　아이의 힘든 마음을 먼저 공감해 준다. 늘 얘기하지만 아이가 말한 내용을 반복하면서 "그랬구나."라고 말해 주는 것은 공감을 표현하는 기본적인 화법이다. 그런 다음에 탐색하는 질문을 할 수 있다. "요새 특히 어떤 과목이 공부하는 데 힘들고 어렵지?", "숙제가 너무 많아서 힘들어?", "공부 내용이 어려워져서 이해가 잘 안되니?" 등의 다양한 질문을 통해서 아이가 왜 공부를 힘들어하는지 구체적으로 파악해 나갈 수 있다. 그래야 엄마가 아이에게 도움을 줄 수 있다.

Good reply
"공부를 너무 어렵거나 힘들게 생각하지 않으면 좋겠어. 그래야 공부를 재미있게 할 수 있어."

"너만 힘든 게 아니야. 공부라는 건 원래부터 어렵고 힘든 거야." **Bad reply**

"힘들어도 어쩔 수 없잖아요"

아이가 자신의 감정보다는 이성적 판단을 중요하게 여기고 있다. 처음부터 과연 그러했을까? 아마도 부모의 영향일 가능성이 높다. 아이는 불과 며칠 전에도 엄마에게서 "공부는 아무리 힘들고 어려워도 어쩔 수 없이 해야 하는 거야. 학생은 공부를 게을리 하면 안 돼."라는 말을 들었을 가능성이 높다. 들을 때는 거부감이 있어도 마치 세뇌나 각인이 되듯이 아이 마음속에 박혔을 수도 있다.

<u>응답 노트</u> 어쨌든 아이가 힘든 감정을 말머리에 드러냈기에 엄마는 아이가 어느 정도 힘들어하는지 파악해야 한다. 아이가 많이 힘들다고 대답하면, "그럼 무작정 참지만 말고 좀 쉬었다가 해. 그리고 힘들 때마다 엄마에게 자주 말해 줘."라고 말해 준다. 만일 아이가 "별로 힘들지 않아요."라고 대답하면, "그 정도라니 다행이네. 나중에 힘들면 얘기해 줘. 스스로 마음에 내키는 공부를 하면 좋을 텐데."라고 말해 준다. 아이가 공부 때문에 힘들어하는 것을 엄마도 이해할 수 있음을 전달하는 것이 핵심적인 반응 요령이다.

"너무 재미없어요" 야 "하기 싫어요"

우려한 아이의 반응이 현실로 나타나는 순간이다. 아이답다. 그러나 너무 솔직해서 탈이다. 아이는 자제력과 참을성, 혹은 이성적 판단보다는 오로지 감정적 측면만 발달하고 있다. 아이는 자신이 좋아하고 흥미를 느끼는 과제에만 몰두할 가능성이 있다. 이런 경우 인터넷 게임이나 스마트폰에 노출되면 미디어 중독 상태에 이르게 될 가능성이 높다.

<u>응답 노트</u> 아이의 힘든 감정을 있는 그대로 인정해 주는 것이 중요하지만, 그렇다고 해서 이제 그만 공부하라고 얘기하기는 어렵다. 특히 이와 같은 대답을 하는 아이는 실제로 공부를 아예 하지 않으려고 한다거나 별로 많지 않은 분량의 학습도 버거워한다. 주의 집중력이 부족한 아이도 이와 같은 대답을 자주 한다. 공부를 너무 재미없어 해서 자꾸 하지 않으려고 하는 것은 분명한 문제점이요, 변해야 한다는 사실을 아이로 하여금 깨닫게 한다.

Good reply "우리 예찬이가 공부를 힘들어했구나. 그런데도 열심히 하겠다고 하니 대단한데?"

Bad reply "그래. 공부는 힘들어도 꼭 해야 하는 거야. 잘 생각했어."

Good reply "공부를 무조건 싫어하는 건 문제가 있지 않을까? 재미있게 하기 위한 방법을 찾아보자."

Bad reply "평소에 공부를 그렇게 안 하니 더 재미없고 하기 싫어지는 거지."

어떤 수업이 어려워?

공부를 열심히 하자고 아이에게 권유하거나 지시하기 전에 부모가
알아야 할 사실은 아이의 현재 학업 수준이다. 따라서 아이가 좋아하거나
어려워하는 과목을 알고 있어야 한다. 그러기 위해서는 아이에게 수시로
어떠한 내용을 공부하는지 물어봐야 한다. 다만 다그치는 것이 아니라
도와주고 싶어 하는 태도를 보이는 것이 중요하다.

"○○요" 많은 아이가 수학을 어려워한다. 영어나 국어를 어려워하기도 한다. 이미 엄마는 아이가 무슨 과목을 어려워하거나 싫어하는지 알고 있을 것이다. 수학을 어려워하니까 싫어하고, 또 싫어지니까 공부를 더 하지 않게 되어 계속 어려워지기 때문이다. 아이의 공부를 구체적으로 도와주든지, 최소한 혐오감은 갖지 않게끔 해 주는 것이 부모의 몫이다. 아이의 대답 속에 '저는 수학이 어려우니까 수학 공부 좀 그만 시키세요.', '제가 수학을 더 잘할 수 있게끔 도와주세요.'라는 의미가 담겨져 있으니.

응답 노트 당연한 결론인 "더 잘할 수 있는 방법을 연구해 보자."라는 말을 곧바로 하지 말자. 중간에 뜸을 들여야 한다. 아이로 하여금 그 과목에 대한 두려움을 줄여나가게 만드는 엄마의 노력이 중요하다. 몇 가지 방법이 있다. 많은 사람이 그 과목을 어려워한다고 말해 줌으로써 아이 자신이 원인이 아님을 일깨워준다. 또한 "어릴 적에는 곧잘 하더니 갑자기 어려워져서 그렇구나."라는 말로 일시적 현상임을 암시해 줌과 동시에 다시 잘할 수 있다고 격려해 준다.

Good reply "○○는 어려운 과목이야. ○○를 잘하는 사람도 어렵다고 느껴."

Bad reply "그래? 그럼 학원에 다녀볼래?"

"다 쉬워요" 대단한 자신감의 표현이다. 혹은 실제와 다르게 큰소리를 치는 것일 수도 있다. 듣는 엄마는 아마 알 것이다. 그래도 다 어렵다고 말하는 것보다는 나을 수 있다. 자신이 마음만 먹으면 얼마든지 공부를 잘할 수 있다고 여기는 아이다. 실제로 노력을 별로 하지 않고서도 결과가 좋은 아이는 대개 이와 같이 대답한다.

응답 노트 실제로 공부를 곧잘 하는 아이의 자신감을 잘 유지시키는 것이 바람직하다. 엄마 앞에서 큰소리를 좀 치면 어떠한가? "자만에 빠지지 말고 겸손해라."라는 말을 꼭 해서 분위기를 가라앉힐 필요는 없다. "다 쉬운 것은 다행이지만, 그래서 그런지 너무 노력을 하지 않는 것 같다."라는 반응을 보일 수도 있다. 공부를 제대로 하지 않으면서도 큰소리만 치고 괜한 자신감을 표현하는 아이에게 보여야 할 반응이다. "쉽다고 공부를 게을리 하다 보면 나중에 어려워질 때 공부가 더욱 힘들어져."라는 말도 덧붙이자.

Good reply "모든 과목이 다 쉽다고? 정말 대단하구나. 그래도 게을리 하면 나중에 어려워질 수 있어."

Bad reply "자만에 빠지지 말고 겸손한 자세로 공부해."

예상 답변 3

"다 어려워요" 모든 과목을 어려워한 다니 참으로 걱정되는 대답이다. 공부 자체를 무척 힘들어한다는 뜻이 아 닌가? 공부는 곧 어렵다는 생각이 머릿속에 이미 박혀 있는 아이일 가능성이 높다. 간혹 공부를 곧잘 하는 아이도 이와 같이 대답하는데, 이런 아이는 공 부를 인생에서 가장 중요한 가치로 여겨 공부에 대 한 심리적 압박감이 대단히 심하다. 공부를 열심히 하기는 하되 하기 싫은 일을 억지로 하는 형국이다.

응답 노트 "어떻게 그 정도까지 공부를 힘들어할 수 있어?" 식의 반응은 아이의 감정 자체를 부인하 는 것이므로 삼간다. 아이의 힘든 감정 자체를 인정 해 준 다음에 구체적으로 어떻게 그리고 무엇이 가 장 힘든지 파악해 나간다. 그중에서도 어떤 과목이 힘든지, 학교 수업 시간에는 이해가 되는지 등의 질 문으로 아이의 상황을 정확하게 알아낸 후 대책을 마련해야 한다. "덜 어려운 과목부터 차근차근 공 부해 나가자. 엄마가 도와줄게." 라는 격려의 말로 마무리 짓자.

 "다 어렵다고? 우리 정서가 그동안 무척 힘들었구나."

"정말이야? 진짜 공부가 다 어려워?"

예상 답변 4

"모르겠어요" 공부와 관련된 질문에는 모르쇠로 일관하는 아이 가 더러 있다. 정말 모른다기보다는 말하기 싫다 는 의미가 더 크다. 아마 마음속으로 '엄마, 이제 공 부 얘기는 하지 마세요. 저는 공부와 관련된 얘기를 하기 싫어요.'라고 말하고 있을 것이다. 공부 자체 에 관심이 별로 없는데다가 특별하게 좋아하거나 싫어하는 과목이 없는 아이도 이와 같은 대답을 한 다.

응답 노트 공부하는 데 어려운 과목과 쉬운 과목, 잘하는 과목과 부족한 과목이 무엇인지 스스로 깨 닫는 것은 무척 중요하다. 그냥 아무런 생각 없이 엄마가 시키는 대로 혹은 상황에 맞춰 공부를 해 나 가는 것은 결코 바람직하지 않다. 엄마는 아이에게 이러한 점을 알려주어야 한다. "누구에게나 어려운 과목은 있어. 그것을 노력해서 덜 어렵게 만드는 것 이 중요해."라는 말도 해 준다. 정말로 아이가 공부 얘기를 하기 싫어하는 것 같으면, "공부 얘기는 나 중에 할까?"라는 말로 끝내자.

"그래도 잘 생각해 봐. 누구에게나 어려운 과목은 있으니까." 　　"공부에 관심이 없으니까 그런 것도 모르는 거야."

Good reply

어떤 때 공부가
재밌어?

공부를 잘하기 위해서, 공부를 열심히 하기 위해서는 공부에 재미를
느껴야 한다. 많은 사람이 공부는 원래 재미가 없기에 참고 열심히 하는
수밖에 없다고 말한다. 그러나 사실 그렇지 않다. 분명 수학 문제가 술술
풀리고, 영어 단어가 쏙쏙 외워지며, 사회 과목의 내용이 쉽게 이해될 때가
있다. 그 순간을 포착하고 기억하는 것이 매우 중요하다.

좋아하는 과목
공부할 때요

게임 실컷
하고 난 다음에요

재미있을 때
없어요

공부가
잘될 때요

예상 답변 1

"공부가 잘될 때요"

정말 공부를 잘하는 아이이거나 공부에 재미를 느끼는 아이이다. 이와 비슷한 반응으로는 "○○ 문제가 잘 풀릴 때요." 등의 대답이라고 할 수 있다. 공부의 참맛을 아는 아이라고 볼 수 있기에 부모는 마음이 뿌듯할 수 있다. 엄마를 기쁘게 하기 위한 의도적 발언이 아니라면, 아이는 공부를 통해서 성취의 기쁨을 조금씩 알아가는 중이다.

<u>응답 노트</u> 아이에게 공부에 대한 긍정적 이미지를 심어주는 것이 사실 영어 단어 몇 개 더 외우는 것보다 중요하다. 공부는 아이의 성공을 보증하지 않는다. 공부하는 과정에서 느끼는 성취감, 그리고 공부로 인하여 경험하게 되는 좌절감을 얼마나 현명하게 잘 극복하는가가 아이의 성공과 행복을 보증한다고 말할 수 있다. 이와 같은 점을 아이에게 잘 전달하는 것이 부모의 역할이다. 덧붙여서 "공부가 재미있으면 더 잘되고, 더 잘되면 더 재미있어져. 그것이 공부를 잘하는 비결이야."라는 말도 해 주자.

> **Good reply**
> "그래, 공부가 재미있을 때는 공부가 잘될 때야."
>
> "우리 예찬이가 벌써 그 사실을 알고 있네."
>
> "필요한 게 뭐야? 엄마가 다 해 줄게."
> **Bad reply**

예상 답변 2

"게임 실컷 하고 난 다음이에요"

자신이 재미를 느끼고 즐거워하는 일을 먼저 하면 기분이 좋아지니 그다음에 공부를 한다는 뜻이다. 즉 아이 입장에서는 자신의 기분이 좋냐 그렇지 않냐가 공부의 전제 조건임을 설명하는 셈이다. 일부 아이들은 정말로 실컷 논 다음에 공부가 잘되고 재미있다는 말을 한다. 이것은 사실이다. 우리 아이가 과연 여기에 해당하는지 아닌지를 판단하는 것이 중요하다.

<u>응답 노트</u> 긍정적인 반응을 보여준다. 그런 다음에 마음은 이해하지만, 그래도 게임을 너무 많이 해서 공부할 시간이 부족하지 않을까 걱정스럽다는 의견을 전달한다. 아이에게 엄마가 걱정하는 바를 충분하게 전달하되 현재의 있는 그대로의 느낌을 무시하지 않는 반응이 좋다. 그러나 "그게 말이 되니? 게임을 하고 나면 공부가 잘 안돼. 마음이 벌써 흐트러지잖아." 식의 부정적인 반응을 아이에게 보인다면, 아이는 '엄마에게는 솔직하게 말해 봐야 하나도 소용이 없어. 이제부터는 아예 대답을 하지 말자.'라는 다짐을 할 것이다.

> **Good reply**
> "엄마도 이해해. 그런데 게임을 너무 하다가 공부할 시간이 부족하면 어떡하지? 엄마는 그 점이 염려돼."
>
> "하고 싶은 것 다 한 다음에 언제 공부를 해?"
> **Bad reply**

"좋아하는 과목 공부할 때요"

대다수의 아이가 이와 같은 대답을 할 것이다. 좋아하는 과목을 공부할 때 재미를 느끼고, 그 결과 더욱 몰입하며, 시험 성적도 우수하다. 이른바 선순환의 과정이다. 반대로 악순환의 경우는 다음과 같다. 아이는 특정한 과목을 싫어하게 되어, 억지로 마지못해 책상에 앉아서 공부를 하며, 그 결과 몰입도가 떨어져서 시험을 그르치게 된다. 따라서 선순환의 공부 과정이야말로 아이의 성적을 올리는 지름길이다. 좋아하는 과목이 여러 개이면 얼마나 좋을까 싶다.

응답 노트 아마 엄마는 이미 아이가 좋아하는 과목을 알고 있을 것이다. 그러니 "좋아하는 과목이라면서 시험 성적은 왜 그 모양이지?"라는 말은 농담이라도 피하기를 바란다. 아이는 부모의 농담을 자신을 무시하거나 비난한다고 받아들이기 쉽기 때문이다. 대신에 "공부를 좋아해서 하면 좋은 결과를 얻을 수 있어. 꼭 좋은 성적이 중요한 것이 아니라 자기의 지식으로 만들 수 있잖아."라는 말로 공부의 쓰임새를 이야기해 준다.

Good reply
"그래! 엄마도 예전에 그랬어. 그런데 예찬이는 무슨 과목을 좋아하지?"

"좋아한다면서 시험 성적이 그게 뭐니?" **Bad reply**

"재미있을 때 없어요"

어쩌면 가장 솔직한 대답일 수 있다. 많은 아이가 공부를 어려워하고, 하기 싫은 것으로 생각하기에 이와 같은 대답은 무척 당연하다. 자신이 원해서 공부하다 보면 어느 순간 공부가 재밌게 느껴질 수 있다. 그러나 대다수의 아이들은 그저 공부는 엄마나 아빠가 늘 입이 닳도록 강조하는, 자신의 노는 시간을 방해하는 녀석이라고 여길 뿐이다.

응답 노트 아이가 공부에 대해 느끼는 지루함, 혐오감, 거부감 등을 인정하되 이를 줄이기 위한 실제적인 노력을 해 보자. 아이에게 어떻게 하면 공부가 재미있을 수 있는지를 찾아보자고 제안한다. 아이는 아마 "공부가 어떻게 재미있어요? 원래 재미없어요."라고 대답할 수 있다. 그러나 엄마는 이에 굴하지 말자. "쉬운 내용을 먼저 하는 방법, 좋아하는 과목을 먼저 공부하는 방법, 기분 좋을 때 공부를 시작하는 방법 등 여러 가지가 있어." 라고 말해 주자.

Good reply
"공부가 재미없구나! 엄마도 예전에 그랬어."

"그런데 공부가 재미있다고 생각하다 보면 실제로 그렇게 느껴."

"넌 어쩌려고 벌써부터 공부를 싫어하니?" **Bad reply**

어떻게 하면 공부를 잘할 수 있을까?

과연 아이가 공부를 잘할 수 있는 방법을 알고 있을까? 부모는 과연 잘
알고 있는가? 공부를 잘하기 위해서 아이와 부모는 무엇을 생각할 수
있을까? 부모와 아이 모두에게 주어진 숙제다. 공부를 잘할 수 있는 방법을
심사숙고하는 것은 중요하다.

공부를 열심히,
많이 해야죠

계획을
잘 세워야 해요

원하는 것을
상으로
받으면요

모르겠어요

"공부를 열심히, 많이 해야죠"

아마 예전부터 귀가 따갑게 혹은 머릿속에 박힐 정도로 여러 번 들은 말일 것이다. 부모나 선생님이 늘 강조하지 않았는가. 공부에는 왕도가 없고 열심히 많은 시간을 들여서 노력하는 것이 최선의 방법이라는 것은 동서고금을 막론하고 엄연한 사실이다. 다만 아이가 그저 외워서 하는 말인지, 마음속에서 우러나와서 하는 말인지에 따라서 분명한 차이가 있다.

응답 노트 비록 결과는 만족스럽지 못하더라도 아이가 제대로 대답했다는 것을 인정해 준다. 따라서 다음과 같은 말을 덧붙이자. "네 말처럼 앞으로는 더욱더 열심히 공부해 보자. 지금도 잘하지만 공부를 게을리 하고 싶은 마음이 들어도 잘 이겨내렴." 혹은 다음과 같이 말해 보자. "그런데 실천하는 면은 좀 부족해 보여. 하지만 앞으로 점점 나아질 것으로 기대할게." 설마 아이에게 "지금처럼만 열심히 하면 최고야."라고 말하는 부모가 있다면 정말 부럽다.

Good reply "정서가 공부 잘하는 방법을 잘 알고 있구나."

Bad reply "잘 알면서 왜 평소에 공부를 안 하니?"

"계획을 잘 세워야 해요"

막연히 공부를 열심히 한다는 대답보다 구체적이고도 전략적인 내용이다. 이와 같은 대답을 하는 아이라면 이미 어느 정도 공부를 잘하는 방법을 생각해 봤다고 볼 수 있다. 물론 계획의 중요성을 이미 주변 어른들이 가르쳐줬을 수 있지만, 무엇보다도 아이 입에서 '계획'이라는 단어가 나온 것이 중요하다. 계획을 잘 세운다는 것은 체계적으로 실력을 향상시키고 시험을 대비함을 의미한다.

응답 노트 만일 아이가 제법 공부를 잘한다면, "○○가 좋은 성적을 받는 이유는 바로 공부 계획을 잘 세웠기 때문이야."라고 말해 준다. 공부를 잘하는 편이 아니라면 "계획을 짜는 것보다 마음먹은 대로 실천하는 게 중요해."라는 얘기를 해 준다. 많은 아이가 계획을 세우면서 앞으로 열심히 공부하리라 다짐하지만, 작심삼일이나 작심 하루 정도에 그친다. 따라서 엄마가 코치와 감독을 할 수밖에 없다. "계획 세운 것을 엄마에게 보여주면, 엄마가 옆에서 ○○가 잘 지킬 수 있게끔 도와줄게."라고 일러준다.

Good reply "계획을 잘 세우는 것도 중요하지만, 더 중요한 것은 마음먹은 대로 실천하는 것이야."

Bad reply "계획만 잘 세우면 뭐 하니? 실천을 해야지!"

예상 답변 3

"원하는 것을 상으로 받으면요"

아이는 공부 잘하는 것을 보상으로 연결하고 있다. 아이의 이와 같은 사고방식은 상당 부분 부모의 양육 태도에서 기인한다. 이른바 '보상 육아'를 통해서 부모가 원하는 행동을 아이에게 심어줬을 것이다. 물론 보상이 꼭 나쁘지만은 않다. 특히 취학 전 아이에게 보상 없이 올바른 행동을 심어주는 것은 무척 어렵다. 그러나 아이가 스스로 만족하는 마음을 지니기 바란다면, 아이의 이와 같은 반응에 다소 경계해야 한다.

<u>응답 노트</u> 먼저 아이가 원하는 것을 물어 아이의 의견에 동조해 준다. "너는 상을 바라고 공부를 열심히 하냐?"나 "그건 너보다 어린 아이들이나 할 말이지." 등의 지적을 하지 말라. 그런 말을 듣는 순간 아이는 '괜히 얘기했어.', '치! 엄마는 만날 이런 식이야. 다음부터는 솔직하게 얘기하지 말자.' 식의 생각을 하기 때문이다. 따라서 아이가 원하는 것을 묻되, 그 이후에는 공부의 목적이 물질보다는 자신의 만족이라는 점을 이야기해 준다. 성취감과 뿌듯함이야말로 가장 강력하고도 결코 질리지 않는 보상임을 아이가 알 수 있도록 말해 준다.

Good reply
"정서가 원하는 게 뭐야? 원하는 물건을 받기 위해서라도 열심히 공부하면 좋겠다."

Bad reply
"도대체 나이가 몇 살인데 아직도 선물 타령이니?"

예상 답변 4

"모르겠어요"

아이는 공부에 관심이 전혀 없다. 혹은 이미 아무리 열심히 해도 공부를 잘할 수 없으리라는 고정 관념을 갖고 있다. 더욱 불행한 경우는 자신은 공부를 열심히 하기도 싫고 열심히 할 능력도 없다고 여기는 아이의 태도다. 어디에 해당하든지 간에 빨간불이다. 아이가 공부에 대해 느끼는 혐오감, 두려움, 거부감, 알레르기 반응 등을 감소시키는 것이 이제부터 엄마가 해야 할 일이다.

<u>응답 노트</u> 중요한 것은 공부에 대한 아이의 부정적인 마음가짐을 있는 그대로 받아들이는 엄마의 태도다. 아이는 또 야단맞을 것을 예상했다가도 오히려 자신을 도와주려는 엄마의 반응에 안심할 것이다. 혹시 아이가 "공부를 싫어하지만 어렵거나 무섭지는 않아요."라고 대답하면, 그나마 다행스러운 반응이다. "그래? 공부를 싫어하기 쉬워. 재미없고 지루하기도 하지. 하지만 지금보다 덜 싫어할 수 있다면 앞으로 공부를 점점 하고 싶어질 수도 있어."라는 말로 아이를 격려하자.

Good reply
"정서가 공부를 너무 어렵게 생각하고 두려워하는구나. 엄마랑 공부를 즐겁게 할 수 있는 방법을 찾아보자."

Bad reply
"아예 공부에 관심이 없구나. 어쩌려고 그러니?"

☞ **Key Word 03**

당신의 아이는 자신의 '몸'을 잘 돌보고 있나요?

몸이 변화하기 시작하는 시기다. 대부분의 아이들이 이 시기에 이차 성징을 겪는다. 즉 남자아이는 변성기가 오고, 음모가 나고, 고환과 음경이 커지며, 수염이 나기 시작한다. 또한 여자아이는 가슴이 나오고, 골반이 커지고, 음모가 생기며, 초경을 한다. 무엇보다도 공통적인 변화는 갑자기 키가 많이 자란다는 점이다. 이와 같은 이차 성징은 여자아이는 대략 11~12세에 시작하고, 남자아이는 12~13세에 시작하지만, 시작 시기와 지속 기간은 개인별 차이가 매우 크다. 아이마다 격차도 커 어느 아이는 갑자기 많이 커서 몸집이 어른만 해지고, 어느 아이는 별다른 변화 없이 여전히 앳된 모습을 유지한다. 아이들은 거울에 비친 자신의 모습을 뚫어져라 쳐다보고 남들과 자신의 신체를 자주 비교한다.

이 시기의 몸, 즉 신체는 아이에게 '자기'의 대표적 상징이다. 몸의 변화를 가장 확실하고 분명한 자기표현 방식으로 생각하면서 많은 관심과 에너지를 쏟는다. 그러나 이와 동시에 실망감과 좌절감, 그리고 열등감의 원천이 되기도 한다. 남자아이들은 대개 근육과 키를 키우려고 하고, 강하고 멋있어 보이려고 한다. 여자아이들은 날씬해지고, 갸름한 얼굴을 지니려고 하며, 아름답게 피부를 가꾸고, 화장과 액세서리로 치장하려고 한다. 한편 자신의 몸을 가볍게 여기거나 별로 중요하지 않게 여기는 아이도 있는데, 자신의 심리적 스트레스나 주관적인 고통을 자해적 행동으로 표현하는 것이다. 반항심을 격렬한 언어와 행동으로 표출한다.

이렇게 아이가 충동적이고 우발적으로 돌출 행동을 하는 이유는 '뇌' 때문이다. 뇌는 신체보다 발달이 무척 더디어서 대개 25세까지 서서히 발달한다. 특히 사춘기에 진입하는 아이들의 경우 충동을 조절하는 핵심 역할을 하는 전두엽의 발달이 미숙해, 비록 몸은 어른에 육박하리만큼 커졌지만, 뇌는 그러하지 못하다. 즉 신체의 발달 속도를 뇌의 발달 속도가 따라가지 못하기 때문에 몸은 거의 어른이지만 정신은 여전히 아이인 셈이다.

따라서 부모는 여전히 아이를 잘 관리하고 감독해야 할 책무가 있다. 다만 그 방식이 예전처럼 지시하고 명령하는 권위적 태도가 아니라 권유하고 설득하며 존중해 주는 민주적 태도로 반드시 변화해야 한다. 또한 몸의 변화나 외모에 대한 관심에 그치는 것이 아니라 아이 스스로 몸을 소중하게 여기고 잘 관리하게끔 가르쳐야 한다. 신체적 건강에도 관심을 갖게끔 유도하자.

몸을 관리하는 주체 또한 부모에서 점차 아이 자신으로 이동할 수밖에 없다. 이 시기에 그 토대를 잘 쌓아두자. 부모 스스로 아이 몸의 변화를 인지하고, 아이가 몸의 변화에 놀라고 당황스러워하는 것을 최소화하도록 도와야 한다. 외모에 대한 집착을 줄이고, 몸을 건강하게 관리할 수 있도록 말이다. 온통 몸에 대한 생각에 사로잡혀서 다른 발달 과제에 소홀해지지 않게끔 해 주는 것도 중요하다.

몸에 변화가 있어?

이 시기의 아이는 몸의 변화에 당황하거나 놀랄 수 있다. 전에는 부모
앞에서 아무렇지도 않게 속옷 차림, 심지어 알몸으로 돌아다니던 아이가
옷을 입은 채로 욕실에 들어가고 나올 때도 수건으로 몸을 가린 채
후다닥 자기 방으로 간다. 그 이유는 바로 몸의 변화 때문이다. 부모는
아이의 몸의 변화를 알고 있어야 한다. 가장 좋은 방법은 직접 물어보는
것이다. 혹은 동성 부모가 자연스레 함께 목욕하면서 관찰할 수도 있다.

"키가 크고 살이 쪘어요"

대개 사춘기 시절 가장 큰 변화는 키가 부쩍 크는 것이다. 여자아이의 경우 키가 크면서 동반되는 체중의 증가를 '살이 찐다.'고 생각하여 걱정한다. 여하튼 일반적으로 키가 크고 체중이 느는 것이 아이에게도 신기하게 느껴지거나, 중요한 변화로 다가온다. 키가 크는 것은 사실 거의 모든 아이가 좋아한다고 말할 수 있다.

응답 노트 아이의 신체적 변화를 엄마도 인식하고 있음을 알려준다. 간혹 "키가 커야 하는데 별로 크지 않아서 실망이에요."라고 말하는 아이도 있다. 성장이 빠른 가까운 친구들에 비해서 자신은 아직 이차 성징이 나타나지 않기 때문에 걱정하기도 한다. 이와 같은 아이에게는 "너도 언젠가 부쩍 자라는 시기가 올 거야. 사람마다 많이 크는 시기가 다 달라."라고 말해 주며 안심시킨다. 반면 "지금 벌써 다 크면 나중에 작아질까봐 걱정이에요."라고 말하는 아이도 있게 마련인데, 이런 경우 "지금 급성장기가 온 것 같으니 키가 잘 클 수 있도록 잘 먹고, 잘 자고, 운동하면서 노력하자."라고 말해 준다.

> **Good reply**
> "맞아, 우리 정서는 최근에 엄청나게 많이 자랐어."
>
> ---
>
> "그래도 또래보다 아직 한참 작은걸 뭐."
> **Bad reply**

"얼굴에 뭐가 나요"

아이는 자신의 얼굴에 부쩍 관심이 많아졌을 것이다. 여드름이 생기면 대충 손으로 짜고 휴지로 닦던 부모의 어린 시절과는 달리 피부과 의원을 찾아가자고 말하는 아이가 낯설기도 하다. 수염이 나는 남자아이는 이제 제법 남자가 된 것처럼 시늉하기도 하니 그 모습이 우스꽝스럽기도 하고 대견하기도 하다.

응답 노트 얼굴 여드름 외에 변성기나, 수염 등의 다양한 이차 성징이 답변으로 나올 수 있다. 어떤 변화를 말하든지 간에 아이의 신체적, 생리적 변화를 부모가 잘 알고 있어야 하고 또 받아들여야 한다. 가령 초경을 한 딸아이에게는 "너도 드디어 여자가 됐구나."라고 축하해 주자. 중요한 것은 아이의 변화를 그저 아이 혼자서 알고 지나가는 것이 아니라 부모를 포함한 가족 전체가 아는 것이다. 가족이란 공동체적 집단임을 확인할 수 있는 좋은 계기다. 다만 성별이 다른 남매간에는 아이가 원하는 경우 비밀로 할 수 있다.

> **Good reply**
> "드디어 사춘기에 들어선 거야. 그래서 여드름도 나고 가슴도 나오는 거야."
>
> ---
>
> "벌써? 나이도 어린데 정말 빠르네."
> **Bad reply**

"그냥 뭐…"

사춘기에 접어들면서 나타나는 이차 성징에 일차적으로 혼란스러움을 느끼는 사람은 바로 아이 자신이다. 아이는 자신의 변화를 일목요연하게 설명하기 어렵다. 무엇인가 이것저것 달라진 것 같기는 한데 명확하게 인식하거나 설명하기 어려운 상황이 아이에게 펼쳐진 것이다.

<u>응답 노트</u> 아이의 신체 변화에 먼저 관심을 보이자. 동성 부모라면 자연스럽게 물어볼 수 있지만, 이성 부모라고 해서 어색해하지 않아도 된다. 직접 몸의 변화를 묻거나, 여러 가지를 나열해 그중에서 해당하는 몇 가지를 아이가 지목하게끔 해도 된다. 예컨대 "남자아이가 사춘기에 이르면 목소리가 굵어지고, 손과 발이 커지고, 팔과 다리에 근육도 생겨. 음경에 털이 나기 시작하고, 온몸에도 털이 나기 시작해."라는 설명을 들려주자. 아이는 부끄러워하지만, 엄마가 자신의 변화를 세세하게 예측하고 있음에 다시 한 번 엄마의 대단함을 느낄 수 있다.

 Good reply "우리 정서가 사춘기가 오면서 몸의 여러 부분이 달라지는 것 같아."

"엄마가 보기엔 이젠 어른 같은데? 다 컸네." **Bad reply**

"잘 모르겠어요. 똑같은 것 같은데"

아이가 나이로는 사춘기에 접어들었다 하더라도 아직 이차 성징이 나타나지 않아 별다른 변화가 없을 수 있다. 실제로 중학생들을 보면 머리 하나만큼 키 차이가 난다. 몸의 변화가 나타나는 것이 일반적이기는 하지만 어떤 아이의 경우 별다른 변화 없이 아주 서서히 혹은 뒤늦게 사춘기적 신체 변화를 맞는다.

<u>응답 노트</u> 누구나 이차 성징이 나타나면서 어른의 모습으로 바뀌게 마련이다. 그것이 빨리 혹은 늦게 오는가 아니면 급격하게 혹은 서서히 오는가의 차이가 있을 뿐이다. 더불어 아이가 친구들의 신체 변화에 놀라지 않고 자연스럽게 받아들이는 것도 중요하다. "너도 알지? 사춘기가 되면 남자는 수염이 나면서 키가 커지고, 여자는 초경을 하면서 가슴이 나오는 거야. 그렇게 어린이에서 어른이 되는 거야."라는 말로 설명해 주어야 한다.

Good reply "그래? 아직 우리 정서는 사춘기가 오지 않았나 보구나."

"하지만 조금 지나면 곧 올 거야. 그때는 놀라지 않아도 돼."

"너는 사춘기가 늦게 오나 보다. 다행이다." **Bad reply**

가장 신경 쓰이는
부분이 어디야?

몸의 변화에 따르는 또 다른 변화는 외모에 대한 예민함이다. 아이는 예전보다
많이 거울을 보면서 자신의 신체 구석구석을 바라보고 나름대로 평가하며
파악한다. '내 코가 그래도 오똑하네!'하는 자아도취적인 생각이 듦과 동시에
'그런데 내 얼굴은 왜 이렇게 크지?'라는 자기 비하적인 생각에 사로잡힌다.
외모는 말 그대로 겉으로 드러난 모습에 불과한데, 안타깝게도 아이들은
외모를 마치 가장 중요한 부분으로 인식한다.

"키가 작아서 싫어요"

이 시기의 아이에게 키는 매우 중요한 문제다. 특히 키가 작다고 느끼는 아이는 학교에 가기 싫다고 말하는 경우도 있다. 아무래도 남자아이가 여자아이보다 키에 대해 더 많이 고민한다. 안타까운 것은 객관적으로 키가 작은 경우보다 주관적으로 키가 작다고 느끼는 경우에 더 심하게 고민한다는 데 있다.

응답 노트 대개 키가 커서 고민하는 경우보다는 키가 작아서 고민하는 경우가 많다. 그러니 "그래, 네가 키가 작으니까 대신에 열심히 공부해서 성공해야겠지?"라는 말은 절대 금물이다. 대신 아이에게 키가 작아서 고민이냐고 물어본다. "키가 더 크면 좋겠어요.", "키가 작아서 속상해요."라고 아이가 대답한다면, 엄마는 반드시 위로와 격려를 해 주어야 한다. "아직 더 클 수 있어. 그리고 키도 중요하지만 더 중요한 것은 마음씨, 지식, 인격, 성격 같은 것이야."라는 말을 들려주자.

Good reply
"우리 예찬이가 키 때문에 신경을 많이 쓰고 있구나."

Bad reply
"그래 너는 키가 작으니까 열심히 공부해서 성공해야 해."

"얼굴이 너무 커요"

외모에 대한 아이들의 고민이 다양해졌다. 과거에는 키가 크고 작은 것, 얼굴이 잘나고 못난 것 정도였다. 그러나 지금은 얼굴이 작지 않은 것, 다리가 짧은 것, 목이 짧은 것, 어깨가 좁거나 딱 벌어진 것, 광대뼈가 튀어나온 것 등 다양한 불만이 쏟아져 나오고 있다. 그도 그럴 것이 TV에서 아이돌 스타들이 V 라인의 얼굴을 강조하고 늘씬한 각선미를 뽐내고 있으니 어쩔 수 없다.

응답 노트 평범한 외모를 받아들이도록 해야 한다. 연예인의 수려한 외모는 소수에 해당한다. 아이에게 TV 속 연예인을 좋아하는 것은 기꺼이 허용하되 그들을 닮으려고 하지 않아도 됨을 말해 주자. "보통 사람들은 얼굴 크기가 너와 비슷하다. 보통에 해당하면 괜찮지 않니?"라고 덧붙이자. "1백 미터를 더 빨리 달리는 사람이 있고, 남들보다 키가 큰 사람이 있으며, 얼굴은 작고 몸은 긴 사람도 있어. 각자 주어진 체격 조건이 다 다른 법이야."라는 말로 현실적인 차이를 알게끔 해 준다.

Good reply
"혹시 연예인을 기준으로 삼고 그렇게 말하는 것 아냐? 보통 사람들은 너와 비슷해."

Bad reply
"네가 연예인도 아닌데 무슨 얼굴에 그리 신경을 써?"

예상 답변 3

" ○○가
○○해서 싫어요 "

신체나 얼굴의 특정 부위에 대한 불만도 이 시기의 아이에게서 꽤 많이 관찰된다. 단순한 불만을 넘어서서 열등감으로 발전하는 것이 더 큰 문제. 각진 턱이나 쌍꺼풀 없는 작은 눈이야말로 아이가 부모를 닮았다는 보증 수표와도 같은 것인데, 우리 아이가 저리도 싫어하니 마음 아프다. "우리 아빠와 얼굴이 닮아서 싫어요. 못생겼어요." 라고 말하는 아이도 무척 많다.

응답 노트 먼저 아이에게 현재는 성장 중이므로, 어른이 되면 달라질 수 있음을 얘기해 준다. 아이가 "엄마는 자기 자식이니까 좋게 보는 것이잖아요." 라고 대답해도 엄마가 해 줘야 할 말이다. "어휴, 그러게, 어떡하니? 엄마도 그게 참 걱정이다."라고 말했다가는 아이에게 '우리 엄마도 인정하는 엄청난 나의 외모 결함'을 인정해 주는 셈이다. 그러하니 장난이나 농담이라 하더라도 피해야 할 표현이다. "엄마가 보기에는 하나도 안 그래. 괜히 쓸데없는데 신경 쓰지 말고 공부나 열심히 해."라고 말하는 것도 주의한다.

Good reply
"예찬아 너는 아직 자라고 있으니까 나중에 조금 달라질 수 있어."

"그러게~ 하필 ○○를 아빠 닮아서. 엄마도 속상해."
Bad reply

예상 답변 4

" 없어요 "

사춘기에 들어선 아이는 자신의 외모에 부쩍 관심을 많이 가지는 것이 일반적인 현상이다. 그러나 꼭 그렇지만은 않다. 예외가 항상 존재하듯이 이 시기 아이들의 세계에서도 그러하다. 어떤 아이는 외모에 관심이 지나치게 적어서 잘 씻지도 않고 다닌다. 그 이유를 물어보면, "귀찮아요. 어차피 도로 더러워지잖아요."라고 대답한다. 예쁘거나 잘생긴 연예인에 대해서 질문하면, "전 연예인 따위는 관심 없어요. 누가 예쁜지(혹은 잘생겼는지) 별로 중요하지 않아요."라는 대답을 한다.

응답 노트 일단 아이가 외모에 대해서 별다른 고민이나 갈등이 없다면, 이 시기를 편안하게 지낼 수 있을 것이다. 그러나 만약 지나칠 정도로 외모에 신경을 쓰지 않거나 씻기를 게을리 한다면, 아이에게 다음과 같은 충고를 해 주어야 한다. "외모가 빼어난지 아닌지가 중요한 것이 아니라 청결하고 단정하게 잘 유지하는 것이 중요해. 그건 다른 사람들에 대한 예의거든. 그러니 잘 씻는 것이 몸에 배어야 해."

"얼굴을 가꾸는 것보다 청결하고 단정하게 유지하는 게 더 중요한 일이야."
Good reply

"우리 아들은 누구를 닮아서 이렇게 자신감이 넘칠까?"
Bad reply

265

몸이 피곤하거나
아프지는 않아?

이 시기의 아이는 외모에 열광하지만, 부모는 아이의 몸에 더
신경이 쓰인다. 그러니 부모 입장에서는 여러모로 중요한 질문일
수밖에 없다. 아이의 몸 상태를 묻는 이 질문은 아이에게 단지 몸의
변화나 외모뿐만 아니라 몸에 대한 올바른 이해를 하는 데 도움을
줄 수 있다. 아이도 자신의 몸을 소중하게 여겨서 건강에 대한
관심과 관리 능력을 갖춰나가야 한다.

"아니요~ 괜찮아요"

몸이 중요하다. 몸이 편안해야 마음도 편안한 법이다. 어떠한 이유에서건 잠을 잘 못 잔다거나, 음식을 잘 먹지 못할 때 몸이 약해지고 탈이 나기 쉽다. 부모는 아이의 몸 상태를 잘 관찰하고, 수시로 아이에게 몸이 어떠한지 물어볼 의무가 있다.

<u>응답 노트</u>　아이에게 몸 관리의 중요성을 알려준다. 아이가 "어떻게 하면 몸 관리를 잘하는 거예요?"라고 질문하면, "잠을 잘 자고, 음식을 골고루 잘 먹고, 긍정적인 마음가짐을 지니면 돼."라고 얘기해 주자. 아이가 이를 틈타서 "그럼 몸 관리를 위해서 밤늦게까지 잠 안 자고 공부하면 안 되겠네요?"라고 반문할지 모른다. 당황하지 말고 차분하게 다음과 같은 말을 해 준다. "맞아. 공부를 낮 동안에 시간을 잘 활용해서 해야 밤에 잠자는 시간이 부족해지지 않아. 노는 것에 너무 푹 빠지다 보면 역시 잘 시간이 부족해지지. TV나 게임도 앉아서 하니까 운동도 되지 않고 눈과 두뇌가 쉽게 피로해져서 좋지 않아."

Good reply

"그래? 참 다행이다."

"우리 정서도 이제 많이 컸으니 스스로 몸 관리를 잘해야 해."

"엄마가 보기에는 어디 아픈 거 같은데?"

Bad reply

"몸이 안 좋아요" or "쉬고 싶어요"

아직 자라는 시기의 아이가 지쳤다는 표현을 한다는 것은 심각한 문제다. 아이는 몸이 아니라 마음이 지쳤을 수도 있고, 실제로 어떠한 질병의 시초일 수도 있다. 어쩌면 꾀병을 부려서 공부를 하지 않으려고 하는지도 모른다. 하지만 어떠한 경우이든지 간에 아이의 이와 같은 대답을 절대로 가볍게 여기거나 간과해서는 안 된다.

<u>응답 노트</u>　아이에게 일단 휴식하라고 말한다. 그리고 비록 엄마가 의사는 아니지만 아이의 몸이 어디가 어떻게 안 좋은지, 통증이나 열감은 없는지, 단순한 피곤함인지 체력저하인지 등을 나름대로 파악하고 판정해 본다. 이것은 상당한 효과가 있다. 어떤 경우 아이는 엄마에게 자신의 신체적 불편을 말하는 것만으로도 정신적 위안뿐 아니라 신체적 원기를 얻는다. 충분한 수면과 영양을 제공해 주고, 많은 휴식 시간을 허용해 준다. 몸이 다시 건강해졌다고 느끼는 순간 아이의 눈은 반짝 빛날 것이다.

Good reply

"그래? 그럼 일단 쉬자."

"어디가 안 좋은지 엄마에게 자세히 말해 봐."

"밤에 그렇게 늦게 자니까 매일 피곤하지."

Bad reply

"기운이 없어요" or "다 귀찮아요"

사실 이와 같은 대답은 '무기력감'을 표현하는 것이다. 특히 우울한 아이는 무엇이든지 다 귀찮고, 흥미와 관심거리가 별로 없으며, 일상생활에 의욕이 부족해 보이기 쉽다. 몸도 늘어져 보이고 피곤하다면서 하루 종일 잠만 자려고 한다.

응답 노트 기운이 나지 않고 귀찮다는 아이는 사실 자신도 괴롭다. 아이가 의도적으로 그와 같은 상태에 놓이려고 하겠는가? 그러니 엄밀하게 말하자면 아이 탓이 아니다. 아이를 괴롭히는 스트레스나 환경적 요인의 탓이라고 말할 수 있다. 부모는 이를 발견해서 조정해 주고 도와주어야 한다. 어떤 엄마는 다짜고짜 "왜 그럴까? 네가 기운이 안 날 이유가 없잖아.", "네가 도대체 무엇이 부족하기에 그렇게 활력이 없지?"라고 말한다. 이는 아이의 무기력 상태가 마치 아이가 정신이 해이해져서 그렇다는 식으로 말하는 것과 같다. 부모의 힘으로 부족하면 정신건강의학과 전문의를 찾아가서 '우울증' 여부에 대한 검진을 받는 것이 중요하다.

"몸이 아프고 이상해요"

특정한 부위의 통증이나 이상 증상을 말하지 않고, 두통, 복통, 사지 통증, 근육 경직, 떨림, 감각 이상, 소화 불량 등 그야말로 몸이 곳저곳이 이상하다고 표현하는 아이가 있다. 자가 면역 질환 같은 정말 심한 전신적 질병에 걸렸거나, '신체화' 증상일 가능성도 있다. '신체화' 증상이란 심리적 원인으로 말미암아 신체에 나타나는 각종 증상을 말한다.

응답 노트 가장 심각한 증상을 먼저 파악하여 그것에 대한 의학적 진단을 받아봐야 한다. 아이를 반드시 병원에 데려가야 한다. 진찰이나 검사를 해 봐서 의학적으로 이상 소견이 없어야 신체화 증상으로 간주한다. 이때는 아이의 심리적, 환경적 스트레스 요인을 면밀하게 점검해야 한다. 아이는 자신의 심리적 갈등과 신체적 증상 간의 연관성을 잘 깨닫지 못하거나 혹은 부인하는 경우가 많으므로 정신과적 진단과 치료가 필요할 수 있다. 아이가 가장 우선적으로 원하는 것은 자신의 신체적 불편함을 부모를 비롯한 주변 사람들이 알아주고 이해해 주는 것이다.

Good reply "몸과 마음이 모두 힘든가 보다."

"네가 뭐가 부족해서 그래?" **Bad reply**

Good reply "몸이 아파? 엄마에게 구체적으로 얘기해 줄 수 있겠니?"

"어디가 아픈지 정확히 얘기해." **Bad reply**

몸은
잘 챙기고 있니?

몸의 건강을 강조하는 데서 한 걸음 더 나아간 질문이다. 단지 몸이 아픈지
아닌지를 넘어서서 몸이 아프지 않게끔, 최상의 컨디션을 유지할 수 있도록
관리하기를 바라는 부모의 마음을 그대로 전달하는 질문이다. 아이가 점차
커가면서 몸을 관리하는 주체는 부모에서 자기 자신으로 옮겨간다는 사실도
아이에게 자연스레 일깨워줘야 한다.

네~ 잘
챙기고 있어요

아니요~
왜요?

공부하느라
시간이 없어요

몸만 잘 챙겨서
무슨 소용이에요

"네~ 잘 챙기고 있어요"

아이답지 않게 의젓한 발언이다. 그렇다. 어려서부터 자신의 몸을 함부로 하지 않고 소중하게 여기면서 잘 관리하는 습관을 길러줘야 한다. 비타민 영양제를 줘도 열심히 챙겨 먹는 아이가 있고, 그렇지 않은 아이가 있다. 열심히 챙겨 먹는 아이가 매사 열성적이고 몸을 소중하게 여기는 만큼 자신의 인격도 올바르게 유지한다.

응답 노트 아이의 답변에 칭찬으로 화답하자. 아이가 규칙적으로 운동을 한다면 그것을 지속할 수 있도록 격려를 아끼지 말자. "네가 지금 하고 있는 운동이 도움이 된다고 봐. 엄마는 네가 운동하는 모습이 참 보기 좋다."라는 칭찬의 말을 해 준다. "지금 정도의 몸 상태를 잘 유지하는 것이 중요해. 그러려면 무리해서 운동하거나 잠을 잘 자지 않거나 과도하게 TV나 게임에 몰두하면 안 된다는 것 잘 알고 있지?"라는 질문 겸 확인으로 건강의 중요성을 다시 한 번 강조한다.

Good reply "우리 예찬이가 몸의 중요함을 잘 알고 있구나. 몸이 건강해야 정신도 맑아지지."

Bad reply "그래. 이제부터 네 몸은 네가 알아서 챙겨."

"아니요~ 왜요?"

몸의 중요성을 별로 중요하게 인식하지 않고 있다. 이 시기의 많은 아이가 사실 이와 같은 반응을 한다. 왜냐하면 실제로 이 시기의 아이는 대부분 건강하고, 신체적으로도 원기가 왕성하며, 스스로 근력이나 신체적 힘의 발달을 느끼기 때문이다. 시기적 특성상 발육이 왕성해지면서 자연스레 소화도 잘되고, 밥도 잘 먹으며, 잘 걷고, 잘 뛸 수도 있으며, 게다가 잠도 잘 자니까 몸의 건강함을 당연하게 여기는 경향이 있다.

응답 노트 실제로 아이의 몸에 별 탈이 없기에 학교를 다니고 친구들과 어울리며 공부도 하는 것이 아니겠는가? 이와 같은 분명한 상관관계를 아이는 제대로 깨닫지 못하고 있다. 자신의 건강을 너무나 당연하게 여기고 고마워하는 마음이 없을 수도 있다. 몸 관리의 필요성을 깨닫지 못하는 아이에게는 "그렇지 않아. 몸이 아프면 정말 아무것도 하지 못한다. 공부는 물론 놀지도 못해."라는 말을 해 준다. '건강을 잃고 나서야 건강의 소중함을 깨닫기 쉽다'는 말이 있듯이 아이에게 건강의 중요성을 공부의 몇 배 정도로 강조해야 한다.

Good reply "앞으로도 건강을 잘 유지하려면 몸을 아끼고 챙기는 마음을 지녀야 해."

Bad reply "네가 한번 아파봐야 건강의 중요성을 알지!"

예상 답변 3

"공부하느라 시간이 없어요"

몸에 대해서 물어봤는데 갑자기 웬 공부 이야기로 문제의 초점을 흐리는지 답답할 것이다. 혹은 아이가 어떠한 질문에도 말끝마다 공부 시간을 핑계 삼아 부정적으로 대답하는 것이 얄밉기도 할 것이다. 그러나 어쩌랴. 아이는 그만큼 공부에 대해 많이 생각하고 있으며, 이는 상당 부분 부모의 영향이나 강요 때문일 수도 있다. '저는 오로지 공부만 생각하느라 다른 것에 신경 쓸 겨를이 없어요.'라는 메시지가 숨어 있다.

응답 노트 공부보다는 건강이 중요하다는 얘기를 해 준다. 아이는 엄마의 얘기를 들으며 '그래도 우리 엄마는 내가 공부 잘하는 것보다도 건강하기를 바라는구나.'라는 생각에 안도감과 고마움을 느낄 것이다. "공부를 중요하게 여겨야 하지만 공부 때문에 다른 생각을 하지 않는다면 잘못이야. 공부, 건강, 행복, 생활 규칙, 친구 관계 등을 골고루 중요하게 여기는 것이 더 낫다."라는 조언도 빠뜨리지 말고 해 주자.

Good reply

"공부에 온통 신경 쓰느라 힘들겠지만, 그래도 건강을 잘 챙기는 것이 중요해."

"공부하는 거랑 몸 챙기는 게 무슨 상관이야? 공부를 하면 얼마나 한다고."

Bad reply

예상 답변 4

"몸만 잘 챙겨서 무슨 소용이에요"

다소 냉소적인 아이다. 몸은 별로 중요하지 않고 정신이나 능력 등 형이상학적인 가치가 더 중요하다고 생각한다. 혹은 자기혐오에 빠진 경우도 있다. "저는 공부도 못하고 친구들에게 인기도 없고 얼굴도 못생겼는데, 밥 먹고 옷 입고 학원 다니느라 우리 부모님이 돈만 쓰게 만들어요. 제 몸에 음식이 들어가는 것도 아까워요." 우울증을 앓고 있는 중학교 2학년 남학생과 상담하는 중에 들은 얘기다.

응답 노트 이런 대답을 하는 아이들 중에는 간혹 자기 자신에 대한 불만족을 자해적 행동으로 드러내는 아이도 있다. 머리를 쥐어뜯거나, 팔과 다리를 직접 꼬집어서 상처를 내는 등의 행동이다. 자신의 몸을 함부로 다루는 이와 같은 행동은 결코 없어야 한다. 그러니 평소 엄마가 아이에게 늘 자신의 몸을 소중하게 여기고, 잘 챙기고 관리하라는 말을 자주 들려줘야 한다. 무엇을 하든 건강이 먼저라고 항상 답해 준다.

Good reply

"몸이 건강해야 나중에라도 다 잘할 수 있어. 몸이 약해지면 지금보다 잘 못 지낸다."

"그럼 매일 아파서 병원에만 누워 있으면 좋겠어?"

Bad reply

☞ **Key Word 04**

이성친구

당신의 아이는 '이성 친구'가 있나요?

이성 친구만큼 부모가 경계심을 갖고 접하는 사항이 또 있을까? 이 무렵 이성에 눈을 뜨고 관심을 보이는 것은 너무나도 당연하고 자연스러운 시기적 특성이다. 그렇다면 아이가 과연 언제부터 '이성'을 성적인 생각과 연관하여 느낄까? 가장 중요한 전환점은 이차 성징의 발현이다. 신체가 급격히 발달하면서 아이들(특히 남자아이들)은 노골적으로 키스, 포옹, 섹스 등의 성적 행위에 관심이 많아진다. 바로 이것이 이 시기 아이들이 이성 친구에 각별한 관심을 가지는 이유이다. 특히 성적 행동은 엄격하게 금지해야 한다. 이 대목에서 부모와 아이의 관계가 더 중요해진다.

아이에게 이성 친구가 생겼을 때 부모는 당황하고 갈등을 겪게 마련이다. 이성 친구가 생긴 아이와 갈등을 줄이는 대화법도 중요하다. 예를 들어서 남자아이가 좋아하는 여자아이에게 고백을 하지 못해 고민한다면, "조그만 게 벌써부터 무슨 여자냐? 공부나 해!"라는 말 대신 "많이 컸네~. 그 아이의 어떠한 점이 좋아? 그런데 공부하는 데 방해되지는 않니?"라고 말하라. 이는 엄마가 아이 행동의 심리적 동기를 헤아린 다음에 엄마의 바람을 직접적으로 표현하는 것이다. 아이의 불안한 마음을 달래주면서 효과적으로 엄마의 뜻을 전달할 수 있다.

아이가 사귀는 이성 친구가 부모 마음에 들지 않을 때도 갈등이 생기기 쉽다. 이때는 그 아이를 깎아내리기보다는 "그 친구가 마음에 많이 드니? 어떤 점이 좋아? 하지만 엄마는 네가 공부를 덜 중요하게 여기거나 생활 리듬이 깨질까봐 걱정이다."라고 말을 해 준다. 아이의 감정을 있는 그대로 받아준 다음에 엄마가 무엇을 걱정하는지 직접적으로 표현한다. 이것은 '너 메시지'('You' message)가 아니라 '나 메시지'('I' message)를 하라는 뜻이다.

　　마지막으로 좀 더 성장이 빠른 경우 스킨십 등의 성적 의미가 있는 행동 때문에 고민일수 있다. 예를 들어 우리 딸아이에게 사귀는 남자 친구가 키스하려고 하거나, 스킨십을 요구한다면? 부모는 이와 같은 상황이 발생할 수 있음을 아이에게 미리 말해 주고 반드시 혼자 즉흥적으로 결정하지 말고 엄마와 의논하라고 일러준다. 그 순간의 분위기나 감정에 빠져서 행동으로 옮기지 말라고 교육한다. 또한 상대방에게 미안한 마음, 내가 응하지 않으면 상대방이 나를 떠날 것 같은 불안, 상대방이 무섭고 두려운 마음 때문에 스킨십을 허락하는 것도 바람직하지 않다고 가르쳐준다. 막상 아이가 고민을 털어놓으면, "많이 놀랐지? 엄마에게 말해 준 것은 잘했어. 어떻게 이 문제를 풀어갈까?"라고 반응한다. 아이의 감정을 헤아린 다음 적절한 대처 방법을 함께 얘기한다. 특히 남자아이에게는 "이성 친구를 사귈 수는 있지만, 절대로 어른 흉내를 내서 키스나 스킨십을 해서는 안 돼. 너는 아직 미성년자여서 성적인 행동은 금지야."라고 더욱 직접적이고 강력한 금지의 말을 해 준다.

어떤 타입의
이성 친구가 좋아?

이 질문이야말로 부모가 잊지 말고 반드시 아이에게 해 봐야
한다. 이제 슬슬 아이는 이성에게 관심을 보이기 때문이다. 의외로
이성에 관심이 없는 아이도 있겠지만, 일단 아이가 어떤 유형의
이성을 마음에 들어 하는지를 아는 것은 무척 중요하다. 아이의
이성에 대한 기대, 기호, 감정 등을 골고루 알아보자.

예상 답변 1

"○○요" 구체적으로 아이가 말하는 이름을 이미 들어봤는가? 아마 십중팔구 들어봤을 것이다. 아이는 자신이 관심을 갖고 있는 이성 친구의 이름을 여러 번 들먹이며 그(또는 그녀)가 한 말과 행동을 전달했을 것이다. 혹은 흉을 보기도 했을 것이다. 만일 처음 들어보는 이름이라면 아이가 남몰래 혼자 좋아했거나, 평소 엄마와 대화를 잘 나누지 않았음을 의미한다.

응답 노트 이 시기의 아이는 이성 친구에 대한 표현에 예민할 수 있기에 "너 ○○ 좋아해?" 등의 강도 높은 용어는 주의해서 사용한다. 또한 "엄마 생각에는 ○○는 별로던데." 등의 반대하는 표현 역시 주의해야 한다. 추가로 해야 하는 질문은 다음과 같다. "○○는 너를 어떻게 생각하는 것 같아?", "다른 친구들한테도 ○○가 인기 있니?", "다른 여자(또는 남자)아이들과는 어떤 점이 다르지?" 등의 질문을 하면서 대화를 나누다 보면 아이가 어느 정도 좋아하는지를 알 수 있다.

"우리 예찬이가 ○○를 마음에 들어 하는구나. 그 친구의 어떤 점이 맘에 들어?"

"정말? 너 ○○ 좋아하는 거야?"

예상 답변 2

"예쁘고 착한 아이요" 답변 내용은 아마 아이가 딸이냐 아들이냐에 따라서 달라질 것이다. 그러나 앞의 사례처럼 구체적인 설명을 들지 않고 좋아하는 특성을 말하는 것으로 미루어볼 때 아이는 아직 좋아하는 아이가 생기지 않았을 것이다. 그러나 엄마한테 싫은 소리를 들을까봐 염려하는 아이라면 마음속으로 좋아하는 아이를 떠올리면서 그(또는 그녀)의 특징을 설명하는 것일 수도 있다.

응답 노트 먼저 어떤 아이가 예쁘고 착한 아이인지를 묻는다. 만일 아이가 누군가를 얘기한다면 그 아이에 대해서 요모조모 물어볼 수 있다. 하지만 "그런 아이는 없어요."라고 얘기한다면, 지금 좋아하고 싶은 이성의 이미지를 만들어가고 있다는 의미이다. 혹은 "그건 왜 물어보세요?"나 "말해 주기 싫어요."라는 대답을 한다면 아이는 벌써 사춘기적 심리 상태에 진입했음을 암시한다. 아마 특정 아이에게 호감을 분명하게 느끼고 있지만, 자신의 감정 상태를 스스로 표현하기 어려워하거나, 왔다 갔다 하는 감정일 수도 있다. 이때는 "다음에 엄마에게 말해 줘."라는 말로 대화를 끝내자.

"예찬이 생각에는 누가 예쁘고 착한 아이지?"

"그래? ○○ 얘기하는 거구나!"

275

예상 답변 3

"한 명도 없어요" 이성에 대한 높은 기대와 달리 친한 친구들은 평범하거나, 부족해 보이기에 아이는 이와 같은 대답을 한다. 아이는 이상적인 이성에 대해 아마 환상을 만들고 있거나 공상에 빠질 것이다. 아직 이성에 관심이 별로 생기지 않아서 이와 같이 대답할 수도 있다. 이러한 경우 동성 친구들과 노는 재미에 푹 빠져 있거나 이성을 폄하하는 발언을 자주 한다.

응답 노트 이성에 관심이 없는데 그치는 것이 아니라 사이가 좋지 않은지를 확인해 봐야 한다. 더 나아가 싫은 아이가 있는지를 묻는다. 우리 아이를 괴롭히거나 놀리는 아이가 있을 수 있기에 구체적으로 질문해서 확인해야 한다. 아이가 그저 이성에 대한 호기심이나 관심이 부족한 것으로 확인되면 많이 염려하지 않아도 된다. 대개 시간이 지나면서 해결될 문제이기 때문이다. 그러나 이성 친구들과 갈등이 있거나 그들에게 괴롭힘이나 냉대를 당한다면, 부모는 두 눈 부릅뜨고 두 귀를 활짝 열어서 상황을 알아봐야 한다.

Good reply "그래? 여자(또는 남자)아이들과는 잘 지내니? 특히 싫은 아이가 있어?"

"왜? 여자(또는 남자)아이들은 싫어?" **Bad reply**

예상 답변 4

"좋고 싫고가 없어요" 아직 이성에 관심이 별로 없을 가능성이 높다. 다시 한 번 아이를 잘 살펴보자. 아직 앳돼 보이고, 이차 성징이 나타나지 않는다면, 아이에게 별로 마음에 와 닿지 않는 질문일 수 있다. 그러나 분명히 사춘기가 시작된 것 같은 아이가 이와 같이 대답한다면, 자신은 이성에게 별다른 관심이 없음을 엄마에게 알리고 싶은 마음이 커서일 수 있다. 아마 마음속으로는 어렴풋이 좋아하는 이성의 타입을 그려나가고 있을 것이다.

응답 노트 아이가 대답 속에 숨긴 마음을 인정해 준다. 무관심하거나, 무관심한 척하는 것이기 때문이다. 그러나 이제 곧 아이나 아이의 친구들은 어쩔 수 없이 사춘기 초기 단계로 진입하게 된다. 아이는 나름대로 자신이나 주변의 변화에 적응할 것이다. 그렇기 때문에 엄마는 미리 도움말을 해 줘야 한다. "좋아하는 타입의 친구가 있듯 곧 마음에 드는 이성 친구 타입이 생길 것이야."라는 말로 아이의 감정을 안정시키는 노력이 중요하다.

Good reply "예찬이가 좋아하는 타입의 친구가 있듯 이성 친구도 네 마음에 드는 타입이 생길 것이야."

"엄마한테 솔직하게 얘기해 봐. 좋아하는 친구 있지?" **Bad reply**

이성 친구
사귀고 싶어?

이성 친구를 어느 정도 열망하는지 물어보자. 동성에서 점차 이성으로
관심이 옮겨가는 시기다. 하지만 모든 아이가 이성 친구를 사귀고 싶어
하지는 않는다. 이성에 대한 호기심, 동경, 혐오, 과거의 경험, 주변의 평가,
부모의 인식 등이 종합적으로 작용하여 아이가 이성 친구를 사귀는 데
영향을 준다.

관심
없어요

남자(또는 여자)
애들은 싫어요

네~ 사귀고
싶어요

사귀는 것이
좋아요? 사귀지
않는 것이
좋아요?

"네~ 사귀고 싶어요"

아마 정상적인 발달 과정에 있는 아이라면 보통 이와 같이 대답할 것이다. 혹은 "사귀고 싶기는 한데…" 식으로 말끝을 얼버무리면서 부끄러운 표정을 지을 것이다. 솔직하게 감정을 표현한 것이다. 동성 친구와 더불어 이성 친구를 사귀는 것, 그리고 그들과 좋은 관계를 맺고 유지하는 것은 아이의 삶에서 매우 중요하고도 필요한 사항이다. 지금 시기에는 한 명보다는 여러 명의 이성 친구와 잘 지내는 것이 사실 더 좋다.

응답 노트 아이의 대답을 자연스럽게 인정해 준다. "하지만 여자아이(또는 남자아이)를 대할 때는 조심스럽고 예의 발라야 하는 것 정도는 알지?"라고 말해 주자. 이성에 대한 존중과 배려야말로 아이가 터득해야 할 가장 필요한 덕목이다. 그래야 갈등과 반목을 최소화할 수 있다. 특히 남자아이는 여자아이에 대한 호감을 짓궂은 장난이나 반대되는 행동으로 표현할 때가 다반사여서 오히려 관계가 나빠질 수 있다. "혹시 지금 사귀고 싶은 아이가 있니?"라는 추가 질문을 통해서 아이가 이성에 어느 정도 관심이 있는지를 확인해 본다.

Good reply
"맞아. 엄마(또는 아빠)도 예찬이 나이 즈음 되면서 서서히 관심이 생겨났어."

Bad reply
"혹시 벌써 사귀는 친구가 있는 거 아니니?"

"관심 없어요"

아이마다 발달 속도에 차이가 있는 것은 당연하다. 1년 후에 물어보면 아이는 아마 다르게 대답할 것이다. 아이의 대답에 너무 일희일비하지 말라. 어떤 엄마는 '휴! 다행이다. 벌써부터 관심을 보이면 공부에 지장이 있지.'라고 가슴을 쓸어내리기도 하고, 또 어떤 엄마는 '이상하다. 우리 아이는 너무 어린가? 이때쯤이면 관심이 생긴다고들 하던데.'라면서 걱정을 하기도 한다. 둘 다 성급한 판단이다. 결혼 적령기가 되었는데도 이와 같이 말한다면 걱정이 태산이겠지만.

응답 노트 관심사를 공유하고 서로 편하게 대할 수 있는 상대는 이성보다는 동성이라는 점은 분명하다. 따라서 관심이 없다는 말에 걱정하지 말라. 다만 이성 친구들과 사이좋게 지내는 것이 중요하다는 점은 일러준다. "여자이건 남자이건 간에 다 친구이니까 골고루 사이좋게 지내면 좋겠어. 여자(또는 남자)친구들도 이해하려고 노력해 봐." 부모의 입바른 소리에 아이가 다소 못마땅한 반응을 보일 수도 있겠지만, 언젠가는 결국 들려줘야 할 얘기다.

Good reply
"여자이건 남자이건 간에 다 친구이니까 골고루 사이좋게 지내면 좋겠어."

Bad reply
"정말 관심 없어? 엄마한테는 솔직하게 말해도 돼."

예상 답변 3

"남자 (또는 여자) 애들은 싫어요"

이성에 대해 혐오나 반감을 보인다는 것은 별로 좋지 않은 신호다. 여자아이는 남자아이의 거칠고 과격한 언행을 불쾌하게 여기면서도 한편으로는 남자아이에게 지지 않으려고 더욱 과격한 언행을 보이기도 한다. 한편 남자아이는 여자아이의 섬세하고 꼼꼼한 지적에 당황하거나 여자아이의 묘한 감정의 흐름을 잘 이해하지 못한다. 화성에서 온 남자와 금성에서 온 여자의 시작 단계에 접어든 것이다.

<u>응답 노트</u> 먼저 그대로 메아리 반응을 해 준 다음에 다시 한 번 묻는다. 아이가 혹시 한두 명의 이름을 말하면서 괜찮은 점을 얘기한다면 다행이다. "그래. 남자(또는 여자)아이들이 모두 그런 것은 아니고, 개인마다 차이가 있어."라는 말을 해 줄 수 있기 때문이다. 그러나 모조리 나쁘고 꼴 보기 싫다는 식의 극단적인 반응을 보인다면, 염려스럽고 조심스러운 말투로 다음의 말을 들려준다. "지금은 무척 싫어도 그 아이들과 어울리는 방법을 결국 알아야 해. 지구 위의 반은 남자(또는 여자)거든."

Good reply
"그래도 조금은 괜찮은 남자(또는 여자)아이는 없니?"

"네가 싫어하면 그 친구들도 너를 싫어할 거야."
Bad reply

예상 답변 4

"사귀는 것이 좋아요? 사귀지 않는 것이 좋아요?"

엄마에게 무척 의존하는 아이라고 할 수 있다. 혹은 도덕관념이 투철해서 과연 사귀는 것이 옳은 일인지 아닌지를 평가해 달라는 말일 수도 있다. "지금 이성 친구를 사귀면 안 되잖아요? 나중에 대학 가서 사귀어야 하지요?"라고 반문하지 않으면 다행이다. 이와 같은 반문을 하는 경우, 분명히 부모가 세뇌 교육을 했을 것이다.

<u>응답 노트</u> 엄마가 아닌 자신의 생각이 중요하다는 점을 분명히 밝힌다. 그래야 한번 생각해 보고 대답할 수 있기 때문이다. 그 대답이 "생각해 보니 이성 친구를 사귈 때가 된 것 같다."든, "아직은 때가 아닌 것 같다."든 어느 쪽이든 상관없다. "그래. 앞으로도 엄마에게 솔직하게 말해 줘."라는 말로 아이에게 엄마와 의사소통의 중요성을 강조한다. 혹시 "엄마가 하라는 대로 할게요."라는 반응을 보인다면 효자라고 좋아할 것이 아니라 마마보이가 되지 않을까 걱정해야 한다.

"엄마 생각 말고, 예찬이 생각이 중요하지."
Good reply

"역시 우리 아들은 효자야! 엄마가 바라는 대로 해줄 거지?"
Bad reply

남자와 여자의
다른 점은 뭘까?

남자와 여자가 다른 점이 무엇일까? 언뜻 보기에 쉬워 보이지만
사실 어려울 수 있는 질문이다. 이 질문은 아이의 성별에 대한
인식을 알아볼 수 있다. 자신의 성에 대한 만족도, 성 정체성,
이성에 대한 호감이나 반감, 성별 간 경쟁과 협력 등을 우리 아이는
과연 어떻게 생각하는지를 알아보자.

예상 답변 1

"남자는 힘이 세고 여자는 약해요"

아직 어린이를 벗어나지 못한 수준의 대답이라고 할 수 있다. 그러나 놀라지 말라! 성인 남자에게 똑같은 질문을 해도 이와 같은 대답이 무척 많이 나올 것이다. 다만 더 어린 아이일수록 힘과 근력의 차이를 염두에 두고 얘기할 것이고, 더 큰 아이일수록 사회적 지위나 경제적 능력 등이 포함된 차이를 말할 것이다.

응답 노트 아마 재미있는 대화가 이어질 것이다. 아이가 이미 갖고 있는 남자와 여자의 차이에 대한 관념을 확인할 수 있다. 아마 여자아이가 더 똑똑하고 공부를 잘한다거나, 남자아이는 축구와 게임을 좋아하고 잘한다는 식의 이야기가 나올 것이다. 혹시라도 남자는 집 밖에서 돈을 벌어야 하고 여자는 집 안에서 애 키우고 살림해야 한다는 식의 구시대적 관념의 이야기를 한다면, 지금의 달라진 시대 상황을 아이에게 설명해 주어야 한다.

Good reply "맞아. 하지만 다른 점도 더 있고, 반대로 똑같은 사람이기에 비슷한 점도 많아."

"아니야. 남자보다 힘 센 여자가 얼마나 많은데?" **Bad reply**

예상 답변 2

"여자는 공부를 잘하고 남자는 못해요"

매우 많은 수의 아이가 이와 같이 대답할 것이다. 초등학교 고학년이 되면서부터 남자아이는 인터넷 게임이나 친구들과 놀이에 열중하고, 여자아이는 비교적 성실하게 부모의 말씀을 따르고 공부를 잘하는 경향이 있다. 아마 중학교에 들어가서는 더욱 그러한 경향이 뚜렷하게 나타날 것이다. 지금은 모든 분야의 어려운 시험에서 여풍이 이미 거세어졌다. 격세지감을 느낀다.

응답 노트 아이가 이미 경험으로 터득한 관념은 비록 현실일 수 있지만 진실은 아니다. 따라서 아이에게 열린 마음을 지니게 하고 편견이나 고정관념의 형성을 막는 것이 중요하다. 여자와 남자를 구분하는 데도 그렇다. 성별의 차이가 아닌 개인의 차이를 우선적으로 염두에 두게끔 가르치자. 만일 부모마저도 아이의 의견에 100% 동조한다면, 나는 남자니까 공부를 좀 못해도 된다거나 혹은 여자니까 공부를 더 잘해야 한다는 식의 그릇된 핑계와 이유가 생겨날 것이다.

Good reply "그래? 엄마 생각에는 남자와 여자의 차이가 아니라 개인의 차이라고 봐."

"맞아. 여자가 남자보다 공부도 잘해." **Bad reply**

"여자는
아이를 낳아요"

역시 남자와 여자의 생물학적 차이를 중요하게 생각하는 아이의 반응이다. 하지만 꽤 중요한 측면이다. 아이는 자신을 낳은 사람이 바로 엄마라는 사실을 분명하게 알고 있을뿐더러 '모성'의 중요성을 늘 마음에 담고 있다. 아이는 엄마를 통해서 여성의 이미지를 형상화해 나간다. 물론 아빠를 통해서 남성의 이미지를 형상화해 나감은 당연하다. '여자는 소리를 질러요.', '남자는 술을 마셔요' 등의 대답을 하지 않는 것이 다행이다.

응답 노트 여자에 대한 긍정적인 인식을 먼저 심어준다. 만약 아이가 "그럼 남자는요?"라는 질문을 하면, "남자도 중요하지. 여자와 남자가 만나서 아이가 생기니까."라는 말을 해 주는 것이 좋다. 이 시기의 아이가 임신과 출생의 비밀에 대해서 모를 리 없다. 하지만 남자와 여자가 만나서 서로 어울리고 조화하며 살아가야 인류가 지속된다는 평범하고도 위대한 진리를 다시 한 번 강조하는 것은 결코 괜한 일이 아니다. 혹시 딸아이가 '여자는 아이를 낳으니까 힘들어서 싫다.'는 식의 태도를 보이면, 엄마의 가르침이 절실하다.

Good
reply
"그래! 여자는 아이를 낳지.
그래서 여자는 소중한 존재야."

"맞아. 엄마도 너 낳느라고 너무 힘들었어."
Bad
reply

"별로
없어요"

남자와 여자는 차이가 별로 없다는 생각은 꽤나 현명한 것이다. 남자나 여자나 똑같은 사람이고, 혹시 차이가 있다면 성별의 차이보다는 개인 간의 차이라는 시각을 갖고 있기 때문이다. 앞으로의 시대는 남자와 여자를 구분하는 것보다는 누가 더 열심히 일하는지, 혹은 스스로 행복하게 사는가가 중요하다. 하지만 너무나도 당연하고 자연스러운 생물학적 차이도 인정하지 않는 태도는 위험할 수 있다.

응답 노트 아이의 인식 수준을 확인하기 위해서 한 번 더 질문을 해도 괜찮다. "정말로 차이가 없어?"라는 질문에 "차이점보다는 공통점이 더 많죠."라는 대답을 한다면, 아이는 높은 차원의 남녀 인식을 지니고 있다. 그러나 혹시 "있기는 한데 잘 모르겠어요."라는 대답을 한다면 평소 별다른 차이를 느끼지 못하는 다소 무심한 아이라고 말할 수 있다. "남자와 여자는 생김새와 몸의 차이가 있지만 그래도 기본적인 생각과 감정은 서로 차이가 없어."라는 말도 들려주자.

Good
reply
"그치. 남자와 여자는 생김새와
몸의 차이가 있지만 기본적인 생각과
감정은 서로 차이가 없어."

"아니야. 남자와 여자는 생김새부터
생각까지 완전히 다른 존재야."

Bad
reply

싫은
이성 친구가 있어?

이성에 대한 관심과 호기심이 때로는 혐오나 증오로 발전하는 경우가 있다.
여자아이의 경우 실제로 짓궂게 장난치는 남자아이나 성적, 신체적으로 괴롭히는
남자아이에게 싫은 감정을 강하게 느낀다. 남자아이는 자신의 마음에 들지 않는
외모나 성격을 지닌 여자아이에게 경멸감이나 적대감을 드러내기도 한다.

있어요

00요

없어요

여자
(또는 남자)
아이들은
다 싫어요

"있어요" or "○○요"

아이는 오늘 학교에서 그 아이와 티격태격 말다툼을 벌였거나 요사이 그 아이를 좋지 않게 바라보고 있거나 혹은 그 아이에게 무시와 괴롭힘을 당했을 것이다. 어느 쪽이든 좋은 일은 아니다. 특히 아이가 아주 사소한 이유로 그 아이를 싫어한다면 문제는 그 아이가 아니라 우리 아이다.

<u>응답 노트</u> 먼저 싫은 이유를 알아두자. 아이가 그 아이를 싫어하는 이유에 따라서 엄마의 대응 방법이 달라지기 때문이다. 만일 아이가 "○○는 찌질해요(또는 더러워요, 멍청해요, 바보 같아요, 왕따예요 등의 폄하하는 내용)."라는 대답을 한다면, 우리 아이를 올바른 방향으로 나아가게끔 가르쳐야 한다. 단호한 말투로 "모자라는 아이를 싫어하기보다는 이해해 주고 받아주는 것이 좋지 않겠니?"라고 반문해 보자. 약자나 소외 계층을 이해하고 존중하는 것을 어릴 적부터 가르쳐야 할 책임은 바로 부모에게 있다. 하지만 "저를 싫어해요(또는 무시해요)."라는 대답을 한다면, 자세하고 구체적인 질문과 대답을 주고받으면서 아이가 처한 상황을 명확하게 알아야 한다.

Good reply "○○가 왜 싫은데? 구체적으로 말해 줄래?"

Bad reply "그래. 엄마도 ○○는 별로더라!"

"없어요"

안심하고 기뻐할 만한 대답이다. 친구 관계를 원만하게 유지하는 아이는 적대시하는 친구들이 없다. 또한 자신을 싫어하는 친구들도 별로 없다고 생각한다. 그것은 이성과의 관계에서도 마찬가지다. 상대방의 마음을 불쾌하게 만들거나 상처를 주지 않고, 자신도 비교적 너그럽게 다른 사람들의 언행을 받아들이는 능력이야말로 최고의 사회적 기술이요 무기다.

<u>응답 노트</u> 누군가를 미워하지 않는 것은 행복한 상황이다. 물론 다른 사람들에게 미움을 받지 않는 것도 중요하다. 만일 아이가 "○○가 싫기는 한데 미운 정도는 아니에요."라고 대답한다면, 이 또한 아이를 칭찬할 만하다. 싫은 감정은 어떠한 이유에서건 자연스레 들 수도 있다. 그러나 그것을 미움, 무시, 적대감, 멸시 등의 극단적인 감정으로 발전시키지 않는 것도 아이의 조절 능력에 속한다. 이러한 아이에게는 "싫어하는 마음도 지니지 말아야지?"라는 종교 수련자나 도인 수준의 마음가짐을 요구할 수 없다. 그것은 어른인 부모도 할 수 없는 일이다.

Good reply "싫어하는 여자(또는 남자)아이가 없다니 참으로 다행이다."

Bad reply "그래. 친구를 싫어하는 건 나쁜 거야."

"여자 (또는 남자) 아이들은 다 싫어요"

이성을 혐오하는 반응이다. 특히 이와 같은 반응은 여자아이에게서 많이 나타난다. 남자아이가 지저분해 보인다거나 거칠고 과격한 언행을 한다는 이유에서 그렇게 말한다. 반대로 여자아이가 이기적이고 심술을 부린다고 말하는 남자아이도 있는데, 많은 경우 집단 따돌림이 도사리고 있다. 어쩌면 우리 딸아이가 같은 반의 남자아이를 따돌리고 있는지도 모른다.

<u>응답 노트</u> 특정한 아이를 지목하지 않고 남자나 여자의 특성을 부정적으로 말한다면 엄마는 아이의 생각을 긍정적으로 바꿔놓아야 한다. 가령 "남자아이들은 몸에서 땀 냄새가 많이 나."라고 말하는 딸에게는 "남자아이들이 여자아이들보다 활동적이어서 그런 것이야. 그리고 깨끗한 남자아이도 많아."라고 말해 준다. 간혹 아이가 이성에 대한 차별적 대우를 말하는 경우도 있다. "우리 선생님은 여학생들한테는 웃어주고 남학생들만 야단쳐요."라고 말하는 아이라면, "남학생들이 말썽을 일으키니까 그렇지 않을까?" 하며 설명해 준다.

Good reply
"왜 그렇게 생각하는지
엄마한테 말해 줄 수 있어?"

"그러면 안돼. 여자나 남자나 똑같은 친구야."
Bad reply

11~13세 아이가
대화에
응하지 않을 때는…

01 우격다짐은 금물! 이해가 먼저

아이 나름대로 논리력을 갖추고 있는 시기이므로 힘과 권위로 누르는 것도 막바지 단계. 부모 입장에서는 설득, 아이 입장에서는 납득이 필요하다.

02 질문을 하는 이유를 먼저 설명

아이에게 엄마가 질문을 하는 이유를 먼저 설명한다. 그 이유는 '엄마가 너를 잘 알고 싶어서 그렇다.'와 '너의 마음이 더 행복해지게끔 엄마가 도와주고 싶어서 그렇다.'의 두 가지로 압축된다.

03 아이의 말을 최대한 경청하는 자세 보여야

본격적으로 대화를 시작하면 아이의 말을 최대한 경청하는 자세를 보인다. 많은 부모가 중간에 참지 못하고 결국 하고 싶은 말만 늘어놓는다. 아이의 말을 끝까지 경청하는 모습을 보인다.

04 지시와 명령은 절대 금물

아이에게 하고 싶은 말은 최대한 권유와 부탁, 혹은 제안의 형태로 전달한다. 부모에게서 존중받고 싶은 욕구가 강한 시기다. 지시와 명령을 하다 보면 정면으로 충돌하기 쉽다.

05 감정적 흥분을 보이지 말 것

절대로 감정적으로 흥분해서 소리를 지르지 않는다. 그럴수록 아이는 부모와 대화 대신 오로지 회피하는 언행으로 대응할 것이다.

☞ **Key Word 05**

어려움

당신의 아이는 어떤 '어려움'을 겪고 있나요?

어려움은 '좌절'이라는 키워드와 비슷한 개념이다. 좌절이란 주로 목표 과제에 이르지 못하거나 실패를 경험하는 측면을 강조하는 데 비해 어려움은 주로 심리적으로 괴롭거나 힘이 든다는 것을 강조한다고 할 수 있다. 아이들은 각종 스트레스로 인해서 마음의 어려움을 경험한다. 사실 아이가 스트레스를 받는다고 하면 '애들이 무슨 스트레스냐?'며 놀라는 부모가 적지 않은데 이런 경우 자녀를 잘못 이해하고 있거나 자녀의 스트레스를 알아채기 힘든 부모라고 할 수 있다.

아이도 분명히 스트레스를 받는다. '스트레스(stress)'란 우리 몸과 마음에 각종 상해와 자극이 가해질 때 일어나는 여러 가지 생리적 반응으로서 몸과 마음이 긴장 상태에 놓인 것을 말한다. 특히 이 시기의 아이는 친구들과의 다툼이나 경쟁 관계, 부모나 형제자매나 선생님과의 갈등, 과도한 학습 부담, 기대에 못 미치는 성적 등으로 인해서 스트레스를 받는다. 이전 시기와 비교해서 확연하게 달라진 요인이다. 즉 4세 미만에서는 주로 대소변 가리기, 언어 습득, 동생과의 경쟁 관계 등이 스트레스 요인으로 작용하고, 4~7세 아이는 올바른 생활 습관 갖추기와 새로운 장소나 사람들에 적응하는 데 어려움이 있으며, 8~10세 아이는 학교생활에 적응하기, 올바른 학습 태도 갖추기, 또래와의 관계 맺음 등이 스트레스 요인으로 꼽는다. 그때와 비교한다면 한마디로 고차원적 어려움에 직면해 있다.

아이는 어른과 달리 자신이 무엇 때문에 스트레스를 받는지 잘 모르거나, 자신의 감정 상태를 말로 잘 표현하지 못하기 때문에 다양한 방식으로 스트레스 상태를 나타낸다. 아이가 스트레스를 받을 때 나타나는 각종 증상을 영역별로 분류하면 다음과 같다. 첫째, 신체적 증상이다. 스트레스를 받는 아이는 두통, 복통, 어지러움, 소화 불량 등을 자주 호소하고, 틱(tic)으로 나타나기도 한다. 둘째, 행동적 증상이다. 주의 집중력이 저하되고, 행동이 산만해지거나 과격해지면서 공격적 행동 등을 보인다. 셋째, 생리적 증상이다. 스트레스를 받게 되면 불면이나 수면 과다, 악몽, 식욕 감소나 과식 등이 생긴다. 넷째, 정서적 증상이다. 스트레스를 받는 아이는 불안, 초조, 짜증, 우울, 무기력, 의욕 저하 등의 증상이 나타난다. 위의 네 가지 영역의 증상이 모두 나타나는 아이가 있는가 하면 한두 가지 증상에 그치는 아이도 있다.

부모는 아이의 변화에 민감해야 한다. 가령 어느 날 아이가 "죽고 싶다."거나 "짜증이 난다."라는 말을 하거나, 머리를 뽑는다거나 손톱을 물어뜯는 등의 특이한 행동을 보이면 예사롭지 않게 생각해야 한다. 아이가 스트레스를 잘 이겨낼 수 있도록 도와주는 것이야말로 반드시 기억해야 할 부모의 몫이다.

● **우리 아이 스트레스 징후 체크 리스트**

01 아이의 말수가 최근에 갑자기 줄어들었다.
02 아이가 예전보다 더욱 산만해졌다.
03 특별한 원인 없이 두통, 복통 등의 신체적 증상을 표현한다.
04 과제 수행 속도가 느려졌다.
05 일상적인 과제나 준비물을 잘 잊어버린다.
06 다른 사람과의 눈 맞춤이 줄어든다.
07 식사의 양과 기호에 변화가 있다.(예: 단 음식만 찾는다.)
08 수면의 질과 양에 변화가 있다.(예: 꿈을 많이 꾼다.)
09 부모에게 반항적인 태도를 보인다.
10 감정의 기복이 심해졌다.

● **결과 보기**

1~2개 스트레스의 징후가 보이는 초기이므로 세심한 관찰과 주의를 요함.
3~5개 아이가 가벼운 정도의 스트레스를 받을 가능성이 높음. 부모의 개입을 요함.
6~7개 아이가 중등도 이상의 스트레스를 받을 가능성이 높음. 전문가의 도움이 필요함.
8~10개 아이가 심각한 스트레스를 받고 있음. 전문가의 개입이 필수적임.

너를 힘들게 하는 것이 뭐야?

아이가 종종 "힘들어."라는 말을 하는 것을 지켜본 적이 있을
것이다. 이런 경우 무엇이 힘든지 반드시 질문하라. 아이는
혼잣말처럼 얘기했지만, 결국 부모의 관심을 끌려는 목적도 있다.
자신의 힘든 점을 부모가 적극적으로 알려고 할 때 아이는 마음
든든함을 느끼면서 어려움을 헤쳐나갈 용기를 얻게 된다.

친구들이
없는 거요

힘든 것
없어요

엄마가
잔소리하는 거요

공부가
힘들어요

예상 답변 1

"공부가 힘들어요"

당연한 대답이다. 대한민국의 아이만큼 공부를 많이 하는 아이가 다른 나라에도 있을까? 학년이 올라갈수록 그리고 상급 학교로 진학할수록 공부해야 할 분량이 많아지고 난도가 높아지는 것은 당연하다. 그러나 아이가 공부를 힘들고 어렵다고 생각하게 만드는 더 큰 이유는 치열한 경쟁이고, 그 뒤에 숨어 있는 부모의 기대일 것이다.

응답 노트 자기 자신만 공부를 힘들어하는 것이 아니라 다른 아이들도 힘들어한다는 사실을 알려 주자. 만일 "왜 너만 유독 힘들어하지?"라는 반응을 보인다면, 아이를 비난하거나, 원론적인 질책에 그치고 만다. 아이는 부모의 질문에 그냥 있는 그대로 대답을 했을 뿐인데 부모가 싫은 반응을 보이므로 다음부터는 아예 대화 자체를 회피할 것이다. 따라서 공부를 힘들어한다는 사실 자체를 인정한 다음에 스트레스를 덜 받으며 공부하는 방법을 함께 찾아보자는 말을 덧붙이는 게 지혜롭다 .

Good reply
"우리 정서가 공부를 힘들어하는구나. 그래, 아마 많은 아이가 공부하는 것을 힘들어할 거야."

"학생이 공부하는 게 당연하지 뭐가 힘들어?" **Bad reply**

예상 답변 2

"엄마가 잔소리하는 거요"

당황스러운 대답이다. '아니, 내가 그렇게까지 잔소리를 했나? 자기 잘되라고 해준 말을 잔소리로 취급하다니…' 서운하고 속상한 감정이 순간적으로 올라올 것이다. 하지만 아이가 왜 이런 대답을 했는지를 생각해 볼 좋은 기회라고 애써 의미를 부여해 보자. "아빠가 야단칠 때요."라고 말하는 것에 대해서도 아빠의 객관적인 행동보다는 아이의 주관적인 느낌을 중요하게 여기자.

응답 노트 때로는 아이의 표현을 있는 그대로 받아들이고, 더 나아가 아이의 바람대로 행동할 것을 다짐하는 태도가 매우 효과적인 양육 방법이 된다. 이른바 '감동 육아'인 셈이다. 이와 같은 생각을 미리 하지 않으면, 아마 십중팔구 "아니? 엄마가 언제 잔소리를 그렇게 했다고 그러니?"라는 말을 할 것이다. 아이가 멈칫하면서 엄마에게 미안한 태도를 보인다면 그나마 다행이지만, '역시 우리 엄마와는 말이 안 통해.'라는 생각을 한다면 아이와 대화하기는 실패로 끝난다.

Good reply
"엄마 잔소리 듣기가 그렇게 힘들었어? 이제부터 엄마가 잔소리를 줄일게."

"엄마가 무슨 잔소리를 그리 많이 했다고 그래?" **Bad reply**

"친구들이 없는 거요"

걱정스러운 대답이다. 한창 친구들과 어울리면서 즐겁게 생활해야 할 아이에게 친구가 없다니 첫 번째 걱정이요, 또한 그것 때문에 무척 힘들어한다니 두 번째 걱정이다. 공부가 힘들거나 엄마 잔소리 때문에 속상하다는 것보다는 강도가 한 단계 높은 어려움이다. 예전에는 친구들이 있었는지, 처음부터 친구들이 없었는지에 따라서 부모의 대처 방법도 달라진다.

응답 노트 먼저 말로 아이를 위로해 주자. 그런 다음에 아이와 정말 많은 대화를 나누어야 한다. 언제부터 친구가 없었는지, 무슨 일이 있었는지 등을 면밀하게 살펴보고 확인하자. 집단 따돌림이나 학교 폭력의 가능성을 염두에 둬야 한다. 만일 아이가 자신의 문제 때문에 예전부터 친구를 잘 사귀지 못했다면, 이번 기회에 다시 한 번 아이에게 변화의 동기를 제공해 주자. "친구들이 없으니까 너도 많이 힘들지? 이번 기회에 친구를 사귀는 기술을 배워보자."라는 말을 들려준다. 실제로 집에서 연습도 해보며, 전문가를 찾아가서 도움을 받아보자.

Good reply "친구가 없다니 엄마도 정말 슬프다. 언제부터 친구가 없었어?"

Bad reply "왜 그런 얘기를 이제 해? 엄마한테 미리 말했어야지!"

"힘든 것 없어요"

정말일까? 의아한 생각이 들면서도 기쁨을 주는 아이의 대답이다. 정말로 아이에게 당면한 어려움이 별로 없다면 얼마나 다행인가? 만일 아이가 거짓말을 하는 것이라면 엄마가 걱정할까봐 염려되어 그러는 효자이거나, 엄마에게 싫은 소리를 들을까봐 그러는 연기자이다. 한편 심리적 발달이 늦은 아이는 아직 여러 고민을 본격적으로 하기에는 어린 나이다. 아이가 이와 같은 대답을 할 때의 표정을 잘 살펴보시라.

응답 노트 먼저 아이의 생각을 한 번 더 물어본다. 아이가 조금 더 생각해 본 후에 대답할 것이다. 그러나 혹시 신경질적인 태도를 보이면서 "정말 없다니까요!"라고 대답한다면, 엄마와의 대화 자체를 지금은 이어나갈 의사가 없다는 뜻이다. 아이의 힘든 점을 발견하는 것은 이제 뒤로 미루자. 일단 아이가 힘든 것이 없다고 하니 아이 스스로 생활을 잘해 나가는 것과 성장하는 과정을 옆에서 지켜보자. 하지만 건성이 아닌 민감하고 열의 있는 관찰은 부모의 기본적 책무다.

Good reply "그래도 혹시 조금이라도 힘든 점이 있으면 엄마에게 얘기해 줄래?"

"엄마 눈치 보지 말고 솔직히 말해 봐."

Bad reply

슬플 때는 언제야?

슬픔의 감정에 대해서 물어보자. 슬픔이 지나치면 우울증을 의심할 수
있기 때문이다. 기분이 가라앉을 때가 있는지를 물어봐도 좋다. 슬프거나
우울하다는 감정을 잘 인정하지 않을뿐더러 실제로 자신의 슬픈 감정을
'기분이 좋지 않다.', '기분이 가라앉는다.', '기분이 처진다.' 등으로
인식하는 경우가 많다.

"가끔요"

슬픔이라는 감정을 아이가 어떻게 느끼고 말하는지 확인하기는 어렵다. 슬픔은 다른 감정과 마찬가지로 눈에 보이지 않고 손에 잡히지 않는다. 하지만 아이가 느끼는 감정의 실체가 어떠하든지 간에 "슬퍼요."라고 말로 표현한다면 그것을 인정해 준다. 중요한 것은 아이가 느끼는 슬픔의 빈도와 강도, 그리고 상황이다.

<u>응답 노트</u> "왜 슬픈데?"나 "네가 슬플 만한 일이 뭐 있니?"라고 반응하는 것은 절대 금물이다. 아이에게 슬픔의 감정 따위는 절대로 느끼지도 말라고 강요하는 것과 다름없다. 부모 마음이야 아이가 슬픔의 감정을 경험하지 않기를 바라지만 그것은 애초에 불가능하다. 따라서 아이가 경험하는 슬픔의 심각성을 이해하고 파악하는 것이 현실적인 해법이다. 여러 가지 질문을 해서 아이의 슬픔이 어느 정도인지를 알아야 한다. 아이의 슬픔을 유발하는 상황이 이해된다면 다행이지만 '그 정도에 슬퍼하다니…'라는 생각이 든다면 정신건강의학과 전문의와의 만남을 고려해 본다.

Good reply
"어느 때 슬픈지 말해 줄래?
슬플 때가 기쁠 때보다 많니?"

"네가 슬플 일이 뭐가 있었어?"
Bad reply

"없어요"

'슬픔'이라는 감정을 특별하게 생각할 가능성이 높다. 그러나 아이가 슬픈 적이 없다고 말하는 것은 무척 다행스럽고 반가운 일이다. 기분이 가라앉거나, 별로 기분이 좋지 않거나, 짜증스러운 느낌을 슬픔의 범주에 넣는 아이가 있는 반면에 눈물을 흘리면서 괴로워하는 감정 상태만이 슬픔이라고 생각하는 아이도 있다.

<u>응답 노트</u> 엄마의 안도감을 그대로 표현하는 것이 좋다. 그런 다음에 비슷한 범주의 감정 상태가 있는지를 확인하자. "슬픔까지는 아니어도 짜증이 나거나 기분이 가라앉은 적은 언제야?"라는 질문을 던진다. 아이가 "그런 적도 없어요."라고 대답하면, 정말로 근래의 기분은 좋다고 여길 수 있다. 물론 평소 아이의 표정 등을 감안해서 엄마가 판단을 해야 한다. 늘 표정이 어둡고 짜증나 있는데도 아이가 이와 같이 대답을 한다면, 엄마와 대화를 나누고 싶어 하지 않음을 의미한다. 이럴 때는 "혹시 기분이 좋지 않을 때는 엄마에게 얘기해 줘."라는 말로 마무리 짓자.

Good reply
"슬플 때가 없다니 다행이다.
짜증나거나 속상할 때도 없었어?"

"너는 왜 매번 없다거나 모른다고만 말하니?"
Bad reply

"매일 슬퍼요"

아이가 만일 이와 같은 대답을 한다면, 결코 가볍게 여겨서는 안 된다. 간혹 아이는 어른과 달라 슬플 일이 없다고 생각하는 부모가 있지만 그렇지 않다. 아이도 슬픔을 느낀다. 그것이 지나치게 심하거나 오래 지속되면 소아 우울증으로 진단받게 된다. 슬픔의 원인은 대개 '상실(loss)'이다. 말 그대로 무엇인가를 잃은 것이다. 그것이 무엇인지 찾아야 한다. 부모가 꼭 찾아야 할 몫이다.

<u>응답 노트</u>　아이의 슬픔을 받아들이고, 원인이 무엇인지 파악하며, 어떻게 극복해 나갈 수 있을까 고민해야 한다. 그 이후에 언제부터 어떤 이유로 슬픈지, 슬플 때는 무엇을 하는지 등을 묻는다. 중요한 것은 "엄마가 슬픔에서 벗어날 수 있게끔 도와줄게."라는 말을 반드시 해 줘야 한다는 점이다. 이 시기의 아이가 슬픔을 느끼는 원인은 대개 갑작스러운 성적 저하, 친구 관계의 악화, 부모에게서 받는 긍정적 반응(칭찬, 인정, 이해, 사랑, 관심 등)의 감소 등을 꼽을 수 있다.

"잘 모르겠어요"

자신의 감정을 잘 깨닫지 못하는 아이가 꽤 있다. 감정보다는 이성을 강조하는 경향이 있는 아이이다. 여기에는 부모의 영향이 크다. 특히 짜증, 불안, 슬픔, 분노, 혐오 등의 부정적 감정을 표현하는 것을 부모가 금기시해 왔다면 아이는 어느새 '자신의 진짜 감정'을 느끼는 법을 잊어버리게 된다. 한편 자신의 감정 상태를 살펴보는 것 자체를 귀찮아 하는 아이도 이와 같이 대답한다.

<u>응답 노트</u>　슬픔의 완곡한 표현이다. 그러니 한 번 더 물어 아이의 감정 인식을 유도해 보자. 물론 아이가 꼭 슬퍼야만 한다고 말하는 것은 절대 아니다. 하지만 기쁨뿐만 아니라 슬픔 역시 아이가 종종 느끼는 감정이라는 걸 인정하자. 대개 그 이유가 있거나, 일시적인 감정으로 그치면 그리 염려할 바는 아니다. 중요한 것은 아이가 자신이 느끼는 감정을 언어로 표현할 수 있는지의 여부다. 따라서 아이가 "엄마, 나 슬퍼요.", "엄마, 나 기분이 이상해요."라고 표현하면 귀를 쫑긋 세우고 가슴을 열어서 들어본다.

Good
reply

"예찬이 생각에 무엇이 너를 슬프게 만드는 것 같아? 슬플 때는 주로 무얼 하니?"

"어떻게 초등학생이 매일 슬플 수가 있어? 엄마가 모르는 일이 있니?"

Bad
reply

Good
reply

"너의 감정을 잘 들여다봐. 언제 슬펐는지, 기뻤는지 떠올려봐."

"네 기분을 네가 왜 몰라! 좋았어? 싫었어?"

Bad
reply

불안할 때가 있니?

불안이나 걱정은 이 시기의 아이도 자주 경험하는 감정이다. 불안은 주로
감정 자체를 말하고, 걱정은 여러 가지 불안한 감정이 동반되는 생각의
형태라고 할 수 있다. 적어도 웃으면서 걱정하는 아이는 없다.
특히 아이가 인상을 찌푸리거나 표정이 긴장되어 있다면
지금 불안해하는지, 걱정의 대상이 무엇인지에 대한 질문을 해 보자.

294

예상 답변 1

"없어요" 불안한 적이 없다는 점으로 봐서 아이의 최근 감정 상태는 비교적 평온하고 안정되어 있음을 알 수 있다. 하지만 정말 없는지를 확인하는 것이 중요하다. 자신이 불안을 느낀다는 사실에 자존심이 상하는 아이도 있다. 진정한 용기는 자신의 불안을 명확하게 인식하고 그것에 적절하게 대처하는 것임을 알려주자. 물론 실제 이상으로 불안을 많이 느낀다면 더 큰 문제이긴 하다.

응답 노트 의심하는 눈초리로 "불안한 적이 정말 한 번도 없었어?"라고 말하면서 다그치지 않아야 한다. 다만 아이에게 누구나 불안을 느낄 수 있음을 알려주고 엄마에게 솔직하게 말하는 것이 중요함을 일러주자. 혹시 아이가 "도대체 불안할 것이 뭐가 있죠?"라면서 다소 도전적인 반응을 보이더라도 엄마는 당황하지 말고 "아니야. 엄마는 그냥 확인하는 거야.", "그래, 맞아! 그래도 혹시나 해서 물어봤어."라는 말로 마무리를 짓자.

Good reply "우리 예찬이가 불안을 느낄 때가 없다니 다행이다. 요새 기분이 괜찮은가 보구나."
"나중에 혹시 불안한 마음이 들 때면 언제든지 엄마에게 얘기해. 엄마가 도와줄게."

"정말 불안한 적이 한 번도 없었어?" **Bad reply**

예상 답변 2

"항상 불안해요" '아니? 우리 아이가 이처럼 불안했단 말인가? 어떻게 항상 불안하다고 할 수 있단 말인가?' 다소 의아하거나, 위기감이 순간적으로 확 느껴질 것이다. 하지만 아이가 일단 이와 같이 표현한 이상 부모는 아이가 불안을 느끼는 대상, 불안의 정도, 시작 시기, 불안을 악화시키는 요인 등을 열심히 파악할 준비를 해야 한다. 아이는 지금 부모에게 '저를 좀 도와주세요.'라는 신호를 보내고 있기 때문이다.

응답 노트 아이의 불안 상태를 있는 그대로 인정해 준 다음에 무엇이 불안한지, 언제부터 그랬는지, 가장 불안한 것은 뭔지 등 질문을 이어간다. 아이가 제대로 대답을 하지 못할 때 질문의 범위를 좁혀나가는 것도 좋다. 아이의 불안 정도가 꽤 심해서 일상생활을 하는 데 어느 정도 지장을 준다거나, 아이가 많이 힘들어하는 것 같으면 정신건강의학과 전문의와 상담을 해 봐야 한다. 소아기 불안 장애는 3~9%의 아이들이 앓을 만큼 생각보다 흔한 질병이다.

Good reply "그래? 항상 불안하다니 얼마나 힘들겠니? 엄마가 도와줄게."
"무엇이 불안하지?" "언제부터 불안했어?"

"네가 뭐가 불안한데? 공부?" **Bad reply**

295

"시험 볼 때요"

시험 볼 때 불안한 아이가 있다. 누구나 약간의 불안을 느끼기는 하지만, 그 정도가 심한 아이는 불안한 마음에 오히려 시험을 망치기 십상이다. 공부를 해도 결과 걱정에 집중하지 못하고, 시험을 치를 때도 떨려서 실수를 하거나 아는 내용도 잘 기억하지 못하기 때문이다. 물론 불안을 느끼지 못하는 아이는 더 큰 문제다. 내일이 시험인데도 전혀 걱정하지 않고 공부를 하지 않으려고 하기 때문이다.

응답 노트 아이의 문제가 비단 자신에게만 국한된 것이 아니라 보편적으로 모든 사람에게 해당됨을 일러준다. 그런 다음에 다음과 같은 질문을 해 보자. "시험 성적이 잘 나오지 않을까봐 불안하니?", "시험 못 보면 엄마에게 야단맞을까봐 불안하니?" 등과 같은 질문이다. 만일 아이가 그렇다고 대답하면 부모는 이제 아이의 불안을 잠재워야 할 의무가 있다. "엄마가 이제부터 시험 잘 못 봐도 크게 야단치지 않을게."라거나 "시험 결과보다는 공부하는 과정이 더 중요해." 등의 이야기를 해 준다. 물론 이와 같은 반응에는 엄마의 진정성이 들어가 있어야 아이가 정말로 안심한다.

 Good reply "그래? 사실 누구나 시험을 앞두고서는 불안해."

"시험을 잘 보면 되지. 왜 그걸 걱정해?" **Bad reply**

"내가 잘못했을 때요"

아이의 양심이 살아 있다는 청신호다. 양심에 찔릴 때 아이는 죄책감을 느끼고 부모의 질책이 두려워서 불안을 느낄 수밖에 없다. 잘못을 저질렀는데도 양심의 가책은커녕 오히려 변명과 자기 합리화에 급급한 아이의 모습을 기대하지는 않을 것이다. 잘못했을 때 불안하다는 아이의 반응은 부모의 훈육이 먹혀든다는 것도 의미한다. 마치 내 잘못을 부모는 다 알고 있을 것이라는 막연한 느낌은 아이의 그릇된 행동을 제어하는 효과가 있다.

응답 노트 아이에게 불안을 느끼는 이유를 설명해 준다. "보통 사람들은 스스로 불안을 없애기 위해서라도 잘못을 다시 저지르지 않아. 하지만 잘못을 하고서도 전혀 불안을 느끼지 않는 사람은 범죄자가 되기 쉬워." 그러고 한 가지를 덧붙여야 한다. "만일 네가 사소한 잘못에도 불안이나 죄책감을 심하게 느끼면 엄마에게 꼭 얘기해 줘. 그렇지 않으면 무척 괴롭고 힘들 거야." 아이가 혹시 지나치게 불안을 느낀다면 지나치게 도덕적이거나, 강박적 완벽주의에 빠져 있을 가능성이 높다. 상담을 받아야 한다.

Good reply "그래? 잘못했을 때 불안한 것은 정서의 양심이 살아 있다는 뜻이야.

"그러니까 왜 잘못된 행동을 해?" **Bad reply**

언제 화가 나?

화나 분노는 아이들도 매우 자주 경험하는 감정이다. 아이마다
화가 나는 대상이나 상황이 다르게 마련이다. 아이가 주로 어느
상황에서, 어떠한 것에 화를 느끼는지 부모가 아는 것은 매우
중요하다. 이를 통해서 부모는 아이의 분노 조절 능력도 키워주는
역할을 할 수 있기 때문이다.

"억울하게 야단맞았을 때요"

아마 엄마가 질문을 했기에 아이는 기다렸다는 듯이 대답했을 것이다. 그러나 아이 입장에서 이와 같이 느낄 때는 매우 많다. 초등학교 고학년 아이들과 상담을 하다 보면 "엄마(또는 아빠)는 잘 알지도 못하면서 무조건 야단부터 쳐요."라는 말을 자주 듣는다. 아이가 해명하려고 하면 엄마는 더욱 거세게 밀어붙이면서 야단을 치고 아이는 억울한 마음에 극단적인 분노를 느끼면서 파괴적인 행동을 하기도 한다.

<u>응답 노트</u> 아이의 억울함은 대개 두 가지다. 하나는 야단맞을 일이 아니라고 생각하는데 엄마에게 야단맞은 것이고, 또 다른 하나는 자신의 예상을 뛰어넘는 정도로 심하게 야단맞은 것이다. 엄마 아빠도 사람인지라 때로는 실수도 하고 잘못된 판단을 내릴 수도 있으니, 아이의 말을 들은 다음에 어느 정도 수긍이 간다면, 아이에게 사과를 하거나 양해를 구하자. 그래야 아이의 마음속 응어리가 풀린다.

> **Good reply**
> "그런 적이 있구나."
>
> "혹시 언제 그랬는지 엄마에게 얘기해 줄래?"
>
> "네가 잘못했으니까 야단을 쳤지. 그게 뭐가 억울해?" **Bad reply**

"엄마가 무조건 안 된다고 할 때요"

아이는 엄마를 지나치게 통제적이고 지배적인 존재로 인식하고 있다. 따라서 엄마의 양육 행동이나 태도에 평소 불만이 있을 가능성이 높다. 유아기나 초등학교 저학년까지는 그럭저럭 엄마에게 순종적일 수 있으나 초등학교 고학년이 되면서부터 점차 두려움과 경외의 감정이 불만과 반항의 감정으로 바뀌게 된다. 아이는 안 되는 이유를 알고 싶고, 더 나아가 납득하고 싶다.

<u>응답 노트</u> 아마 엄마는 구체적인 상황이나 대화 내용을 기억하지 못할 가능성이 높다. 그러므로 아이의 기억력에 의존해서 이미 지나간 대화 상황을 반추해 보자. 아이가 무엇인가 얘기하면 자칫 엄마도 변명이나 자기 합리화를 할 수 있다. 엄마가 비록 이유를 얘기해 줬다 하더라도 아이는 불충분하다고 생각할 수 있다. '이제 우리 아이가 이만큼 컸네.'라고 속으로 생각하면서 앞으로는 아이에게 설명과 설득을 해 나가자. 부모가 자식에게 지시하면 끝이라고 생각하면 편하겠지만 현실은 그렇게 만만하지 않다. 부모와 자식 간의 신뢰와 친밀감이 없다면 불가능한 일이다.

> **Good reply**
> "엄마가 그랬니? 그렇다면 미안해."
>
> "하면 안 될 상황이니까 하지 말라고 했지." **Bad reply**

예상 답변 3

"모든 것이 다 화나요"

아이의 마음속에 분노와 짜증이 가득하다. 빨간색 경고등이다. 도대체 왜 모든 것이 못마땅하고 화를 많이 낼까? 아이의 주변 환경을 살펴보면 해답이 보일 것이다. 엄마와 아빠, 함께 사는 가족들, 학교나 학원에서 만나는 친구들, 선생님들을 떠올려본다. 더불어 아이가 지금 공부하고 있는 과목들, 배우고 있는 활동들, 도전하고 있는 과제들을 생각해 보라. 즉 아이가 당면한 업무이다. 아이는 분명히 스트레스를 받고 있는 중이다.

응답 노트　정말 아이의 말대로 매사 화가 나 있다면 아이 역시 힘든 나날을 보낸다는 뜻이 아니겠는가? 아마 엄마는 당황스러운 마음이 앞서서 "네가 불만 가질 것이 뭐 있냐?"라고 반문하고 싶을 것이다. 하지만 꾹 참자. 아이가 화났다고 한 말에 부모도 화난 반응을 보이면 서로 화가 배가된다. 이제 엄마가 해야 할 일은 아이가 말하는 '모든 것'을 상세하게 분해해서 가장 화나게 만드는 것, 두 번째와 세 번째로 화나게 만드는 것을 알아내고, 언제부터 그러했는지 얼마나 그런지 등을 알아내어 대책을 마련하는 것이다.

예상 답변 4

"없어요"

아이의 이 말을 듣는 순간 아마 엄마는 안도의 숨을 내쉴 것이다. 그렇다. 분노는 아이의 영혼을 갉아먹는다. 아이의 마음속에 분노가 차지하는 비중이 적을수록 그 아이는 평온하고 안정된 삶을 이어나갈 것이다. 아이가 거짓 대답을 하는 것이 아니라면 잘 지내고 있음을 잘 나타내주는 징표다. 혹시 아이가 거짓으로 답하는 경우라면, 평소 아이의 언행과 지금 말하는 순간의 표정으로 짐짓 미루어 알 수 있을 것이다.

응답 노트　아이가 현재 심리적 안정 상태에 있음을 기뻐하라. 그 이후에 분노의 속성, 즉 분노의 감정이란 순간적으로 치솟아 올랐다가도 시간의 흐름과 함께 소멸되는 것이 자연스러운 과정이라는 것도 설명해 준다. 특히 사소한 자극에 분노하는 경우는 더욱 그러하다. 아이도 벌써 어느 정도 컸기에 이와 같은 분노의 속성을 깨달았을 것이다. 그러다 보니 자신은 별로 화를 내지 않는 사람이라고 스스로 깨닫는다. 화를 별로 내지 않는 온순한 사람이라는 이미지는 이후 아이의 삶에도 상당히 긍정적인 영향을 줄 것이다.

Good reply
"무엇이 그렇게 화나는지 하나하나 얘기해 줘. 엄마가 도와줄게."

Bad reply
"그렇게 불만이 많아? 뭐가 부족한데?"

Good reply
"다행이다. 아마 화난 적이 있어도 별것 아니라 잊어버렸을 거야."

"그래. 네가 화날 만한 일이 뭐 그리 있겠니."

Bad reply

지금 내 아이에게 해야 할
80가지 질문

2013년 4월 5일 초판 1쇄 발행
2013년 7월 15일 2쇄 발행

저 자	//	손석한
펴낸이	//	문영애
모 델	//	이채연, 한지호, 조주원, 조주은, 김유민, 박준호, 박정서, 명예찬
사 진	//	박신우
디자인	//	Relish(relish.ej@gmail.com)
교 열	//	오승준
출 력	//	달리는 거북이
인 쇄	//	(주)영창인쇄
펴낸곳	//	수작걸다
주 소	//	423-788 경기 광명시 소하동 1288 207-1101
전 화	//	02-2066-7044
이메일	//	suzakbook@naver.com
블로그	//	blog.naver.com/suzakbook

수작걸다는 '말과 말을 걸다'라는 뜻의 출판 브랜드입니다.

이 책은 저작권법에 따라 보호받는 저작물이므로 무단 전재와 무단 복제를 금지하며,
이 책 내용의 전부 또는 일부를 이용하려면 반드시 저작권자와 수작걸다의 서면 동의를 받아야 합니다.
* 잘못된 책은 바꾸어 드립니다.

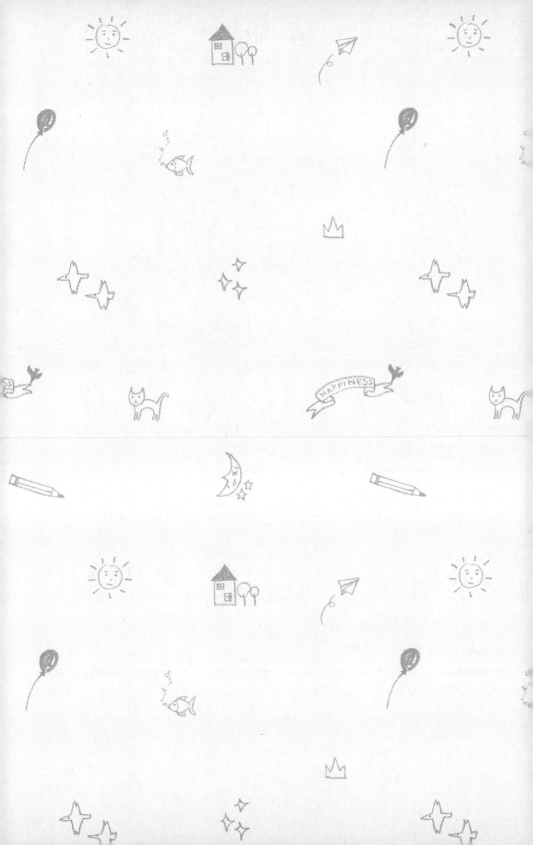

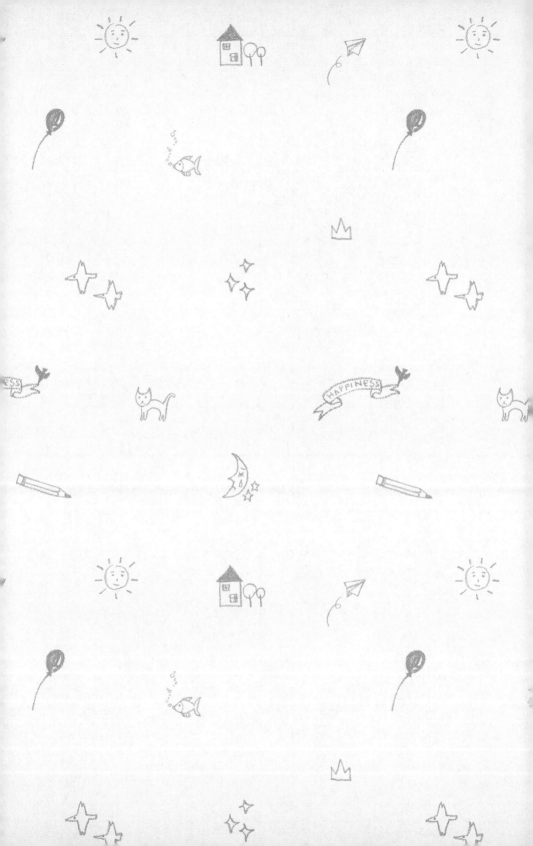

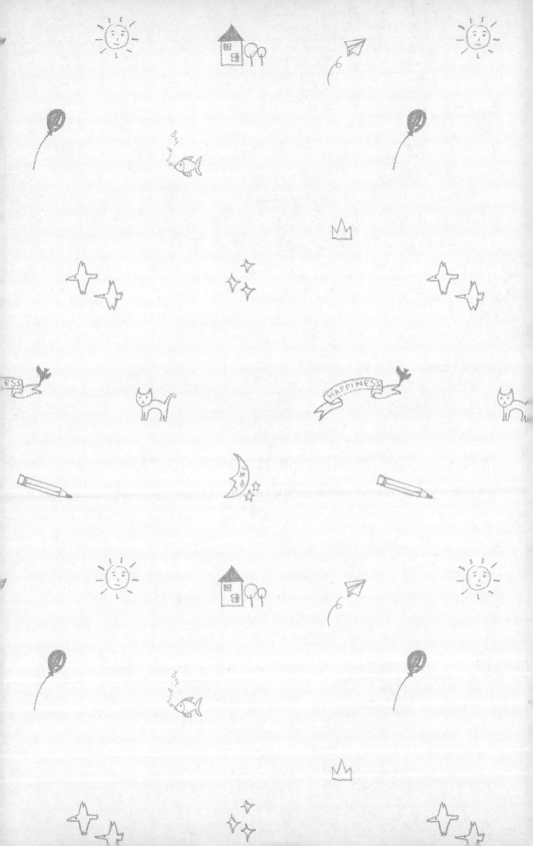